MATEMÁTICA
com Aplicações Tecnológicas
Matemática básica | **Volume 1**

Blucher

DIRCEU D'ALKMIN TELLES

Organizador

SEIZEN YAMASHIRO

SUZANA ABREU DE OLIVEIRA SOUZA

Autores

MATEMÁTICA
com Aplicações Tecnológicas
Matemática básica | Volume 1

Matemática com aplicações tecnológicas – edição organizada por Dirceu D'Alkmin Telles
© 2014 Volume 1 – Matemática básica
1ª reimpressão – 2015
Direitos reservados para Editora Edgard Blücher Ltda.

Capa: Alba Mancini – Mexerica Design

Blucher

Rua Pedroso Alvarenga, 1245, 4º andar
04531-012 – São Paulo – SP – Brasil
Tel 55 11 3078-5366
contato@blucher.com.br
www.blucher.com.br

Segundo Novo Acordo Ortográfico, conforme 5. ed.
do *Vocabulário Ortográfico da Língua Portuguesa*,
Academia Brasileira de Letras, março de 2009.

É proibida a reprodução total ou parcial por quaisquer
meios, sem autorização escrita da Editora.

Todos os direitos reservados pela Editora
Edgard Blücher Ltda.

FICHA CATALOGRÁFICA

Yamashiro, Seizen
   Matemática com aplicações tecnológicas /
Souza, Suzana Abreu de Oliveira; organizado por
[Dirceu D' Alkmin Telles]. – São Paulo: Blucher, 2014.

   Bibliografia
   ISBN 978-85-212-0777-1

   1. Matemática – Problemas, questões, exercícios
I. Título II. Souza, Suzana Abreu de Oliveira III. Telles,
Dirceu D´Alkmin

13-0596   CDD 510

Índices para catálogo sistemático:
1. Matemática – Problemas, questões, exercícios

Dedico este trabalho à minha esposa, Setu-Co, e aos meus filhos, Maurício e Marisa, e aos meus irmãos, que muito me apoiaram com seu incentivo.

Seizen

Dedico este trabalho ao meu esposo, Geraldo e aos meus filhos, David e Nathan, que me incentivaram com seu apoio e confiança.

Suzana

Dedicamos este livro aos nossos familiares, irmãos e sobrinhos, pelo apoio constante.

AO ESTUDANTE

1. Este livro foi escrito numa linguagem acessível, motivando-o a adquirir o hábito de estudo, a compreender e a gostar da Matemática, ingrediente de muitas das mais elevadas realizações da mente humana.

2. Relembraremos e passaremos muitas informações básicas e relevantes da Matemática que o ajudarão a compreender melhor o curso inicial de Cálculo Diferencial e Integral.

3. Foram selecionados exercícios que requerem simplificações de expressões envolvendo álgebra e trigonometria, os quais serão utilizados diretamente ou indiretamente nos cálculos de limites, derivadas e integrais.

4. Por meio da resolução de exercícios específicos em ordem crescente de dificuldade pretendemos efetuar, em cada capítulo, uma revisão e fixação dos conhecimentos básicos e fundamentais para a aprendizagem dos assuntos do Curso Superior.

5. No último capítulo incluímos exercícios resolvidos e exercícios propostos que servirão de roteiro de estudos, recapitulação e fixação dos conteúdos estudados.

INTRODUÇÃO

A publicação de uma obra como esta, *Matemática com aplicações tecnológicas*, representa uma oportunidade de contribuir para a transferência e a difusão do conhecimento científico e tecnológico, possibilitando assim a democratização do conhecimento. Nós, da Fundação FAT (Fundação de Apoio à Tecnologia), sentimo-nos muito honrados em participar na divulgação desta obra. Atos como este se adequam aos objetivos estabelecidos pela Fundação de Apoio à Tecnologia, criada em 1987, por um grupo de professores da Faculdade de Tecnologia de São Paulo (FATEC-SP).

A Fundação FAT, que nasceu com o objetivo básico de ser um elo entre o setor produtivo e o ambiente acadêmico, parabeniza os autores pelo excelente trabalho.

Ações como esta se unem ao conjunto de outras que a Fundação FAT oferece, como assessorias especializadas, cursos, treinamentos em diversos níveis, consultorias e concursos para toda a comunidade, que são direcionadas tanto a instituições públicas como privadas.

A obra *Matemática com aplicações tecnológicas*, volume 1, que abrange os fundamentos da Matemática Básica e suas aplicações tecnológicas, será fundamental para o desenvolvimento acadêmico de alunos e professores dos cursos superiores de Tecnologia, Engenharia, bacharelado em Matemática e para estudiosos da área.

No processo de elaboração deste volume, os autores tiveram o cuidado de incluir textos, ilustrações e orientações para solução de exercícios. Isso faz com que a obra possa ser considerada ferramenta de aprendizado bastante completa e eficiente.

A cidadania é promovida visando à conscientização social, a partir do esforço das instituições em prol da difusão do conhecimento.

Professor César Silva

Presidente da Fundação FAT – Fundação de Apoio à Tecnologia

www.fundacaofat.org.br

PREFÁCIO

Os docentes da área de Matemática do Departamento de Ensino Geral da FATEC-SP, sob a coordenação do Prof. Dr. Dirceu D'Alkmin Telles, lançam o livro *Matemática básica com aplicações tecnológicas*, destinado a alunos e professores dos cursos superiores de Tecnologia, Engenharia, bacharelado e licenciatura em Matemática. O presente volume mostra como usar as ferramentas da Matemática em diversas disciplinas do ciclo básico dos cursos acima citados por meio de teoria, exercícios resolvidos e propostos.

Externo meus agradecimentos aos autores, Prof. Me. Seizen Yamashiro e Profª. Drª. Suzana Abreu de Oliveira Souza, pelo relevante trabalho realizado de valor inestimável e que certamente trará muitos benefícios para a comunidade acadêmica das instituições de Ensino Superior do país.

Profª Drª Luciana Reyes Pires Kassab

Diretora da FATEC-SP

APRESENTAÇÃO

Este livro é o primeiro de uma coleção que tem por objetivo ampliar a compreensão das aplicações tecnológicas da Matemática. Ciência que é a base de todas as ciências, marca presença especialmente nas novas tecnologias, o que a faz essencial para o desenvolvimento de um profissional preparado para atuar em qualquer campo das atividades humanas.

A coleção "Matemática com Aplicações Tecnológicas" foi concebida e organizada por experientes professores da Faculdade de Tecnologia de São Paulo, em quatro volumes. Este primeiro – Matemática Básica – traz teorias e conceitos fundamentais, com suas aplicações tecnológicas. Textos, ilustrações e orientações para a solução de exercícios contribuem para uma maior compreensão dos problemas propostos. Os demais volumes abrangerão, respectivamente: Cálculo I, Cálculo II e Matemática Financeira.

Uma obra que deverá ser de grande auxílio para o desenvolvimento acadêmico de alunos e professores de cursos superiores, nos quais o conhecimento da teoria e da aplicabilidade da Matemática é fundamental para garantir uma formação básica sólida; entre eles: Tecnologia, Engenharia, Ciências da Computação, Administração, Secretariado, Turismo, preparatórios para vestibulares e outros interessados relacionados à área.

Parabenizo os autores por este trabalho. A publicação de obras didáticas, como o presente livro, é sem dúvida uma contribuição ao ensino profissional de qualidade, fundamental para o desenvolvimento econômico e social do Brasil.

Laura Laganá

Diretora Superintendente do Centro Paula Souza

SOBRE OS AUTORES

SEIZEN YAMASHIRO

É licenciado em Matemática pela Faculdade de Filosofia, Ciências e Letras da Universidade Presbiteriana Mackenzie – São Paulo, 1964; mestre em Matemática pela Pontifícia Universidade Católica – PUC – São Paulo, 1991; professor decano da Academia de Polícia Militar do Barro Branco: lecionou Matemática e Estatística no período de 1 de agosto de 1970 a 11 de fevereiro de 2008; professor pleno na Faculdade de Tecnologia de São Paulo – FATEC-SP, onde leciona Cálculo e Estatística desde 29 de fevereiro de 1980; professor do Curso de Reforço para alunos ingressantes na FATEC-SP no início de todos os semestres, desde 1997.

SUZANA ABREU DE OLIVEIRA SOUZA

É bacharel em Matemática pela Universidade Federal do Rio de Janeiro, 1986; mestre em Ciências – Matemática Aplicada – pela Universidade de São Paulo, 1992; doutora em Ciências – Matemática Aplicada – pela Universidade de São Paulo, 2001; professora na Faculdade de Tecnologia de São Paulo – FATEC-SP, na Universidade Presbiteriana Mackenzie e no Centro Universitário Padre Saboia de Medeiros (FEI); professora do Curso de Reforço para alunos ingressantes na FATEC-SP no início de todos os semestres, desde 1997.

SOBRE O ORGANIZADOR

DIRCEU D´ALKMIN TELLES

Engenheiro, Mestre e Doutor pela Escola Politécnica da USP. Atua como Colaborador da FAT, Professor do Programa de Pós-Graduação do CEETEPS.

Foi Presidente da ABID, professor e diretor da FATEC-SP, Coordenador de Irrigação do DAEE e Professor do Programa de Pós-Graduação da Escola Politécnica – USP. Organizou e escreveu livros e capítulos nas seguintes áreas: reúso da água, agricultura irrigada, aproveitamento de esgotos sanitários em irrigação, elaboração de projetos de irrigação, ciclo ambiental da água e física com aplicação tecnológica.

AGRADECIMENTOS PELO APOIO E INCENTIVO

À Profa. Dra. Luciana Reyes Pires Kassab,
diretora da Fatec-SP

Ao Prof. Dr. Dirceu D'Alkmin Telles,
organizador da coleção

Aos colegas de área de Matemática

Aos colegas de todos os Departamentos da FATEC-SP

CONTEÚDO

Capítulo 1   **NOÇÕES DE CONJUNTOS**   **25**

1.1   Introdução   25

1.2   Noções primitivas   25

1.3   Determinação de um conjunto   27

1.4   Tipos de conjuntos   27

1.5   Relação entre conjuntos   28

1.6   Operação entre conjuntos   32

1.7   Número de elementos de um conjunto finito   37

Capítulo 2   **CONJUNTOS NUMÉRICOS**   **43**

2.1   Conjunto dos números naturais: $\mathbb{N}$ 43

2.2   Conjunto dos números inteiros: $\mathbb{Z}$ 44

2.3   Conjunto dos números racionais: $\mathbb{Q}$ 44

2.4   Conjunto dos números irracionais: $\mathbb{Q}'$ 53

2.5   Conjunto dos números reais: $\mathbb{R}$ 53

Capítulo 3   **POTENCIAÇÃO, RADICIAÇÃO E PRODUTOS NOTÁVEIS**   **65**

3.1   Potenciação   65

3.2   Radiciação   67

3.3   Produtos notáveis   70

3.4   Fatoração   75

20 — Matemática com aplicações tecnológicas – Volume 1

Capítulo 4 — RAZÕES, PROPORÇÕES E REGRA DE TRÊS 89

4.1 Razões 89

4.2 Proporções 94

4.3 Números proporcionais 100

4.4 Grandezas proporcionais 103

4.5 Regra de três simples 104

4.6 Porcentagem 104

4.7 Regra de três composta 105

4.8 Juros simples 108

Capítulo 5 — FUNÇÕES DO 1º E 2º GRAUS 117

5.1 Sistema cartesiano ortogonal de coordenadas 117

5.2 Relações 118

5.3 Relação binária 119

5.4 Função 120

5.5 Valor numérico de uma função 121

5.6 Função polinomial 121

5.7 Função constante 122

5.8 Função afim ou função polinomial do 1º grau 122

5.9 Função linear 124

5.10 Função identidade 125

5.11 Função quadrática ou função polinomial do 2º grau 126

5.12 Tipos de funções 129

5.13 Funções compostas 131

5.14 Funções inversas 132

Capítulo 6 — OPERAÇÕES COM FUNÇÕES 137

6.1 Função soma 137

6.2 Função produto 137

6.3 Função quociente 138

6.4 Função racional 138

6.5 Função recíproca ou função hipérbole equilátera 138

6.6 Função definida por radicais 139

6.7 Função composta $\sqrt{f(x)}$ 140

Capítulo 7 **FUNÇÃO MODULAR** 143

7.1 Módulo de um número real 143

7.2 Função modular 144

7.3 Funções modulares compostas 145

7.4 Equações modulares 146

7.5 Inequações modulares 148

Capítulo 8 **FUNÇÃO EXPONENCIAL** 151

8.1 Equação exponencial 152

8.2 Inequações exponenciais 153

Capítulo 9 **FUNÇÃO LOGARÍTMICA** 157

9.1 Logaritmo 157

9.2 Consequências da definição 158

9.3 Propriedades operatórias dos logaritmos 158

9.4 Mudança de base 160

9.5 Cologaritmo de um número 160

9.6 Função logarítmica 161

9.7 Equações logarítmicas 164

9.8 Inequações logarítmicas 165

9.9 Logaritmos decimais 167

Capítulo 10 **TRIGONOMETRIA** 173

10.1 Elementos de um triângulo · 173

10.2 Noções fundamentais de trigonometria no triângulo retângulo 174

10.3 Tabela de valores notáveis 175

10.4 Medidas de arcos e ângulos 177

10.5 Relações métricas em triângulos retângulos 180

10.6 Relações métricas em triângulos quaisquer 181

10.7 Ciclo trigonométrico ou circunferência trigonométrica 185

10.8 Função seno 186

10.9 Função cosseno 188

10.10 Função tangente 189

22 Matemática com aplicações tecnológicas – Volume 1

10.11 Função cotangente   190

10.12 Função secante   191

10.13 Função cossecante   192

10.14 Função arco-seno   193

10.15 Função arco-cosseno   195

10.16 Função arco-tangente   196

10.17 Função arco-cotangente   198

10.18 Função arco-secante   199

10.19 Função arco-cossecante   201

10.20 Redução ao primeiro quadrante   202

10.21 Redução ao primeiro octante (ou primeiro oitante)   205

10.22 Relações fundamentais da trigonometria   206

10.23 Transformações trigonométricas   208

10.24 Transformação em produto ou fatoração trigonométrica   214

10.25 Equações trigonométricas   216

10.26 Equações polinomiais trigonométricas   218

10.27 Inequações trigonométricas   221

Capítulo 11   **CONJUNTO DOS NÚMEROS COMPLEXOS   229**

11.1 Introdução   229

11.2 Conjunto dos números complexos   231

11.3 Propriedades das operações adição e multiplicação em $\mathbb{C}$ 232

11.4 Forma algébrica dos números complexos   234

11.5 Potências da unidade imaginária i 236

11.6 Operações com números complexos na forma algébrica   236

11.7 Conjugado de um número complexo   238

11.8 Divisão de números complexos   238

11.9 Norma, módulo e argumento de um número complexo   241

11.10 Forma trigonométrica ou forma polar de um número complexo   242

11.11 Multiplicação de números complexos na forma trigonométrica   244

11.12 Divisão de números complexos na forma trigonométrica   245

11.13 Potenciação de números complexos – Primeira fórmula de *De Moivre*   246

11.14 Raízes de números complexos – Segunda fórmula de *De Moivre*   248

11.15 Raízes da unidade   250

11.16 Equações binômias   252

11.17 Equações trinômias   253

Capítulo 12   **PROGRESSÕES   257**

12.1   Sequências   257

12.2   Progressão aritmética (P.A.)   257

12.3   Progressão geométrica (P.G.)   263

Capítulo 13   **ROTEIRO DE AULA E ESTUDO COM EXERCÍCIOS RESOLVIDOS E EXERCÍCIOS PROPOSTOS   275**

APÊNDICE 1   351

APÊNDICE 2   375

REFERÊNCIAS BIBLIOGRÁFICAS   385

1.1 INTRODUÇÃO

Estudaremos, neste capítulo, as noções iniciais da teoria dos conjuntos, sob um ponto de vista intuitivo e de maneira informal, por meio de exemplos e de exercícios resolvidos e propostos.

A ideia de conjunto, embora sempre existente no pensamento comum e na Matemática, só teve tratamento formal, pela primeira vez, em fins do século XIX, com o matemático alemão Georg Cantor.

O crescimento da ciência Matemática, de 1900 até nossos dias, deu origem à teoria dos conjuntos que teve o papel fundamental de mostrar a unidade da Matemática.

GEORG CANTOR *(1845-1918)* — Matemático russo, criado na Alemanha, conhecido por elaborar a teoria dos conjuntos. Deve-se a Cantor uma produtiva análise do conceito de infinito, que anteriormente fora iniciada por Bernard Bolzano, em paradoxos do Infinito. Em 1877, Cantor provou que existiam vários tipos de conjuntos infinitos, introduzindo a noção de potência de conjuntos.

1.2 NOÇÕES PRIMITIVAS

Desde o início da geometria euclidiana, desenvolvida por volta de 300 anos a.C., algumas noções principais são aceitas sem definição prévia, como, por exemplo, o ponto, a reta e o plano. Assim também acontece com a teoria dos conjuntos. São consideradas primitivas algumas noções como a de conjunto, a de elemento, a de relação de pertinência entre elemento e conjunto.

1.2.1 CONJUNTO

A noção matemática de conjunto, que é a mesma que se usa na linguagem comum, corresponde à de conjunto entendido como agrupamento ou coleção que pode ser de objetos, pessoas, letras, números, ou de qualquer outra coisa que se queira classificar.

Exemplo:

E 1.1

a) Conjunto das vogais.

b) Conjunto das cartas de um baralho.

c) Conjunto dos números pares.

d) Conjunto dos planetas do sistema solar.

Indicaremos os conjuntos por letras latinas maiúsculas: A, B, C,..., X, Y, Z.

1.2.2 ELEMENTO

Cada um dos objetos, pessoas, números etc. que formam um conjunto é chamado elemento do conjunto. Assim, temos os elementos:

1) a, e, i, o, u.

2) às de ouro, rei de paus,...

3) 2, 4, 6, 8,...

4) Mercúrio, Vênus, Terra, Marte, Júpiter, Saturno, Urano, Netuno.

Os elementos, que se supõem sempre distintos, serão indicados por letras latinas minúsculas: a,b,c,..., x, y, z.

1.2.3 RELAÇÃO DE PERTINÊNCIA

Com o símbolo "$\in$", introduzido pela primeira vez por Peano, indicaremos a expressão "pertence a". Para indicar a negação dessa expressão, escrevemos "$\notin$" e leremos "não pertence".

Exemplo:

E 1.2

Seja A = {a, e, i, o, u}, então teremos: a $\in$ A, que será lido como "a pertence a A" e b $\notin$ A, que será lido "b não pertence a A".

1.3 DETERMINAÇÃO DE UM CONJUNTO

Um conjunto pode ser determinado de mais de uma maneira, como veremos a seguir:

1) Pela designação ou enumeração de seus elementos, ou representação tabular. Devemos indicá-lo escrevendo seus elementos entre chaves.

Exemplo:

E 1.3

a) Conjunto das vogais: A = {a, e, i, o, u}.

b) Conjunto dos números ímpares positivos: B = {1, 3, 5, 7,...}.

2) Pela propriedade de seus elementos ou representação analítica. Um conjunto fica determinado quando conhecemos uma propriedade que caracterize seus elementos. Se chamarmos essa propriedade de P, o conjunto dos elementos x que têm a propriedade P é indicado por:

$$\{x \text{ tal que } x \text{ tem a propriedade P}\}$$

ou

$$\{x \mid x \text{ tem a propriedade P}\}$$

> Observação
>
> "|" lê-se "tal que".

Exemplo:

E 1.4

a) A = {x | x é figura geométrica} = {triângulo, quadrilátero, pentágono,...}

b) B = {x | x é vogal} = {a, e, i, o, u}

c) C = {x | x é satélite natural da terra} = {lua}

1.4 TIPOS DE CONJUNTOS

1.4.1 CONJUNTOS FINITOS

Um conjunto é chamado finito quando possui uma quantidade finita de elementos.

Exemplo:

E 1.5

a) A = {x, y, z}

b) B = {azul, amarelo, vermelho}

c) C = {x | x é vogal} = {a, e, i, o, u}

1.4.2 CONJUNTO UNITÁRIO

Um conjunto é chamado de conjunto unitário quando possui apenas um elemento.

Exemplo:

E 1.6

a) A = {branco}

b) B = {y}

c) C = {x | x divide todos os números} = {1}

1.4.3 CONJUNTO VAZIO

Conjunto vazio é o conjunto que não possui elementos. Indica-se por { } ou Ø.

Exemplo:

E 1.7

a) A = {x | 0·x = 5} = Ø

b) B = { }

c) C = {x | x é par e ímpar}

Observações
1) O símbolo usual para o conjunto vazio é Ø, que é uma letra de origem norueguesa;
2) Não se deve escrever { Ø }, pois isso pode significar um conjunto unitário de elemento Ø.

1.4.4 CONJUNTO UNIVERSO

Ao desenvolvermos um determinado assunto de Matemática, admitimos a existência de um conjunto U ao qual pertencem todos os elementos utilizados no tal assunto. Esse conjunto U recebe o nome de conjunto universo. Assim, se estamos estudando a Geometria Plana, o conjunto universo é o conjunto dos pontos de um plano; se estudamos a geografia física das Américas, o conjunto universo é o continente americano e se estudamos a classificação das letras, o conjunto universo é o alfabeto.

1.5 RELAÇÃO ENTRE CONJUNTOS

1.5.1 OS QUANTIFICADORES

Em relação ao conjunto A = {a, e, i, o, j}, podemos dizer que:

a) qualquer que seja o elemento de A, ela é uma letra do alfabeto da língua portuguesa;

b) existe elemento de A que é uma vogal;

c) existe um único elemento de A que é uma consoante;

d) não existe elemento de A que é letra da palavra guru.

Em Matemática, dispomos de símbolos próprios e universais que representam as afirmações acima. Esses símbolos são denominados quantificadores. São eles:

Quantificador universal:

∀ – lê-se qualquer que seja, para todo

Quantificador existencial:

∃ – lê-se: existe

∃! – lê-se: existe um único

∄ – lê-se: não existe

Colocando-se x ∈ A ao lado de cada um dos quantificadores, lemos:
- ∀ x ∈ A: qualquer que seja x pertencente a A ou para todo x pertencente a A;
- ∃ x ∈ A: existe x pertencente a A;
- ∃! x ∈ A: existe um único x pertencente a A;
- ∄ x ∈ A: não existe x pertencente a A.

Então, no exemplo do conjunto A = {a, e, i, o, j}, temos:

a) ∀ x ∈ A | x é letra do alfabeto da língua portuguesa;

b) ∃ x ∈ A | x é vogal;

c) ∃! x ∈ A | x é consoante;

d) ∄ x ∈ A | x é letra da palavra guru.

1.5.2 RELAÇÃO DE IMPLICAÇÃO E BICONDICIONAL

Outros símbolos importantes em Matemática que utilizamos entre proposições são:

a) p ⇒ q – lê-se: p implica q;

b) p ⇔ q – lê-se: p se, e somente q; ou p é equivalente a q.

John Venn, matemático inglês, desenvolveu os diagramas para representar conjuntos, ampliando e formalizando as representações anteriormente desenvolvidas por Leibniz e Euler. Somente na década de 1960, esses conceitos foram incorporados ao currículo escolar de matemática. Foto: http://pt.wikipedia.org/wiki/John_Venn

JOHN VENN
(1834-1923)

1.5.3 DIAGRAMAS

A representação de conjuntos por partes do plano chama-se diagrama. Essa representação tem a vantagem da visualização das propriedades. No caso em que se usam somente círculos, os diagramas são denominados diagramas de Euler ou diagramas de Venn.

Leonhard Euler nasceu na Basileia, Suíça, mas trabalhou a maior parte da sua vida na Academia de Berlim, onde atuou em várias áreas da matemática, mesmo depois de ficar cego de um olho e, posteriormente, do outro. Ele ditava seus trabalhos e, assim, trabalhou até a sua morte, sendo um dos matemáticos que mais escreveu artigos e livros em sua época. Foto: http://whatifoundonthenet.com/leonhard-euler/

LEONHARD EULER
(1707-1783)

Exemplo:

E 1.8

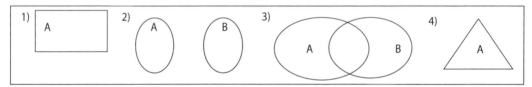

1.5.4 SUBCONJUNTO

Um conjunto A é subconjunto de B se, e somente se, todo elemento de A pertence também a B. Com a notação "A ⊂ B" indicamos que "A é subconjunto de B" ou "A está contido em B" e a notação "B ⊃ A" significa "B contém A". Em símbolos temos:

$$A \subset B \Leftrightarrow (\forall x)(x \in A \Rightarrow x \in B)$$

Observações
1) O símbolo "⊂" é denominado sinal de inclusão;
2) Com a notação "⊄" indicamos que A não está contido em B.

Exemplo:

E 1.9

a) $\{a, b\} \subset \{a, b, c, d\}$

b) Se L é o conjunto dos losangos e Q é o conjunto dos quadrados, então $Q \subset L$ pois todo quadrado é um losango.

c) $\{x, z\} \not\subset \{x, y, t\}$

Propriedades:

Dado um conjunto universo U, consideremos três subconjuntos quaisquer A, B e C de U:

a) Reflexiva: $A \subset A$;

b) Antissimétrica: $A \subset B$ e $B \subset A \Rightarrow A = B$;

c) Transitiva: $A \subset B$ e $B \subset C \Rightarrow A \subset C$.

1.5.5 IGUALDADE DE CONJUNTOS

Um conjunto A é igual a B se, e somente se, $A \subset B$ e $B \subset A$. Indicamos a igualdade por A = B. Em símbolos temos:

$$A = B \Leftrightarrow (A \subset B \text{ e } B \subset A)$$

ou

$$A = B \Leftrightarrow (\forall x) (x \in A \Leftrightarrow x \in B)$$

ou seja, dois conjuntos são iguais se todo elemento do primeiro pertence ao segundo e reciprocamente.

> **Observação**
>
> Conjunto vazio é subconjunto de qualquer conjunto A. Em símbolos,
> $$\varnothing \subset A, \forall A.$$

De fato, admitamos que a proposição seja falsa, isto é, $\varnothing \not\subset A$. Nesse caso, existe um elemento $x \in \varnothing$ tal que $x \notin A$, o que é um absurdo, pois $\varnothing$ não tem elemento algum. Conclusão: $\varnothing \subset A$ não é falsa, portanto, $\varnothing \subset A, \forall A$.

1.5.6 CONJUNTO DAS PARTES DE UM CONJUNTO

A partir de um conjunto A podemos pensar num novo conjunto cujos elementos são todos os subjconjuntos ou partes de A.

Notação: indicamos esse novo conjunto por $\wp(A)$.

$$\wp(A) = \{X \mid X \subset A\}$$

Exemplo:

E 1.10

Seja o conjunto $A = \{a, b\}$, logo $\wp(A) = \wp(\{a, b\}) = \{\varnothing, \{a\}, \{b\}, \{a, b\}\}$.

Observemos a relação entre o número de elementos de A e o número de elementos de $\wp(A)$. Denominaremos por n(A) o número de elementos de A.

a) $A = \varnothing$; $n(A) = 0$.

$\wp(A) = \{\varnothing\}$; $n(\wp(A)) = 1$.

b) A = {a}; n(A) = 1.

$\wp$(A) = {∅, {a}}; n($\wp$(A)) = 2.

c) A = {a, b}; n(A) = 2.

$\wp$(A) = {∅, {a}, {b}, {a, b}}; n($\wp$(A)) = 4.

d) A = {a, b, c}; n(A) = 3.

$\wp$(A) = {∅, {a}, {b}, {c}, {a, b}, {a, c}, {b, c}, {a, b, c}}; n($\wp$(A)) = 8.

Pelos exemplos dados, intui-se que se A tem n elementos, então n($\wp$(A)) = 2^n. De fato,

a) n($\wp$(∅)) = 1 = 2^0;
b) n($\wp$({a})) = 2 = 2^1;
c) n($\wp$({a,b})) = 4 = 2^2;
d) n($\wp$({a, b, c})) = 8 = 2^3.

1.6 OPERAÇÃO ENTRE CONJUNTOS

Vamos introduzir algumas operações entre conjuntos, admitindo-se que os conjuntos dados são todos parte de um conjunto universo U.

1.6.1 REUNIÃO DE CONJUNTOS

Dados dois conjuntos A e B subconjuntos de U, chama-se reunião ou união de A e B ao conjunto formado pelos elementos que pertencem a A e a B. Indicamos esse conjunto por A∪B, que se lê "A união B" ou "A reunião B". Em símbolos, temos:

$$A \cup B = \{x \in U / x \in A \text{ ou } x \in B\}$$
$$\text{ou}$$
$$A \cup B = \{x \in U / x \in A \lor x \in B\}$$

Exemplo:

E 1.11

a)

b)

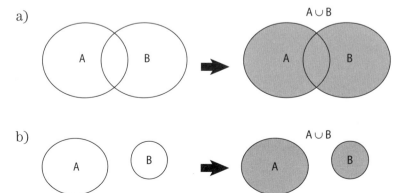

c)

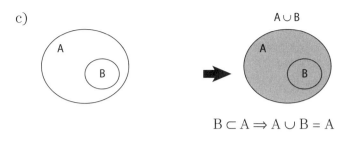

$$B \subset A \Rightarrow A \cup B = A$$

d) $\{a, b, c\} \cup \{b, c, d\} = \{a, b, c, d\}$

1.6.2 INTERSEÇÃO DE CONJUNTOS

Dados dois conjuntos A e B, subconjuntos de U, chama-se interseção de A e B ao conjunto formado pelos elementos que pertencem a A e também a B. Indicamos esse conjunto por $A \cap B$, que se lê "A interseção B" ou "A inter B". Em símbolos, temos:

$$A \cap B = \{x \in U / x \in A \text{ e } x \in B\}$$
$$\text{ou}$$
$$A \cap B = \{x \in U / x \in A \wedge x \in B\}$$

Exemplo:

E 1.12

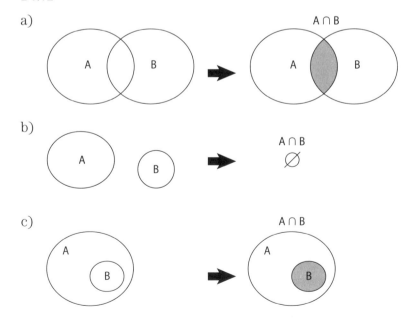

$$B \subset A \Rightarrow A \cap B = B$$

d) $\{a, b, c\} \cap \{b, c, d\} = \{b, c\}$

1.6.3 DIFERENÇA ENTRE CONJUNTOS

Dados dois conjuntos A e B, subconjuntos de U, chama-se diferença de A e B ao conjunto formado pelos elementos de U que pertencem a A e não pertencem a B. Indicamos esse conjunto por A – B, que se lê "diferença de A por B". Em símbolos, temos:

$$A - B = \{x \in U / x \in A \text{ e } x \notin B\}$$

Exemplos:

E 1.13

a)

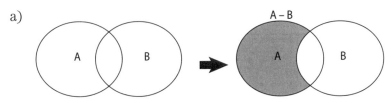

b) Se $A \cap B = \emptyset$, então $A - B = A$:

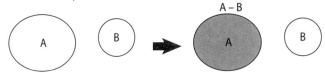

c) Se $B \subset A$ e $B \neq A$, então $A - B$:

d) Se $B \subset A$ e $B \neq A$, então $B - A = \emptyset$:

e) $\{a, b, c\} - \{b, c, d\} = \{a\}$

E 1.14

Sejam U = {letras do alfabeto português do Brasil},

   A = {a, b, c, d},
   B = {c, d, f, g}
   C = {a, e, i o, u}, então:

a) $A \cup B = \{a, b, c, d, f, g\}$
b) $A \cap B = \{c, d\}$

c) $B \cap C = \emptyset$
d) $A - C = \{b, c, d\}$
e) Diagrama de Euler-Venn:

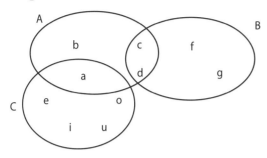

1.6.4 CONJUNTO COMPLEMENTAR

Dados dois conjuntos A e B, subconjuntos de U, se $B \subset A$, então o conjunto diferença $A - B$ é denominado conjunto complementar de B em relação a A ou complemento de B em A. Indicamos $C_A B$. Em símbolos, temos:

$$B \subset A \Rightarrow C_A B = A - B = \{x \in A \text{ e } x \notin B\}$$

> **Observação**
> No caso do complemento em relação ao conjunto universo U, não há necessidade de U ser indicado e, nesse caso, representamos por CB ou $\bar{B}$ logo, $CB = U - B = B' = \bar{B} = B^C$.
> A operação para obter $C_A B$ é denominada operação de complementação.

Exemplo:

E 1.15

a)
b)

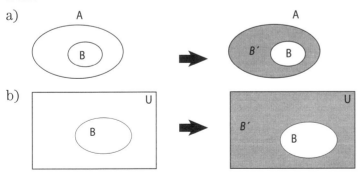

1.6.4.1 Propriedades das operações

Vamos apresentar as seguintes propriedades que podem ser aceitas intuitivamente.

1) Propriedades da operação de reunião:
   a) comutativa: $A \cup B = B \cup A$

b) associativa: $(A \cup B) \cup C = A \cup (B \cup C)$
c) idempotente: $A \cup A = A$
d) propriedade do conjunto vazio: $A \cup \emptyset = A$
e) propriedade do conjunto universo: $A \cup U = U$

2) Propriedades da operação de interseção:
   a) comutativa: $A \cap B = B \cap A$
   b) associativa: $(A \cap B) \cap C = A \cap (B \cap C)$
   c) idempotente: $A \cap A = A$
   d) propriedade do conjunto vazio: $A \cap \emptyset = \emptyset$
   e) propriedade do conjunto universo: $A \cap U = A$

3) Propriedades distributivas:
   a) da operação de reunião em relação à operação de interseção:
   $$A \cup (B \cap C) = (A \cup B) \cap (A \cup C)$$
   b) da operação de interseção em relação à operação de reunião:
   $$A \cap (B \cup C) = (A \cap B) \cup (A \cap C)$$

4) Propriedades da complementação:
   a) $(CA) \cap A = \emptyset$ a') $(CA) \cup A = U$
   b) $C\emptyset = U$ b') $CU = \emptyset$
   c) $C(CA) = A$

5) Propriedades da dualidade – Leis de De Morgan:
   a) $C(A \cap B) = (CA) \cup (CB)$
   b) $C(A \cup B) = (CA) \cap (CB)$

Augustus De Morgan, embora tenha nascido na Índia, era matemático lógico britânico. Apresentou as leis de De Morgan e foi o primeiro a usar o método de indução matemática para demonstrações de proposições. Ele deu início à lógica matemática como se conhece hoje. Foto: http://pt.wikipedia.org/wiki/Augustus_De_Morgan

AUGUSTUS DE MORGAN
(1806-1871)

1.7 NÚMERO DE ELEMENTOS DE UM CONJUNTO FINITO

Representamos o número de elementos de um conjunto finito A por n(A). Podem ser verificadas, de maneira intuitiva, pelo diagrama de Venn-Euler, as seguintes igualdades.

1) Se $A \cap B = \emptyset$ (A e B disjuntos), então
$n(A \cup B) = n(A) + n(B)$:

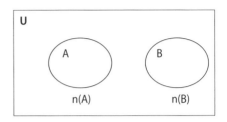

2) Se $A \cap B \neq \emptyset$, então
$n(A \cup B) = n(A) + n(B) - n(A \cap B)$:

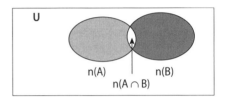

3) Se $B \subset A$, então $n(A - B) = n(A) - n(B)$:

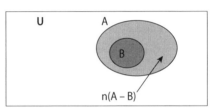

EXERCÍCIOS RESOLVIDOS

R 1.1 Dados os conjuntos A, B e C, representados a seguir pelo diagrama de Venn-Euler, destaque no diagrama a solução para as expressões:

a) $(A \cup B) \cap C$

b) $(A \cap B) \cup (B \cap C)$

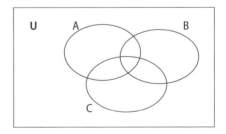

Resolução:

a)

1º) $A \cup B$

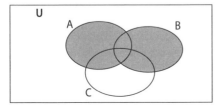

2º) $(A \cup B) \cap C$

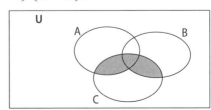

b)

1º) $(A \cap B)$

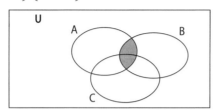

2º) $(B \cap C)$

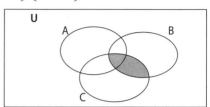

3º) $(A \cap B) \cup (B \cap C)$

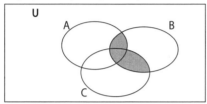

R 1.2 Dados os diagramas a seguir, hachure $A \cap B$, $A \cup B$, $A - B$

a)
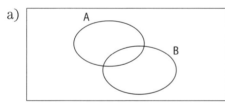

b)
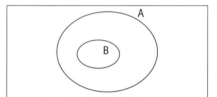

c)
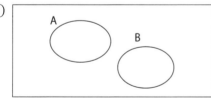

Resolução:

a)

1º) $A \cap B$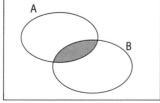

2º) $A \cup B$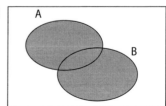

3º) A – B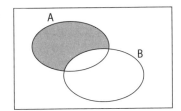

b)
1º) A ∩ B 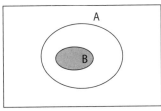   2º) A ∪ B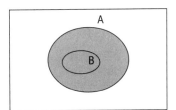

3º) A – B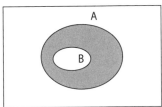

c)
1º) A ∩ B ∅   2º) A ∪ B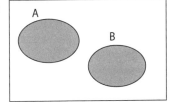

3º) A – B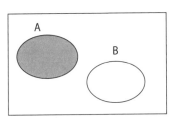

R 1.3 Dados os conjuntos A = {a, b, c}, B = {a, b, d, e} e C = {b, c, d}, determinar:

a) A ∩ B
b) A ∩ C
c) B ∩ C
d) A ∩ B ∩ C

Resolução:

a) A ∩ B = {a, b, c} ∩ {a, b, d, e} = {a, b}
b) A ∩ C = {a, b, c} ∩ {b, c, d} = {b, c}
c) B ∩ C = {a, b, d, e} ∩ {b, c, d} = {b, d}
d) A ∩ B ∩ C = {a, b, c} ∩ {a, b, d, e} ∩ {b, c, d} = {b}

Representando em diagrama, temos

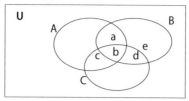

R 1.4 Denominamos diferença simétrica dos conjuntos A e B, ao conjunto A∆B (lê-se "A delta B"), dado por: $A \triangle B = (A - B) \cup (B - A)$

Dados A = {a, c, d, g, i, j, k} e B = {a, b, d, e, f, h, i}, determine A∆B.

Resolução:

Pelo diagrama de Venn-Euler,

A − B = {c, g, j, k} e B − A = {b, e, f, h}. Então, A∆B = {b, c, e, f, g, h, j, k}

Resposta: A∆B = {b, c, e, f, g, h, j, k}

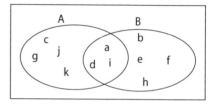

R 1.5 Dados os conjuntos A = {a, b} e B = {b, c, d}, determine o conjunto X tal que A ∩ X = {a}, B ∩ X = {c} e A ∪ B ∪ X = {a, b, c, d, e}.

Resolução:

De A = {a, b} e A ∩ X = {a}, observamos que b ∉ X; de B = {b, c, d} e B ∩ X = {c}, segue que c ∈ X, b ∉ X e d ∉ X; e de A ∪ B ∪ X = {a, b, c, d, e}, temos que e ∉ A e e ∉ B, o que segue que e ∈ X. Logo, em diagrama, temos:

Resposta: X = {a, c, e}.

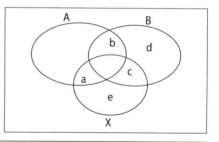

R 1.6 Em uma classe de alunos, 28 jogam futebol, 12 jogam voleibol e 8 jogam futebol e voleibol. Quantos alunos há nessa classe?

Resolução:

Vamos chamar de:

F = conjunto dos alunos que jogam futebol

V = conjunto dos alunos que jogam voleibol

M = conjunto dos alunos que jogam futebol e voleibol

Então, pelo enunciado do problema, n(F) = 28 e n(V) = 12 e n(F∩V) = 8, temos:
n(F ∪ V) = n(F) + n(V) − n(F ∩ V) = 28 + 12 − 8 = 32.
Resposta: Nessa classe há 32 alunos.

EXERCÍCIOS PROPOSTOS

P 1.1 Ilustre com os diagramas de Venn-Euler os conjuntos A, B e C, satisfazendo as condições dadas em cada caso:

a) A ⊂ (B ∩ C).
b) A ⊂ B, A ∩ C = ∅ e C − B ≠ ∅.

P 1.2 Dados A ∩ B = {2, 3, 8}, A ∩ C = {2, 7}, B ∩ C = { 2, 5, 6}, A ∪ B = {1, 2, 3, 4, 5, 6, 7, 8} e A ∪ B ∪ C = {1, 2, 3, 4, 5, 6, 7, 8, 9}, determine o conjunto C.

P 1.3 Um conjunto A tem 13 elementos, A ∩ B tem 8 elementos e A ∪ B tem 15 elementos. Quantos elementos tem o conjunto B?

P 1.4 O conjunto B tem 52 elementos, A ∩ B tem 12 elementos e A ∪ B tem 60 elementos, então determinar o número de elementos do conjunto A.

RESPOSTAS DOS EXERCÍCIOS PROPOSTOS

P 1.1

a) 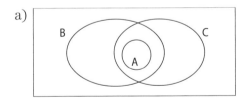   b)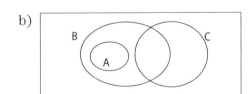

P 1.2 C = {2, 5, 6, 7, 9}

P 1.3 O conjunto B tem 10 elementos.

P 1.4 O conjunto A tem 20 elementos.

Na antiguidade, antes da escrita ter sido criada, o homem vivia em pequenas comunidades, morava em grutas e cavernas e vivia daquilo que a natureza oferecia: caça, frutos, sementes e ovos. Para contar, por exemplo, o número de animais abatidos, o homem fazia riscos em um pedaço de madeira ou em ossos de animais.

Com o passar do tempo, em vez de apenas caçar e coletar frutos e raízes, ele começou a cultivar algumas plantas e a criar animais. Com o início da agricultura, e para dedicar-se às atividades de plantar e criar animais, deixa de ser nômade e passa então a fixar-se em determinados locais, geralmente às margens de rios e desenvolve uma nova habilidade, a de construir sua própria moradia. Com o surgimento do trabalho de pastor, havia necessidade de controlar o número de ovelhas que ele levava para pastar e que, à noite, recolhia no cercado. Então aparece a ideia de relacionar cada ovelha com uma pedra. O pastor colocava todas as pedras em um saquinho e, no fim do dia, à medida que as ovelhas entravam no cercado, ele ia retirando as pedras do saquinho. Bem mais tarde, desenvolve-se um ramo da Matemática chamado *Cálculo*, que em latim quer dizer *contas com pedras*.

Foi essa prática, de contar objetos com outros objetos, que levou a humanidade a construir o *conceito de número*. O objetivo deste capítulo é apresentar os conjuntos numéricos como classificados na modernidade.

2.1 CONJUNTO DOS NÚMEROS NATURAIS: $\mathbb{N}$

$$\mathbb{N} = \{0, 1, 2, 3, 4, 5, 6, 7, 8, 9, 10, 11,...\}$$

O conjunto dos números naturais é um conjunto de contagem e, neste livro, vamos considerar o número 0(zero) como pertencente ao conjunto dos números naturais. Quando quisermos identificar a ausência do elemento 0(zero), representaremos por $\mathbb{N}^*$.

$$\mathbb{N} \supset \mathbb{N}^* = \{\, 1, 2, 3, 4, 5, 6, 7,...\}, 0 \notin \mathbb{N}^*$$

2.2 CONJUNTO DOS NÚMEROS INTEIROS: $\mathbb{Z}$

$$\mathbb{Z} = \{...\ -3, -2, -1, 0, 1, 2, 3,...\}, 0 \notin \mathbb{Z}^*$$

O conjunto dos números inteiros é composto pelos elementos do conjunto dos números naturais e os inteiros negativos. A representação do conjunto pela letra $\mathbb{Z}$ vem da palavra *Zahlen*, que em alemão significa número.

2.3 CONJUNTO DOS NÚMEROS RACIONAIS: $\mathbb{Q}$

$$\mathbb{Q} = \left\{ \frac{a}{b} \mathbin{/} a \in \mathbb{Z}, b \in \mathbb{Z}^* \right\}$$

O conjunto dos números racionais é formado pelos elementos que podem ser escritos como uma divisão de dois números inteiros, sendo que o segundo deve ser diferente de zero. O número que está em cima do traço é chamado de numerador, o que está embaixo é o denominador e o traço é chamado de traço de fração.

Exemplo:

E 2.1

$$1,75 = \frac{7}{4}; \quad 6 = \frac{18}{3}; \quad -2,5 = -\frac{5}{2}; \quad 0,555... = \frac{5}{9}$$

são números racionais.

2.3.1 FRAÇÕES EQUIVALENTES

O valor de uma fração não altera se multiplicamos ou dividimos o numerador e o denominador dessa fração por um número não nulo. Diremos, nesse caso, que obtivemos frações equivalentes.

Exemplos:

E 2.2 $\quad \dfrac{21}{28} = \dfrac{21:7}{28:7} = \dfrac{3}{4}$

Esse processo se chama simplificação de fração e podemos aplicá-lo até que não se possa mais simplificar. A fração resultante é chamada de fração irredutível.

E 2.3 $\quad 0,5 = \dfrac{5}{10} = \dfrac{5 \times 10}{10 \times 10} = \dfrac{50}{100} = 50\%$

E 2.4 $\quad \dfrac{1}{2} = \dfrac{2}{4} = \dfrac{3}{6} = ...$

EXERCÍCIO RESOLVIDO

R 2.1 Simplifique $\dfrac{98}{84}$:

Resolução:

Podemos fazer divisões sucessivas até chegar a uma fração irredutível:

$$\frac{98}{84}=\frac{98:2}{84:2}=\frac{49:7}{42:7}=\frac{7}{6}$$

Ou podemos calcular o mdc $(98, 84)$, utilizando o Teorema Fundamental da Aritmética que diz: "qualquer número inteiro positivo maior que 1 tem uma única decomposição (a menos da ordem dos fatores) como produto de números primos, chamada **decomposição prima** do número".

$$
\begin{array}{c|c}
98 & 2 \\
49 & 7 \\
7 & 7 \\
1 & \\
\end{array}
\qquad
\begin{array}{c|c}
84 & 2 \\
42 & 2 \\
21 & 3 \\
7 & 7 \\
1 & \\
\end{array}
$$

$$98 = 2^1 \times 7^2 \qquad 84 = 2^2 \times 3^1 \times 7^1$$

$$\text{mdc}\,(98,84)= 2^1 \times 7^1 =14$$

$$\text{Logo}\,\frac{98}{84}=\frac{98:14}{84:14}=\frac{7}{6}$$

2.3.2 IGUALDADE DE FRAÇÕES

Dados dois números racionais $\dfrac{a}{b}$ e $\dfrac{c}{d}$ onde $b, d \neq 0$:

$$\frac{a}{b}=\frac{c}{d} \Leftrightarrow a\cdot d = b\cdot c$$

De fato, como $b, d \neq 0$, podemos criar frações equivalentes e simplificar:

1°) $\dfrac{a}{b}=\dfrac{c}{d} \xrightarrow{\;\cdot(b\cdot d)\;} \dfrac{a\cdot bd}{b}=\dfrac{c\cdot bd}{d} \Rightarrow ad = cb$ ou $ad=bc$

2°) $a\cdot d = b\cdot c \xrightarrow{\;:(b\cdot d)\;} \dfrac{ad}{bd} = \dfrac{bc}{bd} \Rightarrow \dfrac{a}{b} = \dfrac{c}{d}$

2.3.3 OPERAÇÕES COM NÚMEROS FRACIONÁRIOS

Multiplicação: Dados dois números racionais $\dfrac{a}{b}$ e $\dfrac{c}{d}$, onde $b, d \neq 0$:

$$\frac{a}{b}\times\frac{c}{d} = \frac{a\times c}{b\times d}$$

Exemplos:

E 2.5 $\quad 4 \cdot \dfrac{1}{5}=\dfrac{4}{5}$

E 2.6 $\dfrac{2}{3}\cdot\dfrac{9}{10}=\dfrac{2\cdot 9}{3\cdot 10}=\dfrac{18:6}{30:6}=\dfrac{3}{5}$

E 2.7 $a=\dfrac{a}{1}$

E 2.8 $\dfrac{1}{a-b}\cdot b=\dfrac{1}{a-b}\cdot\dfrac{b}{1}=\dfrac{b}{a-b}$

E 2.9 $a\cdot\dfrac{1}{a}=\dfrac{a}{1}\cdot\dfrac{1}{a}=\dfrac{a}{a}=1$

> **Observação**
>
> Qualquer número inteiro pode ser escrito em forma de fração e, colocando o número 1 como denominador, dizemos que é uma fração aparente.

Divisão: Para dividir uma fração por outra, deve-se multiplicar a primeira fração pela fração obtida da segunda permutando-se numerador e denominador, isto é, multiplicando a primeira fração pelo inverso da segunda fração. Ou seja, dados $\dfrac{a}{b}$ e $\dfrac{c}{d}$, com b, c e d $\neq$ 0:

$$\dfrac{a}{b}\div\dfrac{c}{d}=\dfrac{a}{b}\times\dfrac{d}{c}$$

Observe que se escrevermos a divisão em forma de fração e multiplicarmos numerador e denominador por $\dfrac{d}{c}$, temos:

$$\dfrac{\dfrac{a}{b}}{\dfrac{c}{d}}=\dfrac{\dfrac{a}{b}\cdot\dfrac{d}{c}}{\dfrac{c}{d}\cdot\dfrac{d}{c}}=\dfrac{\dfrac{a}{b}\cdot\dfrac{d}{c}}{1}=\dfrac{a}{b}\cdot\dfrac{d}{c}$$

Exemplos:

Resolver

E 2.10 $\dfrac{-6}{5}:\dfrac{9}{10}$

$$\dfrac{-6}{5}:\dfrac{9}{10}=\dfrac{-6}{5}\cdot\dfrac{10}{9}=\dfrac{-60:(15)}{45:(15)}=\dfrac{-4}{3}$$

E 2.11 $\dfrac{\dfrac{a}{b}}{c}=\dfrac{a}{b}:\dfrac{c}{1}=\dfrac{a}{b}\cdot\dfrac{1}{c}=\dfrac{a}{bc}$

E 2.12 $\dfrac{a}{\dfrac{b}{c}}=\dfrac{a}{1}:\dfrac{b}{c}=\dfrac{a}{1}\cdot\dfrac{c}{b}=\dfrac{ac}{b}$

E 2.13 $0,5:0,25$

$$\dfrac{5}{10}:\dfrac{25}{100}=\dfrac{5}{10}\cdot\dfrac{100}{25}=\dfrac{5\cdot 100:(50)}{10\cdot 25:(50)}=\dfrac{10}{5}=2$$

Conjuntos numéricos

E 2.14 $\quad 2\dfrac{1}{4} : \left(-3\dfrac{1}{5}\right)$

$$\dfrac{2\times 4+1}{4} : \left(\dfrac{-(3\times 5+1)}{5}\right) = \dfrac{9}{4} : \left(\dfrac{-16}{5}\right) = \dfrac{9}{4}\cdot\left(\dfrac{-5}{16}\right) = \dfrac{-45}{64}$$

Adição: Dados dois números racionais $\dfrac{a}{b}$ e $\dfrac{c}{d}$, onde b, d $\neq$ 0:

Para adicionar ou subtrair frações, com o mesmo denominador, basta adicionar ou subtrair os numeradores e manter o denominador comum.

$$\dfrac{a}{c} \pm \dfrac{b}{c} = \dfrac{a\pm b}{c}$$

Exemplos:

E 2.15 $\quad \dfrac{13}{4}+\dfrac{3}{4} = \dfrac{13+3}{4} = \dfrac{16:4}{4:4} = \dfrac{4}{1} = 4$

E 2.16 $\quad \dfrac{5}{6}-\dfrac{1}{6} = \dfrac{5-1}{6} = \dfrac{4:2}{6:2} = \dfrac{2}{3}$

Para adicionar ou subtrair frações de denominadores diferentes basta transformá-las em frações equivalentes com denominadores iguais e em seguida aplicarmos a técnica anterior.

$$\dfrac{a}{b} \pm \dfrac{c}{d} = \dfrac{a\cdot d}{b\cdot d} \pm \dfrac{c\cdot b}{d\cdot b} = \dfrac{ad}{bd} \pm \dfrac{cb}{bd} = \dfrac{ad\pm cb}{bd}$$

$$b \neq 0, d \neq 0$$

Existe um processo prático que nos ajuda a calcular a soma de frações cujo resultado está mais próximo de uma fração irredutível. Calculamos o menor múltiplo comum dos denominadores e em seguida dividimos o mmc (b,d) pelo denominador de cada fração e multiplicamos o resultado pelo numerador correspondente.

Exemplos:

Resolva:

E 2.17 $\quad 5+\dfrac{3}{4}-\dfrac{1}{6}$

$$\dfrac{5}{1}+\dfrac{3}{4}-\dfrac{1}{6} = \dfrac{5\times 12+3\times 3-1\times 2}{12} =$$

$$\dfrac{60+9-2}{12} = \dfrac{67}{12} = 5\dfrac{7}{12}$$

mmc $(1, 4, 6) = 12$

$$
\begin{array}{c|c}
1, 4, 6 & 2 \\
1, 2, 3 & 2 \\
1, 1, 3 & 3 \\
\hline
1, 1, 1 & 12
\end{array}
$$

> **Observação**
>
> Quando o numerador é maior que o denominador, chamamos a fração de fração imprópria e pode ser escrito como um número misto, ou seja, um número composto de uma parte inteira e uma fracionária. Observe o número acima.

$$5\frac{7}{12} = \frac{5 \times 12 + 7}{12} = \frac{67}{12}$$

E 2.18 $4\% - 0,5 + 1\frac{3}{4}$

$$\frac{4}{100} - \frac{5}{10} + \frac{1 \times 4 + 3}{4}$$

$$\frac{2}{50} - \frac{1}{2} + \frac{7}{4} = \qquad \text{mmc}(50, 2, 4) = 100$$

$$\frac{4 - 50 + 175}{100} = \frac{129}{100} = 1,29$$

2.3.4 REPRESENTAÇÃO DECIMAL DAS FRAÇÕES

Consideremos um número racional $\frac{p}{q}$, com $q \neq 0$, tal que $\frac{p}{q}$ seja uma fração irredutível.

Para escrevê-lo na forma decimal, basta efetuar a divisão do numerador pelo denominador.

Nesta divisão podem ocorrer dois casos:

1º **caso:** O número decimal obtido possui, após a vírgula, um número finito de algarismos (não nulos).

Exemplos:

E 2.19 $\dfrac{2}{5} = 0,4$ **E 2.20** $\dfrac{1}{4} = 0,25$

E 2.21 $\dfrac{3}{20} = 0,15$ **E 2.22** $\dfrac{7}{4} = 1,75$

Esses números racionais são denominados decimais exatos.

2º **caso:** O número decimal obtido possui, após a vírgula, infinitos algarismos (nem todos nulos), que se repetem periodicamente:

Exemplos:

E 2.23 $\dfrac{1}{3} = 0,333\ldots = 0,\overline{3}$ **E 2.24** $\dfrac{5}{9} = 0,555\ldots = 0,\overline{5}$

E 2.25 $\dfrac{4}{33} = 0,121212\ldots = 0,\overline{12}$ **E 2.26** $\dfrac{37}{30} = 1,2333\ldots = 1,2\overline{3}$

Esses números racionais são denominados decimais periódicos, ou dízimas periódicas. Os números que se repetem em cada um deles formam a parte periódica ou período da dízima. Quando uma fração é equivalente a uma dízima periódica, a fração é denominada **fração geratriz** da dízima periódica.

Para sabermos se uma fração irredutível equivale a um decimal exato ou uma dízima periódica, basta decompor o denominador em fatores primos:

a) A fração equivale a um **decimal exato** se o denominador contiver apenas os fatores 2 ou 5;

b) A fração equivale a uma dízima periódica se o denominador contiver algum fator diferente de 2 e de 5;

Exemplos:

E 2.27 $\dfrac{3}{20}$

Fatorando o denominador

$20 = 2^2 \cdot 5$

Portanto é decimal exato

$$
\begin{array}{r|l}
20 & 2 \\
10 & 2 \\
5 & 5 \\
1 &
\end{array}
$$

Para verificar, basta dividir o numerador pelo denominador $\dfrac{3}{20} = 0,15$.

E 2.28 $\dfrac{37}{30}$

Observe que $30 = 2 \cdot 3 \cdot 5$

a fração $\dfrac{37}{30}$ gera uma dízima periódica, de fato

$$
\begin{array}{ll}
37 & \underline{|30} \\
70 & 1,233... \\
\quad 100 & \\
\quad\ 100 & \\
\qquad 10 & \\
\qquad \vdots &
\end{array}
$$

$\therefore \dfrac{37}{30} = 1,233...$

2.3.5 REPRESENTAÇÃO FRACIONÁRIA DE NÚMEROS DECIMAIS

1° **caso:** O número é um decimal exato.

Transformamos o número em uma fração cujo numerador é o número decimal sem a vírgula e o denominador é formado pelo número 1 seguido de tantos zeros quantas forem as casas decimais do número decimal dado, ou seja, potência de base 10 cujo expoente é o número de casas decimais.

50 Matemática com aplicações tecnológicas – Volume 1

Exemplos:

E 2.29 $\quad 0,2 = \dfrac{2}{10}$

E 2.30 $\quad 1,54 = \dfrac{154}{100} = \dfrac{154}{10^2}$

E 2.31 $\quad 3,045 = \dfrac{3.045}{10^3}$

E 2.32 $\quad 0,025 = \dfrac{25}{1.000} = \dfrac{25}{10^3}$

2º **caso:** O número é uma dízima periódica, cuja fração geratriz podemos determinar de três maneiras. Vamos apresentá-las por meio de exemplos.

1) **Pela regra:**

Para escrever uma dízima periódica simples em forma de fração geratriz, escreve-se no numerador o número que se repete (período) e no denominador tantos noves quantos forem o número de algarismos do número que se repete.

a) $\quad 0,333... = 0,\overline{3} = \dfrac{3}{9}$

b) $\quad 0,343434... = 0,\overline{34} = \dfrac{34}{99}$

Se existe alguma parte fixa (parte não periódica) antes da parte periódica (período), então a geratriz é uma fração que tem por numerador a diferença entre o número formado pela parte fixa, acompanhado de um período, e a parte fixa; e para o denominador, um número formado de tantos noves quantos forem os algarismos do período, seguido de tantos zeros quantos forem os algarismos da parte fixa.

c) $\quad 0,2555... = 0,2\overline{5} = \dfrac{25-2}{90} = \dfrac{23}{90}$

2) **Pela equação:**

a) Façamos $x = 0,\overline{3}$, então $10 \cdot x = 3,333... = 3 + 0,\overline{3}$

Logo, $10 \cdot x - x = 3 + 0,\overline{3} - 0,\overline{3}$, portanto $9 \cdot x = 3$, ou seja, $x = \dfrac{3}{9}$

b) $x = 0,2555...$ então $10 \cdot x = 2,555...$ e $100 \cdot x = 25,555...$, logo,

$90 \cdot x = 25,555... - 2,555... = 23$, ou seja, $x = \dfrac{23}{90}$

3) **Pela Progressão Geométrica (P.G.):**

Devemos lembrar que a soma dos termos de uma P.G. infinita é dada pela fórmula $\lim_{n \to \infty} S_n = \dfrac{a_1}{1-q}$, para $|q| < 1$.

a) $0,333... = 0,3 + 0,03 + 0,003 + ...$, daí temos uma P.G. onde

$a_1 = \dfrac{3}{10}$ e $q = \dfrac{1}{10}$, então $0,333... = \dfrac{\dfrac{3}{10}}{1 - \dfrac{1}{10}} = \dfrac{3}{9}$;

b) $0{,}2555... = 0{,}2 + 0{,}05 + 0{,}005 + 0{,}0005 +...$, neste caso, $0{,}2$ fica fora da P.G. de $a_1 = \dfrac{5}{100}$ e $q = \dfrac{1}{10}$, logo:

$$0{,}2555...= 0{,}2 + \dfrac{\dfrac{5}{100}}{1-\dfrac{1}{10}} = \dfrac{2}{10} + \dfrac{5}{90} = \dfrac{18+5}{90} = \dfrac{23}{90}$$

Exemplos:

Pela equação:

E 2.33 Seja a dízima $0{,}444....$ Chamemos de $x = 0{,}444...$ e multipliquemos por 10:

$10 \cdot x = 4{,}444....$ Subtraindo a segunda da primeira, temos:

$10 \cdot x - x = 4{,}444... - 0{,}444... = 4$

$9 \cdot x = 4$

$x = \dfrac{4}{9}$, fração geratriz

E 2.34 Seja a dízima $1{,}232323... = 1{,}\overline{23}$

Façamos $x = 1{,}232323...$ (1) e

$100x = 123{,}2323...$ (2), subtraindo (1) de (2) membro a membro, temos:

$100x - x = 123{,}2323... - 1{,}232323...$

$99x = 122 \Rightarrow x = \dfrac{122}{99}$ (fração geratriz)

Logo, $1{,}\overline{23} = \dfrac{122}{99}$

Para concluir a regra prática, façamos:

$G = 1{,}232323...$

$G = 1 + \underbrace{0{,}232323...}_{x}$

$x = 0{,}232323...$ (1)

$\dfrac{100x = 23{,}232323... \ (2) \qquad (2) - (1)}{}$

$99x = 23 \Rightarrow x = \dfrac{23}{99}$

$\therefore G = 1 + \dfrac{23}{99} = 1\dfrac{23}{99} = \text{geratriz}$

E 2.35 Seja a dízima $2{,}3050505...$

Consideremos $G = 2 + 0{,}3050505...$

$x = 03050505...$ (1)

$$10x = 3{,}050505\ldots \ (2) \qquad\qquad \rightarrow (3)-(2)$$

$$1000x = 305{,}050505\ldots \ (3)$$

$$990x = 305 - 3$$

$$x = \frac{305 - 3}{990}(*)$$

$$\therefore G = 2 + \frac{302}{990} = \frac{2 \times 990 + 302}{990} = \frac{2282}{990}$$

2.3.5.1 *Regra prática*

Exemplos:

E 2.36 $\quad 0{,}\overline{4}44\ldots = \dfrac{4}{9}$

Para a dízima periódica simples

$$\text{Fração geratriz} \ = \ \frac{\text{período 4}}{\substack{\text{um 9 para cada algarismo} \\ \text{do período}}} \ = \ \frac{4}{9}$$

E 2.37 $\quad 1{,}232323\ldots = 1{,}\overline{23} = 1\dfrac{23}{99} = \dfrac{1 \times 99 + 23}{99} = \dfrac{122}{99}$

E 2.38 $\quad 2{,}3050505\ldots = 2{,}3\overline{05}$

$$= \frac{\overset{**}{(\text{parte não periódica,}} \overset{*}{\text{parte periódica})} - -(\overset{**}{\text{parte não periódica}})}{990} = 2 + \frac{305 - 3}{990} = 2 + \frac{302}{990} = 2\frac{302}{990} = \frac{2282}{990}$$

(*) um "9" para cada algarismo da parte periódica

(**) um "0" para cada algarismo da parte não periódica

2.3.5.2 *Pela P.G.*

Exemplos:

E 2.39 $\quad 0{,}4444\ldots =$

$$\underbrace{0{,}4 + 0{,}04 + 0{,}004 + \ldots}_{\text{PG decrescente}} \left\{ \begin{array}{l} a_1 = 0{,}4 = \dfrac{4}{10} \\[2ex] q = \dfrac{0{,}04}{0{,}40} = \dfrac{1}{10} < 1 \end{array} \right.$$

$$\text{geratriz} \ = \ \frac{a_1}{1-q} \ = \ \frac{\dfrac{4}{10}}{1 - \dfrac{1}{10}} \ = \ \frac{\dfrac{4}{10}}{\dfrac{9}{10}} \ = \ \frac{4}{9}$$

E 2.40 $1,232323... =$

$$1 + \underbrace{0,23 + 0,0023 + 0,000023 + ...}_{PG} \begin{cases} a_1 = 0,23 = \dfrac{23}{100} \\ q = \dfrac{0,0023}{0,23} = \dfrac{1}{100} < 1 \end{cases}$$

$$= 1 + \frac{a_1}{1-q} = 1\frac{\dfrac{23}{100}}{1 - \dfrac{1}{100}} = 1 + \frac{\dfrac{23}{100}}{\dfrac{99}{100}} = 1 + \frac{23}{99} = \frac{122}{99}$$

E 2.41 $2,3050505... =$

$$2 + 0,3 + \underbrace{0,005 + 0,00005 + ...}_{P.G.} \begin{cases} a_1 = 0,005 = \dfrac{5}{1000} \\ q = \dfrac{0,00005}{0,005} = \dfrac{1}{100} < 1 \end{cases}$$

$$= 2 + 0,3 + \frac{\dfrac{5}{1.000}}{1 - \dfrac{1}{100}} = 2 + \frac{3}{10} + \frac{\dfrac{5}{1.000}}{\dfrac{99}{100}} = 2 + \frac{3}{10} + \frac{5}{990}$$

$$= 2 + \frac{297 + 5}{990} = 2\frac{302}{990} = \frac{1.980 + 302}{990} = \frac{2.282}{990}$$

2.4 CONJUNTO DOS NÚMEROS IRRACIONAIS: $\mathbb{Q}'$

Esse conjunto é o complementar do conjunto dos números racionais, ou seja, é o conjunto dos números reais que não podem ser escritos como uma divisão de dois números.

$$\mathbb{Q}' = \{x \mid x \neq a / b\}$$

Exemplo:

E 2.42

$$\sqrt{2} = 1,4142135624...$$
$$\pi = 3,1415926535...$$
$$e = 2,7182818284590...$$

2.5 CONJUNTO DOS NÚMEROS REAIS: $\mathbb{R}$

O conjunto dos números reais é a união do conjunto dos números racionais com o conjunto dos números irracionais. Ele tem uma relação biunívoca com a reta real, ou seja, todo ponto da reta representa um número real e todo número real pode ser localizado na reta real. Então,

$$\mathbb{R} = \mathbb{Q} \cup \mathbb{Q}' = \{x / x \text{ é número racional ou irracional}\}$$

> **Observação**
> $\mathbb{N} \subset \mathbb{Z} \subset \mathbb{Q} \subset \mathbb{R}, \mathbb{Q}' \subset \mathbb{R}$

Dentro do conjunto dos números reais, temos uma série de propriedades e gostaríamos de destacar algumas.

2.5.1 COMPARAÇÃO DE NÚMEROS REAIS

Dados dois números reais a e b, temos as seguintes possibilidades, excludentes entre si: a = b, a > b ou a < b. Esse é um princípio denominado de Princípio da Tricotomia, ou seja:

2.5.1.1 Princípio da Tricotomia

Se x e y são quaisquer números reais, então uma, e somente uma, das afirmativas abaixo é verdadeira:

1º) x < y ou   2º) x > y ou   3º) x = y

Com isso, podemos ter algumas relações entre dois números reais.

2.5.2 RELAÇÃO DE DESIGUALDADE

As relações < (menor) e > (maior) são denominadas relações de desigualdade e existem ainda duas outras relações de desigualdade que podemos definir:

- ≤ (menor ou igual): a ≤ b ⇒ a < b ou a = b
- ≥ (maior ou igual): a ≥ b ⇒ a > b ou a = b

Se fixarmos y = 0 no Princípio da Tricotomia, observamos que uma, e somente uma, das condições abaixo é verdadeira:

1º) x < 0, x é um número real negativo ou

2º) x > 0, x é um número real positivo ou

3º) x = 0, x é nulo

2.5.3 RELAÇÃO DE IGUALDADE

Consideremos dois conjuntos A e B de elementos quaisquer e sejam <u>a</u> e <u>b</u> os respectivos números de elementos. Dois casos podem ocorrer:

1º) Entre A e B pode-se estabelecer uma correspondência biunívoca. Diz-se, neste caso que A e B possuem o mesmo número de elementos e escreve-se a = b, que se lê "a é igual a b" e a relação é denominada Relação de Igualdade (a e b são numerais do mesmo número).

2º) Entre A e B não se pode estabelecer uma correspondência biunívoca. Diz-se, neste caso, que o número de elementos de A e B são diferentes e escreve-se a ≠ b que se lê "a é diferente de b".

2.5.4 REPRESENTAÇÃO GEOMÉTRICA: A RETA REAL ℝ

Consideramos um ponto fixo O, chamado origem e outro ponto fixo U, à direita de O chamado ponto unidade, pertencentes a uma reta denominada r. A distância entre O e U é chamada distância unitária.

Cada ponto P na reta r é associado a uma coordenada x representando sua distância orientada da origem O. Chamaremos o conjunto de todas essas coordenadas x de conjunto dos números reais ℝ.

Entre o conjunto dos números reais e uma reta, pode-se estabelecer uma correspondência biunívoca de tal modo que a cada número real x corresponda um e um só ponto da reta e reciprocamente, a cada ponto da reta corresponda um e um só número real.

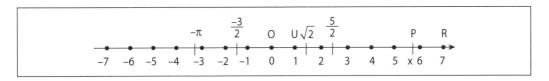

2.5.5 OPERAÇÕES NO CONJUNTO ℝ: PROPRIEDADES

No conjunto ℝ são definidas as operações adição e multiplicação e, neste caso, são válidas as seguintes propriedades estruturais:

$$(\forall a), (\forall b), (\forall c), a, b, c, \in \mathbb{R}$$

Adição	Multiplicação
Fechamento: $(a + b) \in \mathbb{R}$	Fechamento: $(a \cdot b) \in \mathbb{R}$
Comutativa: $a + b = b + a$	Comutativa: $a \cdot b = b \cdot a$
Associativa: $(a + b) + c = a + (b + c)$	Associativa: $(a \cdot b) \cdot c = a \cdot (b \cdot c)$
Elemento neutro: $a + 0 = 0 + a = a$	Elemento neutro: $a \cdot 1 = 1 \cdot a = a$
Elemento oposto: $a + (-a) = 0$	Elemento inverso: $a \cdot \dfrac{1}{a} = 1 \ (a \neq 0)$

Distributiva	
$a \cdot (b + c) = a \cdot b + a \cdot c$	$(b + c) \cdot a = b \cdot a + c \cdot a$

2.5.5.1 Propriedade aditiva e multiplicativa de igualdade

Regra da balança ou do equilíbrio

Se $a = b$, então $a + c = b + c$ e $ac = bc$

2.5.5.2 Propriedade do cancelamento

$$\text{Se } a + c = b + c, \text{ então } a = b \text{ e se } ac = bc \text{ e } c \neq 0, \text{ então } a = b$$

Exemplos:

E 2.43

Utilizando propriedade, mostre que se $a \cdot b = c$ e $b \neq 0$, então $a = \dfrac{c}{b}$.

De fato, de $ab = c$, multiplicando ambos os membros por $\dfrac{1}{b}$, temos:

$a \cdot b \cdot \dfrac{1}{b} = c \cdot \dfrac{1}{b}$, pela propriedade do elemento inverso:

$a \cdot 1 = \dfrac{c}{1} \cdot \dfrac{1}{b}$ ou seja, $a = \dfrac{c}{b}$.

E 2.44

Mostre que, $\dfrac{-2}{9} < \dfrac{-13}{59}$, utilizando as propriedades estudadas.

Observe que $13 \cdot 9 = 117$ e $2 \cdot 59 = 118$, portanto

$117 \quad < \quad 118$

$\downarrow \qquad \downarrow$

$13 \cdot 9 < 2 \cdot 59$, dividindo a inequação por 9. 59:

$\dfrac{13 \cdot 9}{9 \cdot 59} < \dfrac{2 \cdot 59}{9 \cdot 59}$, simplificando, $\dfrac{13}{59} < \dfrac{2}{9}$, multiplicando ambos os membros por -1:

$$\dfrac{-13}{59} > \dfrac{-2}{9} \text{ ou } \dfrac{-2}{9} < \dfrac{-13}{59}$$

2.5.6 REGRA DOS SINAIS DAS OPERAÇÕES, EM $\mathbb{R}$

2.5.6.1 Adição e subtração

a) As operações de adição e subtração, que serão indicadas pelos sinais "+" e "−" de dois números reais quaisquer podem ser definidas por meio da reta numerada ou reta real.

b) Todo movimento à direita na reta numerada será descrito por números positivos e todo movimento à esquerda será descrito por números negativos.

c) Existe um mesmo comportamento (conhecido pelo nome de isomorfismo entre os números inteiros aritméticos (0, 1, 2, 3, 4,...) e os números inteiros, não negativos (0, +1, +2, +3, +4,...). Exemplos:

2.5.6.2 Adição

Exemplos:

E 2.45 $(+3) + (+2) = (+5) = 5$

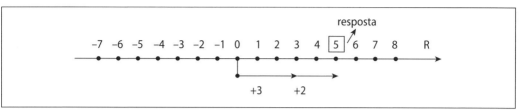

E 2.46 $(-2) + (-1) = -3$

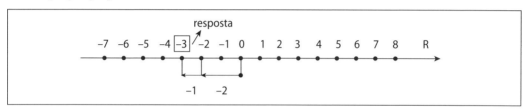

E 2.47 $(-4) + (+6) = +2 = 2$

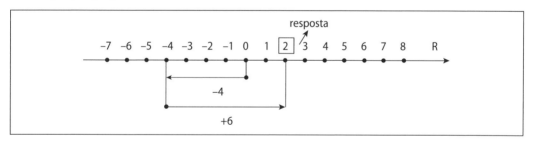

E 2.48 $(+3) + (-6) = -3$

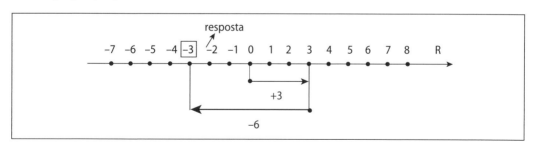

2.5.6.3 Subtração

A relação existente entre a subtração e a adição de números reais é a mesma que conhecemos para a adição e subtração de números aritméticos, isto é, são operações inversas.

$$a - b = d \Leftrightarrow d + b = a$$

Exemplo:

E 2.49

a) $(+5) - (-2) = d \Leftrightarrow d + (-2) = (+5) \therefore (+5) - (-2) = 7$

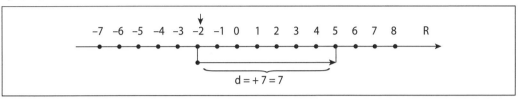

b) $(+6) - (+2) = d \Leftrightarrow d + (+2) = (+6) \therefore (+6) - (+2) = 4$

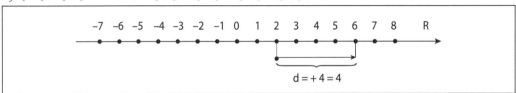

2.5.6.4 Multiplicação e divisão

O produto de dois números reais é um número real e podemos estabelecer uma correspondência biunívoca entre os dois conjuntos numéricos: dos inteiros aritméticos e dos inteiros não negativos.

$$0 \quad 1 \quad 2 \quad 3 \quad 4 \quad 5 \quad 6, \ldots$$
$$\updownarrow \updownarrow \updownarrow \updownarrow \updownarrow \updownarrow \updownarrow$$
$$0 \, +1 \, +2 \, +3 \, +4 \, +5 \, +6, \ldots$$

2.5.6.5 Propriedades

- comutativa: $a \times b = b \times a$
- associativa: $a \times (b \times c) = (a \times b) \times c$
- elemento neutro: $a \times 1 = a$
- anulamento: $a \times 0 = 0$
- distributiva: $a \times (b + c) = a \times b + a \times c$

Exemplos:

E 2.50

O produto de dois números positivo é um número positivo.

$$(+3) \times (+4) = (+12)$$
$$\downarrow \quad \downarrow \quad \uparrow$$
$$3 \times 4 = 12$$

E 2.51

O produto de um número positivo por zero é zero.

$$0 \times (+4,5) = 0$$
$$\downarrow \qquad \downarrow \qquad \uparrow$$
$$0 \times 4,5 = 0$$

E 2.52

O produto de um número negativo por zero é zero.

$$(-2) \times 0 = 0 \text{ (pela propriedade comutativa)}$$
$$0 \times (-2) = 0 \text{ (pela propriedade do anulamento)}$$

E 2.53

O produto de um número positivo por um número negativo é um número negativo.

$$(+3) \times (-2) = ?$$
$$(+3) \times 0 = 0 \text{ (propriedade de anulamento)}$$
$$(+3) \times \left[\overbrace{(+2) + (-2)}\right] = 0 \left(\begin{array}{l} \text{foi escrito } 0 = (+2) + (-2) \\ \text{para introduzir o n}^\circ (-2) \end{array}\right),$$

$$\underbrace{(+3) \times (+2)} + (+3) \times (-2) = 0 \text{ (propriedade distributiva)}$$

$$(+6) + \underbrace{(+3) \times (-2)} = 0$$

$$(+6) + \quad ? \quad = 0 \left(\begin{array}{l} \text{pela existência do elemento} \\ \text{inverso aditivo} \end{array}\right)$$
$$\downarrow$$
$$(+3) \times (-2) = (-6) \text{ ou } (+3) \times (-2) = (-2) \times (+3) = -6$$

E 2.54

O produto de dois números negativos é um número positivo

$$(-3) \times \left[(-4) + (+4)\right] = 0 \left(\begin{array}{l} \text{introduzimos } (+4) \text{ por meio} \\ \text{de } (-4) + (+4) = 0 \end{array}\right)$$
$$(-3) \times (-4) + (-3) \times (+4) = 0 \text{ (propriedade distributiva)}$$
$$(-3) \times (-4) + (-12) = 0 \text{ (exemplo \textbf{E 2.53})}$$
$$\therefore (-3) \times (-4) = (+12)$$

2.5.6.6 *Divisão entre dois números reais*

A relação existente entre a divisão e a multiplicação de números reais é a mesma para a multiplicação e divisão de números aritméticos, isto é, são operações inversas:

$$a : b = c \Leftrightarrow c \times b = a,\ b \neq 0$$

Equivalência: a regra dos sinais para a divisão será a mesma da operação multiplicação.

> Observações
> - $\dfrac{4}{0}$ = "nenhum número" pois "nenhum número". $0 = 4 \to$ operação inexistente
> - $\dfrac{0}{0}$ = "qualquer número" pois "qualquer número". $0 = 0 \to$ resultado indeterminado
>
> Ou seja,
> - Não existe divisão por zero
> - O símbolo $\dfrac{0}{0}$ representa uma indeterminação

Exemplos:

E 2.55 $(-8):(+4)=(-2) \Leftrightarrow (-2) \times (+4)=(-8)$

E 2.56 $(-8):(-4)=(+2) \Leftrightarrow (+2) \times (-4)=(-8)$

E 2.57

$$\left(\frac{+3}{4}\right) : \left(-\frac{1}{2}\right) = \left(\frac{+3}{\overset{4}{\underset{2}{\cancel{4}}}}\right) \times \left(\frac{\overset{-1}{\cancel{-2}}}{1}\right) = \left(\frac{-3}{2}\right)$$

E 2.58

$$(-0,4) : \left(+\frac{1}{5}\right) = (-0,4) \times 5 = -2,0$$

$$\downarrow \qquad\qquad \text{ou}$$

$$\frac{-4}{10} \times \frac{5}{1} = \frac{-20}{10} = -2$$

2.5.6.7 Propriedades

Regras de sinal

Para quaisquer $\underline{a}$ e $\underline{b}$ reais tem-se:

1°) $-(-a) = a$ \qquad 2°) $(-a) \cdot b = -(a \cdot b) = a \cdot (-b)$ \qquad 3°) $(-a) \cdot (-b) = a \cdot b$

Exemplos:

E 2.59 $-(-5) = 5$;

E 2.60 $(-3)\,4 = 3\,(-4) = -(3 \cdot 4) = -12$;

E 2.61 $(-6)(-5) = 6 \cdot 5 = 30$

Anulamento

Qualquer que seja $\underline{a}$ real, temos

fator nulo: $a \cdot 0 = 0 \cdot a = 0$, de fato

$$a \cdot 0 + 0 = a \cdot 0 = a\,(0+0) = a \cdot 0 + a \cdot 0$$

Conjuntos numéricos

Observando o primeiro e o último membro, podemos concluir que a · 0 = 0

produto nulo: Sendo $\underline{a}$ e $\underline{b}$ números reais, tem-se: Se a · b = 0, então a = 0 ou b = 0 ou a = b = 0.

EXERCÍCIOS RESOLVIDOS

R 2.2 Resolva a seguinte expressão $3 + 2\dfrac{1}{4} - \dfrac{4}{5} + 0{,}5$.

Resolução:

Lembremos que $2\dfrac{1}{4}$ é um número misto, portanto, $2\dfrac{1}{4} = \dfrac{2.4+1}{4} = \dfrac{9}{4}$ e também 0,5 é um número decimal, ou seja, $0{,}5 = \dfrac{5}{10}$. Então,

$$3 + 2\dfrac{1}{4} - \dfrac{4}{5} + 0{,}5$$

$$= 3 + \dfrac{9}{4} - \dfrac{4}{5} + \dfrac{5:5}{10:5}$$

$$= 3 + \dfrac{9}{4} - \dfrac{4}{5} + \dfrac{1}{2} = \dfrac{60+45-16+10}{20} = \dfrac{99}{20} = 4\dfrac{19}{20}$$

$$\begin{array}{c|c} 2, 4, 5 & 2 \\ 1, 2, 5 & 2 \\ 1, 1, 5 & 5 \\ 1, 1, 1 & \\ \hline & 20 \end{array}$$

Observe que 20 é o mínimo múltiplo comum entre 2, 4 e 5.

R 2.3 Resolva a seguinte expressão $5 - 3\dfrac{2}{3} + 1{,}2 - \dfrac{3}{18}$.

Resolução:

Fazendo as mesmas transformações do exercício anterior:

$$5 - \dfrac{11}{3} + \dfrac{12:2}{10:2} - \dfrac{3:3}{18:3}$$

$$= 5 - \dfrac{11}{3} + \dfrac{6}{5} - \dfrac{1}{6}$$

$$= \dfrac{150-110+36-5}{30} = \dfrac{71}{30} = 2\dfrac{11}{30} = 2{,}3666...$$

R 2.4 Resolva 0,333... + 1,2555... − 0,75.

Resolução:

$$0{,}333... + 1{,}2555... - 0{,}75$$

$$= \dfrac{3:3}{9:3} + 1 + 0{,}2555... - \dfrac{75:25}{100:25}$$

$$\frac{1}{3}+1+\frac{25-2}{90}-\frac{3}{4}$$

$$=\frac{60+180+46-135}{180}=\frac{151}{180}$$

R 2.5 Efetue $\left(\dfrac{1}{5}-\dfrac{2}{15}\right)\div\left(0{,}2+3\dfrac{1}{4}\right)$.

Resolução:

$$\left(\frac{3-2}{15}\right)\div\left(\frac{2:2}{10:2}+\frac{3\times4+1}{4}\right)$$

$$=\frac{1}{15}\div\left(\frac{1}{5}+\frac{13}{4}\right)$$

$$=\frac{1}{15}\div\frac{4+65}{20}$$

$$=\frac{1}{15}\times\frac{20}{69}=\frac{1}{3}\times\frac{4}{69}=\frac{4}{207}$$

$$
\begin{array}{r|l}
2,\,4,\,5 & 2\\
1,\,2,\,5 & 2\\
1,\,1,\,5 & 5\\
1,\,1,\,1 & 20
\end{array}
$$

EXERCÍCIOS PROPOSTOS

P 2.1

a) Faça a verificação de $0{,}777\ldots=\dfrac{7}{9}$ pela equação

b) Faça a verificação, usando P.G. que $0{,}999\ldots=1$

c) Resolva a seguinte expressão:

$$0{,}777\ldots\ +\ 0{,}999\ldots\ -\frac{1}{5}+0{,}1222\ldots$$

Efetue as operações:

P 2.2 $1{,}08\times0{,}9+2{,}04\div0{,}4$

P 2.3 $\dfrac{2{,}04}{0{,}4}-0{,}9\times1{,}08$

P 2.4 $\left(3+\dfrac{1}{4}+0{,}2\right)\div\left(\dfrac{1}{5}-\dfrac{2}{15}\right)$

P 2.5 $\left[(-7,8):2,5+1\right]\times 0,07$

P 2.6 $\left(\dfrac{1}{5}\times 0,2-\dfrac{2}{3}\right):\left(1-\dfrac{4}{5}\right)$

P 2.7 $\left(-2\dfrac{1}{4}-0,25\right)\times\left(4-\dfrac{1}{5}\right)$

RESPOSTAS DOS EXERCÍCIOS PROPOSTOS

P 2.1 $\dfrac{153}{90}=1,7$

P 2.2 $6,072$

P 2.3 $4,128$

P 2.4 $\dfrac{207}{4}=51,75$

P 2.5 $-0,1484$

P 2.6 $\dfrac{-47}{15}$

P 2.7 $-9,5$

3.1 POTENCIAÇÃO

Sejam $a \in \mathbb{R}$, $a \neq 0$ e $n \in \mathbb{Z}$, $n > 1$. Definimos a potência n-ésima de a como o produto de a por ele mesmo, n vezes:

$$a^n = a \cdot a \cdot a \cdot a \cdot a \cdot a \cdot a ... \cdot a$$

Chamamos a de base da potência e n de expoente.

Exemplo:

E 3.1 $2^5 = 2 \cdot 2 \cdot 2 \cdot 2 \cdot 2 = 32$

2 é a base, 5 é o expoente e 32 é a potência.

3.1.1 PROPRIEDADES

- $a^m \cdot a^n = a^{m+n}$, $m, n \in \mathbb{Z}$
- $a^m : a^n = a^{m-n}$
- $(a^m)^n = a^{m \cdot n}$
- $(a \cdot b)^n = a^n \cdot b^n$
- $(a : b)^n = \left(\dfrac{a}{b}\right)^n = \dfrac{a^n}{b^n} = a^n : b^n$, $b \neq 0$

3.1.2 CASOS PARTICULARES

- $a^1 = a$
- $a^0 = 1$
- $a^{-n} = \dfrac{1}{a^n}, \; n > 0, \; a \neq 0$

EXERCÍCIOS RESOLVIDOS

Resolva as seguintes expressões:

R 3.1 $\dfrac{3^5 \cdot 5^4 \cdot 7^2}{3^2 \cdot 5^6 \cdot 7^2}$

Resolução:

$$\frac{3^5 \cdot 5^4 \cdot 7^2}{3^2 \cdot 5^6 \cdot 7^2} = \frac{3^{5-2} \cdot 1}{5^{6-4} \cdot 1} = \frac{3^3}{5^2} = \frac{27}{25}$$

R 3.2 $(2 \times 5)^5 \div (2 \times 5)^3.$

Resolução:

$$(2 \times 5)^{5-3} = (2 \times 5)^2 = 2^2 \times 5^2 = 4 \times 25 = 100$$

R 3.3 $\left(\dfrac{2}{7}\right)^4 \div \left(\dfrac{2}{7}\right)^2$

Resolução:

$$\left(\frac{2}{7}\right)^{4-2} = \frac{2^2}{7^2} = \frac{4}{49}$$

R 3.4 $\dfrac{2^4 \times 2^3}{2^5 \left(2^3 + 2^4\right)};$

Resolução:

$$\frac{2^7}{2^5 \left(8 + 16\right)} = \frac{2^{7-5}}{24} = \frac{2^2}{24} = \frac{4 : 4}{24 : 4} = \frac{1}{6}$$

EXERCÍCIOS PROPOSTOS

P 3.1 Resolva as expressões abaixo, supondo $a \neq 0$:

a) $a^3 \times a^{-3}$

b) $(a^2)^{-3}$

c) $(a \times b)^{-1}$

d) $\left(\dfrac{a}{b}\right)^{-1}$

P 3.2 Calcule o valor de:

a) $\left(\dfrac{11}{3}\right)^{-2} : \left(\dfrac{13}{3}\right)^{-1}$

b) $\left(\dfrac{1}{2}+2\right)^{-3} : \left(1+\dfrac{1}{4}\right)^{-2}$

c) $\left(3-\dfrac{1}{2}\right)^{-1} + \left(3-\dfrac{1}{2}\right)^{-1}$

P 3.3 Transforme os decimais em base 10:

a) 0,01

b) 0,0001

P 3.4 Calcule o valor de $\left[(3a)^4 : (5b)^2\right] \times \left[(3a)^{-1}(25b^3)\right]$

P 3.5 Calcule o valor de $\left[(a \cdot b)^3 \cdot \left(\dfrac{1}{a \cdot b}\right)^{-2}\right] \div (a^5 \cdot b^5)$

P 3.6 Calcule o valor de $\left(\dfrac{3}{4}+0,5\right)^{-1} : \left(\dfrac{3}{4}-\dfrac{1}{2}\right)^{-2}$

P 3.7 Calcule o valor de $(1,2)^3 + \left[(1-0,04)\times 3\right] : 10^3$

3.2 RADICIAÇÃO

Sejam $b \in \mathbb{R}$ e $n \in \mathbb{Z}$, $n \geq 1$. Definimos a raiz n-ésima de b como sendo o número a tal que a potência n-ésima de a é igual a b:

$$\sqrt[n]{b} = a \Leftrightarrow a^n = b, b \geq 0$$

Exemplo:

E 3.2

$$\sqrt[3]{8} = 2 \Rightarrow 2^3 = 8,$$

onde 8 é o radicando, 3 é o índice e o símbolo $\sqrt{}$ é o radical.

3.2.1 PROPRIEDADES

Vamos supor a > 0 e b > 0.

Dados m, n, p ≥ 1, onde m, p ∈ ℕ e n ∈ ℤ, então:

- $\sqrt[n\cdot p]{a^{m\cdot p}} = \sqrt[n]{a^m}$

- $\left(\sqrt[n]{a}\right)^m = \sqrt[n]{a^m}$

- $\sqrt[n]{a:b} = \sqrt[n]{a} : \sqrt[n]{b}$

- $\sqrt[n]{a\cdot b} = \sqrt[n]{a} \cdot \sqrt[n]{b}$

- $\sqrt[n]{\sqrt[m]{a}} = \sqrt[n\cdot m]{a}$

Exemplos:

E 3.3 $\quad \sqrt[15]{3^{30}} = 3^2 = 9$

E 3.6 $\quad \left(\sqrt[4]{p}\right)^2 = \sqrt[4]{p^2} = \sqrt{p}$

E 3.4 $\quad \sqrt{2}\cdot\sqrt{3} = \sqrt{2\cdot 3} = \sqrt{6}$

E 3.7 $\quad \sqrt{\sqrt[3]{2}} = \sqrt[6]{2}$

E 3.5 $\quad \sqrt[3]{10} : \sqrt[3]{5} = \sqrt[3]{10:5} = \sqrt[3]{2}$

3.2.2 RADICANDO NEGATIVO

Exemplo:

E 3.8

a) $\sqrt[3]{-8} = -2$, pois $(-2)^3 = 8$

b) $\sqrt[4]{-16}$ = nenhum número real, pois não existe número que elevado a 4ª potência cujo resultado seja −16.

> **Observação**
>
> Como todo número real diferente de zero elevado a expoente par é sempre positivo, não existe raiz real de número negativo se o índice do radical for par.

Uma notação que pode ser bem útil é a seguinte:

$$\sqrt[n]{a^m} = a^{\frac{m}{n}}, a \in \mathbb{R}, \ a > 0, \ n \in \mathbb{Z}, \ n > 0$$

EXERCÍCIOS RESOLVIDOS

Usando as propriedades acima, simplifique e resolva as expressões:

R 3.5 $\quad 2\sqrt[3]{27} - 3\cdot\sqrt[6]{64}$.

Resolução:

$$2\sqrt[3]{3^3} - 3\sqrt[6]{2^6} = 2\cdot 3 - 3\cdot 2 = 6 - 6 = 0$$

R 3.6 $\sqrt[3]{-0,001}$

Resolução:

$$\sqrt[3]{-\frac{1}{10^3}} = \frac{\sqrt[3]{-1}}{\sqrt[3]{10^3}} = \frac{-1}{10} = -0,1$$

R 3.7 $\sqrt[3]{432}$.

Resolução:

$$\sqrt[3]{2^4 \cdot 3^3} = \sqrt[3]{2^3 \cdot 2 \cdot 3^3}$$

$$= \sqrt[3]{2^3} \cdot \sqrt[3]{2} \cdot \sqrt[3]{3^3} = 2 \cdot \sqrt[3]{2 \cdot 3} = 6\sqrt[3]{2}$$

432	2
216	2
108	2
54	2
27	3
9	3
3	3
1	$2^4 \cdot 3^3$

R 3.8 $2\sqrt{4x+8} - \sqrt{9x+18} + 4\sqrt{16x+32}$

Resolução:

$$2\sqrt{4(x+2)} - \sqrt{9(x+2)} + 4\sqrt{16(x+2)}$$

$$= 2 \cdot 2 \cdot \sqrt{x+2} - 3 \cdot \sqrt{x+2} + 4 \cdot 4 \cdot \sqrt{x+2} = 17\sqrt{x+2}$$

R 3.9 $\sqrt{a^3} : \sqrt[5]{a^2}$

Resolução:

$$\sqrt{a^3} : \sqrt[5]{a^2} = \sqrt[10]{a^{15}} : \sqrt[10]{a^4} = \sqrt[10]{a^{11}} = \sqrt[10]{a^{10} \cdot a}$$

$$= \sqrt[10]{a^{10}} \cdot \sqrt[10]{a} = a\sqrt[10]{a}$$

R 3.10 $\sqrt{\sqrt[3]{a^6 b}}$

Resolução:

$$\sqrt{\sqrt[3]{a^6 b}} = \sqrt{\sqrt[3]{a^6} \cdot \sqrt[3]{b}} = \sqrt{a^2 \cdot \sqrt[3]{b}} = a\sqrt{\sqrt[3]{b}} = a\sqrt[6]{b}$$

EXERCÍCIOS PROPOSTOS

Calcule o valor de cada uma das expressões:

P 3.8 $5\sqrt[3]{-27} + 2\sqrt[3]{27}$

P 3.9 $\sqrt{100-64}$

P 3.10 $\sqrt{0,0016}$

P 3.11 $3\sqrt{50} - 2\sqrt{18} + \sqrt{98}$

P 3.12 $\sqrt{6} - \sqrt{24} + \sqrt{54}$

P 3.13 $2\sqrt{12} + \sqrt{27} - 3\sqrt{48} + \sqrt{108}$

P 3.14 $\sqrt[3]{3\sqrt{2}}$

P 3.15 $\sqrt{a\sqrt[3]{b}}$

P 3.16 $\sqrt[5]{a\sqrt[4]{a^2b^3\sqrt[3]{a^2bc^{10}}}}$

P 3.17 $\sqrt[4]{x^2y^3} : \sqrt[3]{xy}$

3.3 PRODUTOS NOTÁVEIS
3.3.1 PRODUTO DA SOMA PELA DIFERENÇA

$$(a + b) \cdot (a - b) = a^2 - b^2, \forall\, a, b \in \mathbb{R}$$

Para justificar, podemos:

1º) utilizar a propriedade distributiva da multiplicação em relação à adição, daí:

$$(a + b) \cdot (a - b) = a^2 - a \cdot b + a \cdot b - b^2 = a^2 - b^2$$

2°) verificar essa igualdade utilizando área de retângulos convenientes, conforme a ilustração seguinte:

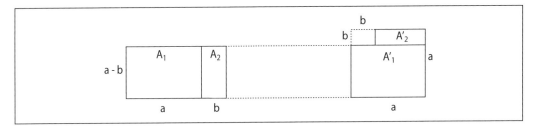

Observando as figuras acima, concluímos que $A_1 = A'_1$ e $A_2 = A'_2$. Logo, $A_1 + A_2 = (a + b) \cdot (a - b) = a^2 - b^2 = A'_1 + A'_2$.

3.3.2 QUADRADO DA SOMA

$$(a + b)^2 = a^2 + 2 \cdot a \cdot b + b^2$$

Do mesmo modo, podemos:

1°) Aplicar a propriedade distributiva na potência:

$$(a + b)^2 = (a + b)(a + b) = a^2 + a \cdot b + a \cdot b + b^2 = a^2 + 2a \cdot b + b^2$$

2°) Observar as áreas dos retângulos a seguir:

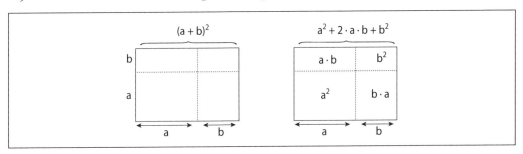

3.3.3 QUADRADO DA DIFERENÇA

$$(a - b)^2 = a^2 - 2 \cdot a \cdot b + b^2$$

Podemos justificar:

1°) Escrevendo $a - b = a + (-b)$ e utilizando a demonstração de $(a + b)^2$

2°) Pela observação das áreas dos retângulos abaixo:

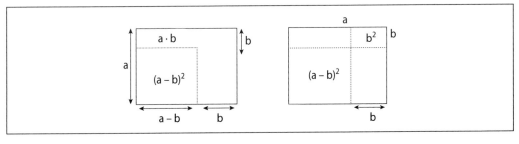

> **Observação**
>
> Adicionamos a parcela b^2 que é a área que foi subtraída em dobro.
> $$(a-b)^2 = a^2 - (a \cdot b + b \cdot a) + b^2 = a^2 - 2 \cdot a \cdot b + b^2$$

3.3.4 CUBO DA SOMA

$$(a + b)^3 = a^3 + 3\,a^2\,b + 3\,a\,b^2 + b^3$$

Neste caso, escreve-se

$$(a + b)^3 = (a + b)^2(a + b) = (a^2 + 2a \cdot b + b^2) \cdot (a + b)$$
$$= a^3 + 2a^2b + b^2a + a^2b + 2ab^2 + b^3 = a^3 + 3a^2b + 3ab^2 + b^3$$

3.3.5 CUBO DA DIFERENÇA

$$(a - b)^3 = a^3 - 3\,a^2\,b + 3\,a\,b^2 - b^3$$

Do mesmo modo, desenvolvemos o cubo da diferença:

$$(a - b)^3 = (a - b)^2(a - b) = (a^2 - 2\,a \cdot b + b^2) \cdot (a - b)$$
$$= a^3 - 2a^2b + b^2a - a^2b + 2ab^2 - b^3 = a^3 - 3a^2b + 3ab^2 - b^3$$

3.3.6 REGRA PRÁTICA PARA DESENVOLVER $(a + b)^n$ OU $(a - b)^n$

Podemos desenvolver usando o:

1°) Binômio de Newton

$$(a+b)^n = \sum_{p=0}^{n} \binom{n}{p} a^{n-p} b^p$$

Exemplos:

E 3.9 $(a+b)^2 = \binom{2}{0} a^2 b^0 + \binom{2}{1} a^1 \cdot b^1 + \binom{2}{2} a^0 b^2$

Lembrando que $\binom{n}{p} = \dfrac{n!}{p!(n-p)!}$, temos que

$\binom{2}{0} = \binom{2}{2} = 1$ e $\binom{2}{1} = 2$. Então,

$$(a + b)^2 = a^2 + 2\,a \cdot b + b^2$$

E 3.10 $(a + b)^3 = \binom{3}{0} a^3 b^0 + \binom{3}{1} a^2 \cdot b^1 + \binom{3}{2} a^1 b^2 + \binom{3}{3} a^0 b^3$

Calculando os binomiais, temos: $\binom{3}{0} = \binom{3}{3} = 1$ e $\binom{3}{1} = \binom{3}{2} = 3$.

Reescrevendo:
$$(a + b)^3 = a^3 + 3a^2b + 3ab^2 + b^3$$

Observação
Para fazer $(a - b)^n = (a + (-b))^n$

Cidadão inglês e também matemático, físico, alquimista, astrônomo, filósofo e teólogo. Escreveu um dos livros mais influentes da história das ciências: *Principia*, tornando-se um dos maiores cientistas e também o mais reconhecido, chegando a receber o título de "sir". Newton foi enterrado na Abadia de *Westminster* com as pompas de um rei. Foto: http://en.wikipedia.org/wiki/Isaac_Newton

SIR ISAAC NEWTON
(1642-1727)

Advogado francês e matemático amador, ou seja, estudava matemática como passatempo. Não gostava de publicar suas descobertas e, por isso, apesar de ter desenvolvido a geometria analítica antes de Descartes, não lhe foi atribuída a descoberta na época. Sua obra mais conhecida é o Último Teorema de Fermat que foi escrito no rodapé de um livro de Diofanto, sem a prova, sendo apenas demonstrado em 1995 por Sir Andrew John Wiles. Foto: http://pt.wikipedia.org/wiki/Pierre_de_Fermat

PIERRE DE FERMAT
(1601-1665)

2°) **Determinação dos coeficientes pela relação de Fermat**

Neste caso, devemos observar que os expoentes do primeiro elemento decrescem enquanto os expoentes do segundo elemento crescem e a soma dos dois expoentes, em cada parcela, é igual a n. Sabendo também que o primeiro coeficiente é sempre 1, determinamos os coeficientes dos termos seguintes, usando a relação de Fermat:

$$\binom{n}{p} \cdot \frac{n-p}{p+1} = \binom{n}{p+1}$$

Exemplo:

E 3.11 $(a + b)^4$. Neste caso, $n = 4$ e $n + 1 = 5$. Usando o desenvolvimento do binômio de Newton:

$$(a + b)^4 = \binom{4}{0}a^4b^0 + \binom{4}{1}a^3 \cdot b^1 + \binom{4}{2}a^2b^2 + \binom{4}{3}a^1b^3 + \binom{4}{4}a^0b^4$$

Em vez de calcularmos os binomiais, vamos usar a relação de Fermat para determinar os coeficientes:

$$(a+b)^4 = 1a^4b^0 + 1\frac{4-0}{0+1}a^3 \cdot b^1 + 4\frac{4-1}{1+1}a^2b^2$$
$$+ 6\frac{4-2}{2+1}a^1b^3 + 4\frac{4-3}{3+1}a^0b^4 = 1a^4 + 4a^3 \cdot b^1 + 6a^2b^2 + 4a^1b^3 + 1b^4$$

3º) **Determinação dos coeficientes pelo triângulo de Pascal**

Podemos determinar os coeficientes do desenvolvimento do binômio de Newton pelos elementos do triângulo de Pascal:

$\binom{0}{0}$ ──────────→ n = 0 ─────→ 1

$\binom{1}{0}\binom{1}{1}$ ──────────→ n = 1 ─────→ 1 1

$\binom{2}{0}\binom{2}{1}\binom{2}{2}$ ──────────→ n = 2 ─────→ 1 2 1

$\binom{3}{0}\binom{3}{1}\binom{3}{2}\binom{3}{3}$ ──────────→ n = 3 ─────→ 1 3 3 1

$\binom{4}{0}\binom{4}{1}\binom{4}{2}\binom{4}{3}\binom{4}{4}$ ──────────→ n = 4 ─────→ 1 4 6 4 1

$\binom{5}{0}\binom{5}{1}\binom{5}{2}\binom{5}{3}\binom{5}{4}\binom{5}{5}$ ──────────→ n = 5 ─────→ 1 5 10 10 5 1

Nasceu na França, foi físico, matemático, filósofo e teólogo. Foi educado pelo próprio pai nos estudos. Na matemática, contribuiu para teoria das probabilidades e geometria projetiva. Inventou a primeira máquina de calcular mecânica, a Pascaline, que está exposta no museu de Artes e Ofícios em Paris. Foto: http://en.wikipedia.org/wiki/Blaise_Pascal

BLAISE PASCAL *(1623-1662)*

Exemplo:

E 3.12 Vamos desenvolver o binômio de Newton para n = 5, sem calcular os binomiais, apenas tomando os coeficientes do triângulo de Pascal:

a) $(a + b)^5 = 1a^5 + 5a^4b + 10a^3b^2 + 10a^2b^3 + 5ab^4 + 1b^5$
b) $(a - b)^5 = 1a^5 - 5a^4b + 10a^3b^2 - 10a^2b^3 + 5ab^4 - 1b^5$

Observações
- Quando temos $(a - b)^n$, os sinais das parcelas se alternam, sendo que a primeira parcela é sempre positiva;
- No triângulo de Pascal os números interiores são a soma dos dois números da linha imediatamente acima, ou seja, pela relação de Stifel[1]:

$$\binom{n}{p} + \binom{n}{p+1} = \binom{n+1}{p+1}, \text{ para } n \geq p$$

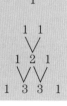

---

[1] Michael Stifel (1487 – 1567) – algebrista alemão

3.3.7 PRODUTO DE STEVIN

$$(x + a) \cdot (x + b) = x^2 + (a + b) \cdot x + ab$$

De fácil verificação, a partir da propriedade distributiva:

$$(x + a) \cdot (x + b) = x^2 + a \cdot x + b. x + ab = (x + a) \cdot (x + b) = x^2 + (a + b) \cdot x + ab$$

Nasceu na atual Bélgica, foi engenheiro, físico e matemático. Na área da matemática, trabalhou com a teoria das frações decimais e deu uma grande contribuição na área da álgebra. Foto: http://pt.wikipedia.org/wiki/Simon_Stevin

SIMON STEVIN *(1548-1620)*

3.3.8 PRODUTO DE BINÔMIO POR TRINÔMIO

$$(a + b) \cdot (a^2 - ab + b^2) = a^3 + b^3$$
$$(a - b) \cdot (a^2 + ab + b^2) = a^3 - b^3$$

Verificamos usando a propriedade distributiva. A verificação fica a cargo do leitor.

3.4 FATORAÇÃO
3.4.1 FATOR COMUM EM EVIDÊNCIA

$a x + a y = a (x + y)$ onde a é o fator comum.

Pode-se verificar essa fatoração observando áreas de retângulos convenientes:

3.4.2 FATORAÇÃO POR AGRUPAMENTO

$$a x + a y + b x + b y = a (x + y) + b (x + y) = (x + y) (a + b)$$

3.4.3 TRINÔMIO QUADRADO PERFEITO

$$a^2 \pm 2 \cdot a \cdot b + b^2 = (a \pm b)^2$$

Para usar esta fatoração, é necessário observar o primeiro e o último termo. Extrai-se a raiz deles, se o termo do meio for duas vezes seu produto, trata-se de um trinômio quadrado perfeito, se não, deve-se achar as raízes como no caso a seguir.

3.4.4 TRINÔMIO DO 2º GRAU

$$ax^2 + bx + c = a(x - x')(x - x''), \text{ onde x' e x'' são raízes da equação}$$

Neste caso, para se achar as raízes x' e x'', devemos aplicar a fórmula de Bháskara. Para encontrar as raízes, vamos fazer algumas operações em passos. Seja a igualdade:

$$ax^2 + bx + c = 0$$

1º) Multiplicamos ambos os membros da equação por $4a$ e teremos:

$$4a^2x^2 + 4abx + 4ac = 0$$

2º) Subtraímos 4ac em ambos os membros:

$$4a^2x^2 + 4abx = -4ac$$

3º) Pela propriedade de igualdade, adicionamos b^2 a ambos os membros:

$$4a^2x^2 + 4abx + b^2 = b^2 - 4ac$$

4º) Observe que o primeiro membro é um trinômio quadrado perfeito desenvolvido, que podemos fatorar:

$$(2ax + b)^2 = b^2 - 4ac$$

5º) A expressão $b^2 \cdot 4ac$ é chamada de discriminante e será representada pela letra grega Δ, ou seja,

$$\Delta = b^2 - 4ac$$

6º) Pela operação inversa temos:

$$2ax + b = \pm\sqrt{\Delta}$$

7º) Adicionando –b em ambos os lados e dividindo a equação por 2a, temos:

$$x = \frac{-b \pm \sqrt{\Delta}}{2a}$$

De onde obtemos as duas raízes da equação do 2º grau:

$$x' = \frac{-b + \sqrt{\Delta}}{2a} \quad \text{e} \quad x'' = \frac{-b - \sqrt{\Delta}}{2a}$$

Essa fórmula é conhecida como fórmula de Bháskara, apesar de não ter sido ele o criador da resolução.

Bháskara nasceu em 1114, na Índia, e morreu, provavelmente, em 1193. Escreveu um livro sobre aritmética, álgebra, a esfera e sobre a matemática dos planetas. As resoluções das equações ali contidas já tinham sido escritas por al-Khwarizmi em seu tratado sobre Álgebra, por volta de 830.

3.4.5 PRODUTOS NOTÁVEIS DEDUZIDOS DA DIVISÃO DE $x^n \pm y^n$ POR $x \pm p$

(I) Para n par ou ímpar:

$$(a-b) \cdot (a^{n-1} + a^{n-2}b + \cdots + a \cdot b^{n-2} + b^{n-1}) = a^n - b^n$$

(II) Para n par:

$$(a+b) \cdot (a^{n-1} - a^{n-2}b + a^{n-3}b^2 - \cdots + a \cdot b^{n-2} - b^{n-1}) = a^n - b^n$$

(III) Para n ímpar:

$$(a+b)\cdot(a^{n-1} - a^{n-2}b + a^{n-3}b^2 - \cdots - a\cdot b^{n-2} + b^{n-1}) = a^n + b^n$$

Atribuindo a n os valores 2, 3, 4, 5,..., obtemos as identidades:

$$n = 2 \begin{cases} \underset{(I)}{\Rightarrow} (a - b)(a + b) = a^2 - b^2 \\ \underset{(II)}{\Rightarrow} (a + b)(a - b) = a^2 - b^2 \end{cases}$$

$$n = 3 \begin{cases} \underset{(I)}{\Rightarrow} (a - b)(a^2 + ab + b^2) = a^3 - b^3 \\ \underset{(III)}{\Rightarrow} (a + b)(a^2 - ab + b^2) = a^3 + b^3 \end{cases}$$

$$n = 4 \begin{cases} \underset{(I)}{\Rightarrow} (a - b)(a^3 + a^2b + ab^2 + b^3) = a^4 - b^4 \\ \underset{(II)}{\Rightarrow} (a + b)(a^3 - a^2b + ab^2 - b^3) = a^4 - b^4 \end{cases}$$

$$n = 5 \begin{cases} \underset{(I)}{\Rightarrow} (a - b)(a^4 + a^3b + a^2b^2 + ab^3 + b^4) = a^5 - b^5 \\ \underset{(III)}{\Rightarrow} (a + b)(a^4 - a^3b + a^2b^2 - ab^3 + b^4) = a^5 + b^5 \end{cases}$$

EXERCÍCIOS RESOLVIDOS

R 3.11 Desenvolva e simplifique os seguintes binômios.

a) $\left(\sqrt{3} + \sqrt{2}\right)^2$

Resolução:

Usando o binômio de Newton,

$$\left(\sqrt{3} + \sqrt{2}\right)^2 = \left(\sqrt{3}\right)^2 + 2\cdot\sqrt{3}\sqrt{2} + \left(\sqrt{2}\right)^2 = 3 + 2\sqrt{6} + 2 = 5 + 2\sqrt{6}$$

b) $\left(\sqrt{6} + \sqrt{2}\right)\left(\sqrt{6} - \sqrt{2}\right)$

Resolução:

Usando o produto da soma pela diferença,

$$\left(\sqrt{6} + \sqrt{2}\right)\left(\sqrt{6} - \sqrt{2}\right) = \left(\sqrt{6}\right)^2 - \left(\sqrt{2}\right)^2 = 6 - 2 = 4$$

c) $\left(2x + \dfrac{1}{2x}\right)^3$

Resolução:

Usando o cubo da soma,

$$\left(2x+\frac{1}{2x}\right)^3 = \left(2x\right)^3 + 3\cdot\left(2x\right)^2\cdot\frac{1}{2x}+3\cdot\left(2x\right)\cdot\left(\frac{1}{2x}\right)^2+\left(\frac{1}{2x}\right)^3$$

$$= 8x^3 + 3\cdot 4x^2\cdot\frac{1}{2x}+3\cdot 2x\cdot\frac{1}{4x^2}+\frac{1}{8x^3} = 8x^3+6x+\frac{3}{2x}+\frac{1}{8x^3}$$

R 3.12 Efetue:

a) $\left(x+\dfrac{1}{2}\right)\left(x+\dfrac{2}{3}\right)$

Resolução:

De acordo com o produto de Stevin,

$$\left(x+\frac{1}{2}\right)\left(x+\frac{2}{3}\right)=x^2+\left(\frac{1}{2}+\frac{2}{3}\right)x+\frac{1}{2}\cdot\frac{2}{3}=x^2+\left(\frac{3+4}{6}\right)x+\frac{1}{3}=x^2+\frac{7}{6}x+\frac{1}{3}$$

b) $\left(a-\dfrac{1}{5}\right)\left(a^2+\dfrac{1}{5}a+\dfrac{1}{25}\right)$

Resolução:

De acordo com a diferença de cubos,

$$\left(a-\frac{1}{5}\right)\left(a^2+\frac{1}{5}a+\frac{1}{25}\right)=a^3-\left(\frac{1}{5}\right)^3=a^3-\frac{1}{125}$$

c) $\left(\sqrt[3]{a}+1\right)\left(\sqrt[3]{a^2}-\sqrt[3]{a}+1\right)$

Resolução:

De acordo com a soma de cubos,

$$\left(\sqrt[3]{a}+1\right)\left(\sqrt[3]{a^2}-\sqrt[3]{a}+1\right)=\left(\sqrt[3]{a}\right)^3+1^3=a+1$$

R 3.13 Fatore as expressões seguintes:

a) $4a^2c-40ac+100c$

Resolução:

Primeiro, vamos colocar o fator comum em evidência:

$$4c\cdot(a^2-10a+25)$$

Depois, como temos que $\sqrt{a^2} = a$ e $\sqrt{25} = 5$, podemos observar que o termo do meio: $-10a = -2 \cdot a \cdot 5$, ou seja, $(a^2 - 10a + 25) = (a - 5)^2$. Logo,

$$4a^2c - 40ac + 100c = 4c(a-5)^2$$

b) $28y^4 - 4y^2$

Resolução:

Colocando o fator comum em evidência:

$$4y^2(7y^2 - 1)$$

E observando que o que está dentro do parêntese é uma diferença de quadrados:

$\sqrt{7y^2} = \sqrt{7}\, y$ e $\sqrt{1} = 1$ e então, $28y^4 - 4y^2 = 4y^2\left(\sqrt{7y}+1\right)\left(\sqrt{7}\,y-1\right)$

c) $12a^2 - 3a - 20ab + 5b$

Resolução:

Fatorando por agrupamento,

$$3a(4a-1) - 5b(4a-1) = (3a-5b)(4a-1)$$

d) $x^2 - \dfrac{3}{2}x + \dfrac{1}{2}$

Resolução:

Aplicando a fatoração do trinômio do $2°$ grau, precisamos primeiro encontrar as raízes usando a fórmula de Bháskara, então igualamos a expressão a zero:

$x^2 - \dfrac{3}{2}x + \dfrac{1}{2} = 0$, e, neste caso, podemos multiplicar ambos os membros por 2:

$2x^2 - 3x + 1 = 0$, então $x' = \dfrac{3 + \sqrt{9 - 4 \cdot 2 \cdot 1}}{2.2}$ e

$x'' = \dfrac{3 - \sqrt{9 - 4 \cdot 2 \cdot 1}}{2.2}$, ou ainda, $x' = 1$ e $x'' = 1/2$,

então: $x^2 - \dfrac{3}{2}x + \dfrac{1}{2} = 1 \cdot (x-1)\left(x - \dfrac{1}{2}\right)$.

R 3.14 Consideremos a equação $ax^2 + bx + c = 0$ e suponhamos $\Delta \geq 0$. Vamos verificar que o produto das raízes é igual $\dfrac{c}{a}$, ou seja, $x' \cdot x'' = \dfrac{c}{a}$:

Resolução:

Lembrando que $x' = \dfrac{-b+\sqrt{\Delta}}{2a}$ e $x'' = \dfrac{-b-\sqrt{\Delta}}{2a}$, usando o produto notável:

$$x' \cdot x'' = \left(\frac{-b+\sqrt{\Delta}}{2a}\right)\left(\frac{-b-\sqrt{\Delta}}{2a}\right) = \frac{(-b)^2 - (\sqrt{\Delta})^2}{4a^2}$$

$$= \frac{b^2 - \Delta}{4a^2} = \frac{b^2 - (b^2 - 4ac)}{4a^2} = \frac{4ac}{4a^2} = \frac{c}{a}$$

R 3.15 Verifique que $ax^2 + bx + c = a\,(x - x')\,(x - x'')$ sabendo-se que

$x' + x'' = \dfrac{-b}{a}$ e $x' . x'' = \dfrac{c}{a}$.

Resolução:

$$ax^2 + bx + c = a \cdot \left(x^2 + \frac{b}{a}x + \frac{c}{a}\right) = a \cdot \left(x^2 - (x' + x'')x + x' \cdot x''\right)$$

$$= a \cdot \left(x^2 - x' \cdot x - x'' \cdot x + x' \cdot x''\right) = a \cdot \left(x(x - x') - x''(x - x')\right)$$

$$= a \cdot (x - x')(x - x'')$$

R 3.16 Fatore:

a) $8a^3 - 1$

Resolução:

Observando que é uma diferença de cubos: $8a^3 - 1 = (2a - 1)(4a^2 + 2a + 1)$

b) $16x^3 + 2$

Resolução:

Colocando o termo comum em evidência: $2(8x^3 + 1)$

Observando que é uma soma de cubos:

$$16x^3 + 2 = 2(8x^3 + 1) = 2(2x + 1)(4x^2 - 2x \cdot 1 + 1^2) = 2(2x + 1)(4x^2 - 2x + 1)$$

R 3.17 Simplifique as seguintes expressões:

a) $\dfrac{4x^2 - 1}{4x^2 + 4x + 1}$

Resolução:

Observemos que no numerador temos uma diferença de quadrados e no denominador um quadrado perfeito:

$$\frac{4x^2 - 1}{4x^2 + 4x + 1} = \frac{(2x+1)(2x-1)}{(2x+1)^2} = \frac{2x-1}{2x+1}, \text{ supondo } 2x + 1 \neq 0.$$

b) $\dfrac{2x+3y}{3} - \dfrac{x+2y}{2}$

Resolução:

Vamos reduzir ao mesmo denominador:

$$\frac{2(2x+3y) - 3(x+2y)}{6} = \frac{4x + 6y - 3x - 6y}{6} = \frac{x}{6}$$

c) $\left(a + \dfrac{b-a}{1+ab}\right) : \left(1 - \dfrac{ab - a^2}{1+ab}\right)$, com $a, b \neq -1$

Resolução:

Primeiro, vamos reduzir ao mesmo denominador:

$$\left(\frac{a + a^2b + b - a}{1 + ab}\right) : \left(\frac{1 + ab - (ab - a^2)}{1 + ab}\right)$$

Depois, fazemos a divisão das frações, conservando a primeira e multiplicando pela inversa da segunda:

$$= \left(\frac{a^2b + b}{1 + ab}\right) \cdot \left(\frac{1 + ab}{1 + a^2}\right) = \frac{b(a^2 + 1)}{1 + a^2} = b$$

d) $\dfrac{8x^3 - 1}{4x^2 + 2x + 1}$

Resolução:

Observemos que o numerador é a diferença de cubos e o denominador é um quadrado perfeito, então:

$$\frac{8x^3 - 1}{4x^2 + 2x + 1} = \frac{(2x-1)\left((2x)^2 + (2x)\cdot 1 + (1)^2\right)}{4x^2 + 2x + 1} = \frac{(2x-1)(4x^2 + 2x + 1)}{4x^2 + 2x + 1} = 2x - 1$$

e) $\dfrac{y-z}{x+w} : \dfrac{y^2 - z^2}{x^2 - w^2}$

Resolução:

Primeiro, vamos fatorar o segundo termo, notando que tanto o numerador como o denominador são diferença de quadrados:

$$\frac{y-z}{x+w} : \frac{y^2 - z^2}{x^2 - w^2} = \frac{y-z}{x+w} : \frac{(y-z)(y+z)}{(x-w)(x+w)}$$

Depois, aplicamos a divisão de frações que conserva a primeira e multiplica pela inversa da segunda:

$$\frac{y-z}{x+w} : \frac{y^2-z^2}{x^2-w^2} = \frac{y-z}{x+w} : \frac{(y-z)(y+z)}{(x-w)(x+w)} = \frac{y-z}{x+w} \cdot \frac{(x-w)(x+w)}{(y-z)(y+z)} = \frac{x-w}{y+z}$$

R 3.18 Racionalize o denominador das seguintes frações:

a) $\dfrac{4}{\sqrt[3]{5}}$

Resolução:

Neste caso, o fator racionalizante é $\sqrt[3]{5^{3-1}} = \sqrt[3]{5^2}$, então:

$$\frac{4}{\sqrt[3]{5}} \cdot \frac{\sqrt[3]{5^2}}{\sqrt[3]{5^2}} = \frac{4\sqrt[3]{5^2}}{\sqrt[3]{5^3}} = \frac{4\sqrt[3]{25}}{5}$$

b) $\dfrac{3}{\sqrt{3}-\sqrt{2}}$

Resolução:

O fator racionalizante é o que chamamos de conjugado, ou seja, $\sqrt{3}+\sqrt{2}$, então:

$$\frac{3}{\sqrt{3}-\sqrt{2}} \cdot \frac{\sqrt{3}+\sqrt{2}}{\sqrt{3}+\sqrt{2}} = \frac{3(\sqrt{3}+\sqrt{2})}{(\sqrt{3})^2 - (\sqrt{2})^2} = \frac{3(\sqrt{3}+\sqrt{2})}{3-2} = 3(\sqrt{3}+\sqrt{2})$$

c) $\dfrac{x^2-7x+12}{\sqrt{x-2}-1}$

Resolução:

Para fatorar o numerador, como é um trinômio do 2º grau, precisamos determinar as raízes:

$$x' = \frac{7+\sqrt{49-4\cdot1\cdot12}}{2\cdot1} \quad e \quad x'' = \frac{7-\sqrt{49-4\cdot1\cdot12}}{2\cdot1}, \text{ ou ainda, } x' = 4 \text{ e } x'' = 3.$$

O fator racionalizante do denominador é $\sqrt{x-2}+1$, então:

$$\frac{x^2-7x+12}{\sqrt{x-2}-1} = \frac{(x-4)(x-3)}{\sqrt{x-2}-1} \cdot \frac{\sqrt{x-2}+1}{\sqrt{x-2}+1}$$

$$= \frac{(x-4)(x-3)(\sqrt{x-2}+1)}{(\sqrt{x-2})^2-1^2} = \frac{(x-4)(x-3)(\sqrt{x-2}+1)}{x-2-1} = (x-4)(\sqrt{x-2}+1)$$

d) $\dfrac{x^2-16}{2-\sqrt{x}}$

Resolução:

Neste caso, o fator racionalizante do denominador é $2 + \sqrt{x}$ e o numerador é diferença de quadrados:

$$\frac{x^2 - 16}{2 - \sqrt{x}} = \frac{(x-4)(x+4)}{2 - \sqrt{x}} \cdot \frac{2 + \sqrt{x}}{2 + \sqrt{x}} = \frac{(x-4)(x+4)(2 + \sqrt{x})}{2^2 - (\sqrt{x})^2}$$

$$= \frac{(x-4)(x+4)(2 + \sqrt{x})}{4 - x} = -(x+4)(2 + \sqrt{x})$$

R 3.19 Racionalize o numerador das seguintes frações:

a) $\dfrac{\sqrt{x^2 + 3x + 4} - x}{2}$

Resolução:

O fator racionalizante do numerador é $\sqrt{x^2 + 3x + 4} + x$:

$$\frac{\sqrt{x^2 + 3x + 4} - x}{2} \cdot \frac{\sqrt{x^2 + 3x + 4} + x}{\sqrt{x^2 + 3x + 4} + x} = \frac{(\sqrt{x^2 + 3x + 4})^2 - x^2}{2(\sqrt{x^2 + 3x + 4} + x)}$$

$$= \frac{x^2 + 3x + 4 - x^2}{2(\sqrt{x^2 + 3x + 4} + x)} = \frac{3x + 4}{2(\sqrt{x^2 + 3x + 4} + x)}$$

b) $\dfrac{\sqrt[3]{x} - \sqrt[3]{2}}{x - 2}$

Resolução:

Observe que o numerador pode ser transformado em diferença de cubos:

$$\frac{\sqrt[3]{x} - \sqrt[3]{2}}{x - 2} \cdot \frac{((\sqrt[3]{x})^2 + \sqrt[3]{x}\sqrt[3]{2} + (\sqrt[3]{2})^2)}{((\sqrt[3]{x})^2 + \sqrt[3]{x}\sqrt[3]{2} + (\sqrt[3]{2})^2)}$$

$$= \frac{(\sqrt[3]{x})^3 - (\sqrt[3]{2})^3}{(x-2)(\sqrt[3]{x^2} + \sqrt[3]{2x} + \sqrt[3]{4})} = \frac{x - 2}{(x-2)(\sqrt[3]{x^2} + \sqrt[3]{2x} + \sqrt[3]{4})} = \frac{1}{\sqrt[3]{x^2} + \sqrt[3]{2x} + \sqrt[3]{4}}$$

R 3.20 Simplifique as seguintes expressões:

a) $\dfrac{2 + \sqrt{3}}{1 - \sqrt{5}} + \dfrac{2 - \sqrt{3}}{1 + \sqrt{5}}$

Resolução:

Primeiro, vamos reduzir ao mesmo denominador:

$$\frac{(2+\sqrt{3})(1+\sqrt{5})+(2-\sqrt{3})(1-\sqrt{5})}{(1-\sqrt{5})(1+\sqrt{5})} = \frac{2+2\sqrt{5}+\sqrt{3}+\sqrt{15}+2-2\sqrt{5}-\sqrt{3}+\sqrt{15}}{1^2-(\sqrt{5})^2}$$

$$= \frac{4+2\sqrt{15}}{-4} = \frac{2(2+\sqrt{15})}{-4} = -\frac{2+\sqrt{15}}{2}$$

b) $\left(\sqrt[10]{a^4-a^2+\dfrac{1}{4}}\right)^5$

Resolução:

Primeiro, observemos que dentro da raiz temos um quadrado perfeito:

$$\left(\sqrt[10]{a^4-a^2+\frac{1}{4}}\right)^5 = \left(\sqrt[10]{\left(a^2-\frac{1}{2}\right)^2}\right)^5 = \sqrt[10]{\left(a^2-\frac{1}{2}\right)^{10}} = \left|a^2-\frac{1}{2}\right|$$

EXERCÍCIOS PROPOSTOS

P 3.18 Desenvolva e simplifique os seguintes binômios:

a) $\left(\sqrt{7}-\sqrt{5}\right)^2$
b) $\left(2\sqrt{3}+1\right)\left(2\sqrt{3}-1\right)$
c) $\left(2x-1\right)^6$

P 3.19 Efetuar:

a) $\left(a-0{,}3\right)\left(a+\dfrac{1}{3}\right)$
b) $\left(\dfrac{4a^2}{9}-\dfrac{2\sqrt{2}}{3}a+2\right)\left(\dfrac{2a}{3}+\sqrt{2}\right)$

c) $\left(a-\sqrt{5}\right)\left(a^2+\sqrt{5}a+5\right)$

P 3.20 Verifique que a soma das raízes da equação $ax^2+bx+c=0$,
$\Delta \geq 0$ é igual a $\dfrac{-b}{a}$, ou seja, $x'+x'' = \dfrac{-b}{a}$.

P 3.21 Fatore as expressões seguintes:

a) $24b^4d^2-6d^2$
b) $7x^5-42x^4y+63x^3y^2$

c) $x^2-2bx^2-5a+10ab$
d) $\dfrac{1}{4}a^2b^4-5ab^3+25b^2$

Potenciação, radiciação e produtos notáveis

P 3.22 Fatore as expressões abaixo:

a) $\dfrac{125}{512}a^3 + \dfrac{8}{27}$
b) $a^3 - b^6$
c) $a^4 - 125ac^3$

P 3.23 Simplifique as seguintes expressões:

a) $\dfrac{x^2 - 2x + 1}{x^2 - 1}$
b) $\dfrac{4(a+1)}{(a^2 + 2a + 1)} : \dfrac{20(a^2 - 2a + 1)}{a^2 - 1}$

c) $\dfrac{-x^2 + 2x - 1}{x^2 - 1} + \dfrac{x - 2}{x + 1}$
d) $\dfrac{27a^3 + 1}{3a + 1}$

P 3.24 Racionalize o denominador das seguintes frações:

a) $\dfrac{6}{\sqrt{3}}$
b) $\dfrac{a}{\sqrt{ab}}$

c) $\dfrac{2m}{\sqrt[4]{2m}}$
d) $\dfrac{\sqrt{3} + 1}{\sqrt{3} - 1}$

P 3.25 Racionalize o numerador das seguintes frações:

a) $\dfrac{\sqrt{x} - \sqrt{3}}{x - 3}, \ x \neq 3$
b) $\dfrac{\sqrt{x^2 + x + 2} - 2}{x^2 - 2x + 1}, \ x \neq 1$

c) $\dfrac{\sqrt{x + 3} - 2}{x^2 - 1}, \ x \neq \pm 1$
d) $\dfrac{\sqrt{x^2 - x - 1} - 1}{x^2 + 2x + 1}, \ x \neq -1$

P 3.26 Simplifique as seguintes expressões:

a) $\dfrac{x^3 - a^3}{x - a}$
b) $\dfrac{x^3 + 1}{x^2 + 4x + 3}$

Simplifique as seguintes expressões fracionárias, supondo denominador não nulo:

P 3.27 $\dfrac{x^2 - 25}{x - 5}$

P 3.28 $\dfrac{2x^2 - 3x - 2}{x^3 - 8}$

P 3.29 $\dfrac{x^2 - 7x + 6}{x^2 - 1}$

P 3.30 $\dfrac{x^2+3x-10}{x^2-4}$

P 3.31 $\dfrac{x^4-10x^2+9}{x^3-4x^2+3x}$

P 3.32 $\dfrac{x^2-1}{x^2+x-2}$

P 3.33 $\dfrac{3x-6}{x^2-3x+2}$

P 3.34 $\dfrac{x^2+2x-8}{x^2+x-6}$

P 3.35 $\dfrac{x^3-a^3}{x^2-a^2}$

P 3.36 $\dfrac{x^4+3x^3+x+3}{x^2+4x+3}$

RESPOSTAS DOS EXERCÍCIOS PROPOSTOS

P 3.1 a) 1

P 3.1 b) a^{-6}

P 3.1 c) $\dfrac{1}{a \cdot b}$

P 3.1 d) $\dfrac{b}{a}$

P 3.2 a) $\dfrac{39}{121}$

P 3.2 b) $\dfrac{1}{10}$

P 3.2 c) $\dfrac{4}{5}$

P 3.3 a) 10^{-2}

P 3.3 b) 10^{-4}

P 3.4 $27a^3b$

P 3.5 1

P 3.6 $\dfrac{1}{20}$

P 3.7 1,73088

P 3.8 -9

P 3.9 6

P 3.10 0,04

P 3.11 $16\sqrt{2}$

P 3.12 $2\sqrt{6}$

P 3.13 $\sqrt{3}$

P 3.14 $\sqrt[6]{18}$

P 3.15 $\sqrt[6]{a^3b}$

P 3.16 $\sqrt[6]{a^2bc}$

P 3.17 $\sqrt[12]{x^2y^5}$

P 3.18 a) $12-2\sqrt{35}$

P 3.18 b) $\quad$ 11

P 3.18 c) $\quad 64x^6 - 192x^5 + 240x^4 - 160x^3 + 60x^2 - 12x + 1$

P 3.19 a) $\quad a^2 + \dfrac{1}{30}a - \dfrac{1}{10}$

P 3.19 b) $\quad \dfrac{8a^3}{27} + \sqrt{8}$

P 3.19 c) $\quad a^3 - \sqrt{125}$

P 3.21 a) $\quad 6d^2\left(2b^2 + 1\right)\left(2b^2 - 1\right)$

P 3.21 b) $\quad 7x^3\left(x - 3y\right)^2$

P 3.21 c) $\quad \left(x^2 - 5a\right)\left(1 - 2b\right)$

P 3.21 d) $\quad b^2\left(\dfrac{1}{2}ab - 5\right)^2$

P 3.22 a) $\quad \left(\dfrac{5a}{8} + \dfrac{2}{3}\right)\left(\dfrac{25a^2}{64} - \dfrac{5a}{12} + \dfrac{4}{9}\right)$

P 3.22 b) $\quad \left(a - b^2\right)\left(a^2 + ab^2 + b^4\right)$

P 3.22 c) $\quad a\left(a - 5c\right)\left(a^2 + 5ac + 25c^2\right)$

P 3.23 a) $\quad \dfrac{x - 1}{x + 1}$

P 3.23 b) $\quad \dfrac{1}{5(a - 1)}$

P 3.23 c) $\quad \dfrac{-1}{x - 1}$

P 3.23 d) $\quad 9a^2 - 3a + 1$

P 3.24 a) $\quad 2\sqrt{3}$

P 3.24 b) $\quad \dfrac{\sqrt{ab}}{b}$

P 3.24 c) $\quad \sqrt[4]{8m^3}$

P 3.24 d) $\quad 2 + \sqrt{3}$

P 3.25 a) $\quad \dfrac{1}{\sqrt{x} + \sqrt{3}}$

P 3.25 b) $\dfrac{x+2}{\left(\sqrt{x^2+x+2}+2\right)}$

P 3.25 c) $\dfrac{1}{(x+1)\left(\sqrt{x+3}+2\right)}$

P 3.25 d) $\dfrac{x-2}{(x+1)\left(\sqrt{x^2-x-1}+1\right)}$

P 3.26 a) x^2+ax+a^2

P 3.26 b) $\dfrac{x^2-x+1}{x+3}$

P 3.27 $x+5$

P 3.28 $\dfrac{2x+1}{x^2+2x+4}$

P 3.29 $\dfrac{x-6}{x+1}$

P 3.30 $\dfrac{x+5}{x+2}$

P 3.31 $\dfrac{x^2+4x+3}{x}$

P 3.32 $\dfrac{x+1}{x+2}$

P 3.33 $\dfrac{3}{x-1}$

P 3.34 $\dfrac{x+4}{x+3}$

P 3.35 $\dfrac{x^2+ax+a^2}{x+a}$

P 3.36 x^2-x+1

4.1 RAZÕES

Dados dois números reais, a e b, sendo b ≠ 0, chama-se razão de a para b o quociente $\frac{a}{b}$ ou a : b. Na razão a : b ou $\frac{a}{b}$, a é o 1° termo ou antecedente e b é o 2° termo ou consequente. A razão $\frac{a}{b}$ lê-se: a razão de a para b ou a está para b.

Exemplos:

E 4.1 $\frac{3}{7}$ lê-se: a razão de 3 para 7

E 4.2 $\frac{1}{2} : \frac{3}{5}$ lê-se: $\frac{1}{2}$ está para $\frac{3}{5}$

Observação
Uma razão é representada por uma fração. Portanto todas as propriedades das frações valem para as razões.

E 4.3 $\frac{0,02}{0,5}$

Temos $\frac{0,02}{0,5} = \frac{0,02}{0,50} = \frac{2}{50} = \frac{1}{25}$, fração irredutível, razão 1 para 25

4.1.1 RAZÃO INVERSA

A razão inversa de $\frac{a}{b}$ é $\frac{b}{a}$ com a ≠ 0 e b ≠ 0 e temos $\frac{a}{b} \cdot \frac{b}{a} = 1$

Exemplo:

E 4.4 Dizemos que $\dfrac{3}{2}$ é a razão inversa de $\dfrac{2}{3}$ e segue que $\dfrac{2}{3} \cdot \dfrac{3}{2} = 1$

4.1.2 RAZÃO ENTRE GRANDEZAS

Denomina-se razão entre duas grandezas da mesma espécie, o quociente dos números reais que expressem as suas medidas na mesma unidade.

Exemplos:

E 4.5 A sombra de uma casa de 3 m de altura mede 90 cm, a certa hora da manhã.

Então, a razão entre as duas grandezas é:

$$\frac{3 \text{ m}}{90 \text{ cm}} = \frac{300 \text{ cm}}{90 \text{ cm}} = \frac{30}{9} = \frac{10}{3}$$

E 4.6 Em um loteamento, para cada 2.000 m^2 de área de lazer, temos 2 km^2 de terreno. Então a razão entre essas grandezas é:

$$\frac{2.000 \text{ m}^2}{2 \text{ km}^2} = \frac{2.000 \text{ m}^2}{2.000.000 \text{ m}^2} = \frac{1}{1.000}$$

E 4.7 Escala. Em um mapa (desenho), cada 1 cm de comprimento corresponde a 100 m de comprimento real. Então, a razão do comprimento no mapa, para o comprimento na realidade é

$$\frac{1 \text{ cm}}{100 \text{ m}} = \frac{1 \text{ cm}}{10.000 \text{ cm}} = \frac{1}{10.000}$$

Logo a razão representada por 1 : 10.000 é denominada **escala.**

4.1.3 RAZÕES EQUIVALENTES

Duas razões são denominadas equivalentes quando as frações que as representam têm valores iguais, ou seja, são frações equivalentes.

Exemplo:

E 4.8 A razão 4 : 8 = 8 : 16 ou $\dfrac{4}{8} = \dfrac{8}{16} = \dfrac{1}{2} = 0,5$

4.1.4 RAZÕES ESPECIAIS

4.1.4.1 *Velocidade*

Um automóvel percorre 420 km em 6 h. Quantos quilômetros foram percorridos, em média, por hora?

A comparação será feita em unidades de medidas diferentes: comprimento e tempo. Então a razão será:

$$420 \text{ km} : 6 \text{ h ou } \frac{420 \text{ km}}{6 \text{ h}} = 70\frac{\text{km}}{\text{h}}, \text{ lê-se: 70 quilômetros por hora}$$

A razão quilômetro por hora $\dfrac{\text{km}}{\text{h}}$ é denominada velocidade média com que o automóvel fez a viagem.

4.1.4.2 Densidade

A densidade ou **massa volumétrica** de um corpo define-se como o quociente entre a massa e o volume desse corpo (aplicação de razão). Desta forma, pode-se dizer que a densidade mede o grau de concentração de massa em determinado volume.

Densidade demográfica

Outra razão especial é denominada densidade demográfica de população ou densidade demográfica que exprime o número de habitantes de cada localidade por quilômetro quadrado de área da respectiva localidade.

Exemplos:

E 4.9 5.760.000 habitantes em 80.000 km^2 de área:

A densidade demográfica será a razão

$$\frac{5.760.000 \text{ hab}}{80.000 \text{ km}^2} = 72\frac{\text{hab}}{\text{km}^2}$$

E 4.10 O censo de 2010 no Brasil: 190.732.694 habitantes por 8.511.189 km^2 de área.

Densidade demográfica: $\dfrac{190.732.694 \text{ hab}}{8.511.189 \text{ km}^2} = 22,41\dfrac{\text{hab}}{\text{km}^2}$

4.1.4.3 Massa específica

A massa específica, embora definida de forma análoga à densidade, tem uma pequena diferença, ela é definida para um **material** e não para um objeto, é propriedade de uma substância e não de um objeto. Supõe-se, pois, que o material seja homogêneo e isotrópico (que apresenta as mesmas propriedades físicas) ao longo de todo o volume considerado para o cálculo e que este seja maciço.

Observações
- Peso de um corpo é a força com que o planeta Terra o atrai para o seu centro.
- Massa de um corpo é a quantidade de matéria que esse corpo contém.

Exemplos:

E 4.11 Densidade da água: 1kg : 1 dm^3 ou $1\dfrac{kg}{dm^3}$

E 4.12 Densidade do ferro: 7,9 kg : 1 dm^3 ou $7,9\dfrac{kg}{dm^3}$

> **Observação**
>
> $$\dfrac{kg}{dm^3} = \dfrac{1.000\,g}{1.000\,cm^3} = \dfrac{g}{cm^3}$$

E 4.13 Densidade do ouro: $1,93\dfrac{g}{cm^3}$

E 4.14 Densidade do álcool: $0,8\dfrac{g}{cm^3}$

E 4.15 Se a densidade do aço é $7,6\dfrac{kg}{dm^3}$, então 500 dm³ de aço será:

Se 1 dm³ → 7,6 kg, então 500 dm³ → 500 × 7,6 kg = 3.800 kg = 3,8 t

EXERCÍCIO RESOLVIDO

R 4.1   Em uma classe há 35 alunos dos quais 20 são meninas:

a)   Qual é a razão do número de meninas para o número de alunos da classe?

Resolução:

20: 35 ou $\dfrac{20}{35} = \dfrac{4}{7}$, logo a razão é de 4 para 7.

b)   Qual é a razão do número de meninos para o número de alunos da classe?

Resolução:

meninos = 35 – 20 = 15, logo 15 : 35 ou $\dfrac{15}{35} = \dfrac{3}{7}$ isto é, a razão é de 3 para 7.

EXERCÍCIOS PROPOSTOS

P 4.1   Em um campeonato, em 10 jogos, meu time ganhou 7 jogos e perdeu 3. Escreva as razões:

a)   do número de jogos para o número de jogos ganhos;

b)   do número de jogos perdidos para o número de jogos;

c)   do número de jogos ganhos para o número de jogos perdidos.

Razões, proporções e regra de três

P 4.2 Para fazer a massa de um bolo, a cada 500 g de farinha juntamos 200 g de manteiga. Escreva a razão na forma irredutível da quantidade de farinha para a de manteiga.

P 4.3 Escreva duas ou mais razões equivalentes a $\dfrac{1}{2}:1$

P 4.4 A razão $\dfrac{3}{11}:3$ é equivalente à razão "um para doze"?

P 4.5 Determine a forma que seja mais simples de cada uma das seguintes razões:

a) 8 : 108; b) 60 : 5; c) 0,5 : 0,25; d) $\dfrac{1}{2}:2^3$; e) $\dfrac{1}{3}:\dfrac{2}{9}$ e f) $\dfrac{2}{5}:0,2$

P 4.6 Um avião voa 1.800 km em 3 horas. Qual a razão que dá o número de quilômetros para o número de horas empregadas no voo?

P 4.7 Dois quadrados têm, respectivamente, 3 cm e 6 cm de lados. Qual é a razão entre as superfícies do primeiro e do segundo?

P 4.8 Em que razão estão os volumes de dois cubos cujas arestas medem, respectivamente, 2 cm e 6 cm?

P 4.9 Uma miniatura de um automóvel foi construída na escala 1:40. As dimensões das miniaturas são: comprimento 12,5 cm e largura 5 cm. Quais as dimensões reais do automóvel?

P 4.10 Verifique quais dos pares de razão são equivalentes:

a) $\dfrac{4}{10}$ e $\dfrac{6}{15}$

b) $\dfrac{9}{12}$ e $\dfrac{15}{18}$

P 4.11 Determine a razão entre as grandezas:

a) 200 cm e 4 m; b) 3.600 dm^2 e 48 m^2; c) 20 l e 100 dm^3

P 4.12 Determine a razão entre as grandezas:

a) 2,5 m e 0,5 dam; b) 2 m^3 e 6000 dm^3; c) 10 m^3 e 500 l

P 4.13 Qual é a escala do desenho em que o comprimento real de 30 cm está representado por um comprimento de 5 cm?

4.2 PROPORÇÕES

Proporção é a igualdade de duas razões equivalentes. Se a, b, c, d são números reais, sendo $b \neq 0$ e $d \neq 0$, tal que $\dfrac{a}{b} = \dfrac{c}{d}$ então a, b, c, d formam, nessa ordem, uma proporção. Indicamos essa proporção tanto por:

$$\frac{a}{b} = \frac{c}{d} \quad \text{como } a : b = c : d \quad \text{ou} \quad a : b : : c : d$$

Lê-se: a está para b assim como c está para d.

Nomeamos os termos da proporção dos seguintes modos: a e c são antecedentes; b e d são consequentes. Ou ainda, a e d são os termos extremos (1º termo e 4º termo); b e c são os termos meios (2º termo e 3º termo).

Exemplo:

E 4.16 $\dfrac{1}{2} = \dfrac{3}{6}$ é uma proporção, pois são razões equivalente, logo:

1 e 3 são os antecedentes e 2 e 6 são os consequentes;

1 e 6 são os extremos e 2 e 3 são os meios;

1 é o primeiro termo, 2 o segundo termo, 3 é o terceiro termo e 6 é o quarto termo.

4.2.1 PROPRIEDADE FUNDAMENTAL

Em toda proporção, o produto dos meios é igual ao produto dos extremos.

Ou seja,

$$\frac{a}{b} = \frac{c}{d} \Leftrightarrow a \cdot d = b \cdot c, \text{ onde } b \neq 0 \text{ e } d \neq 0$$

Exemplos:

E 4.17 $\dfrac{2}{3} = \dfrac{4}{6} \Leftrightarrow 2 \cdot 6 = 3 \cdot 4 = 12$

E 4.18 $\dfrac{1}{5} = \dfrac{4}{20} \Leftrightarrow 1 \cdot 20 = 5 \cdot 4 = 20$

E 4.19 Na proporção $\dfrac{x+2}{10} = \dfrac{2}{5}$ temos:

$(x + 2) \cdot 5 = 10 \cdot 2$

$5x + 10 = 20$

$5x = 20 - 10$

$x = 2$

Logo, para $x = 2$, temos a proporção: $\dfrac{2+2}{10} = \dfrac{2}{5} \Rightarrow \dfrac{4}{10} = \dfrac{2}{5}$

E 4.20 Na bula de um remédio pediátrico recomenda-se a seguinte dosagem: 5 gotas para cada 2 kg do "peso" da criança. Se uma criança tem 12 kg, a dosagem correta x é dada por:

$$\frac{5}{2} = \frac{x}{12} \Rightarrow 2x = 5 \cdot 12$$

$x = 60 : 2$, portanto $x = 30$ gotas.

4.2.2 PROPORÇÕES ESPECIAIS

4.2.2.1 Proporção contínua

Uma proporção é denominada contínua quando os meios são iguais entre si.

$$\frac{a}{b} = \frac{b}{c} \Rightarrow b \cdot b = a \cdot c \Rightarrow b^2 = ac \Rightarrow b = \sqrt{ac}, \text{ para b} > 0.$$

a) o quarto termo de uma proporção contínua é denominado terceiro proporcional.

b) o meio comum é denominado média proporcional ou média geométrica dos extremos. c é a 3ª proporcional e b é a média proporcional ou média geométrica.

Exemplo:

E 4.21 $\dfrac{4}{6} = \dfrac{6}{9}$

Neste caso, a média geométrica ou média proporcional é dada por: $\sqrt{4 \cdot 9} = 6$ e a 3ª proporcional é 9.

4.2.2.2 Média aritmética simples

Dados os números $a_1, a_2, a_3, ... a_n$, define-se a média aritmética simples desses n números ao quociente.

$$Ma = \frac{a_1 + a_2 + a_3 + ... + a_n}{n}$$

Exemplos:

Calcular a média aritmética de:

E 4.22 7, 12 e 23:

$$\text{Temos } Ma = \frac{7+12+23}{3} = \frac{42}{3} = 14$$

E 4.23 3,4 e 6,8:

$$\text{Temos } Ma = \frac{3,4+6,8}{2} = \frac{10,2}{2} = 5,1$$

4.2.2.3 Média aritmética ponderada

Chama-se média aritmética ponderada Map de vários números $a_1, a_2, a_3, ...a_n,$, ... aos quais se atribuem determinados pesos P_n ou frequências F_n que indicam o número de vezes que tais números figuram ao quociente:

$$Map = \frac{a_1 f_1 + a_2 f_2 + ... + a_n f_n}{f_{1+} f_2 + ... + f_n}$$

Exemplos:

E 4.24 Calcular a média aritmética ponderada dos números 3, 5 e 7, com as respectivas frequências 2, 3 e 4 (pesos).

$$Resolução:\ Map = \frac{3 \times 2 + 5 \times 3 + 7 \times 4}{2 + 3 + 4} = \frac{6 + 15 + 28}{9} = \frac{49}{9} = 5,4$$

E 4.25 Sabendo-se que os pesos relativos às notas obtidas em qualquer disciplina, em um certo colégio, são: 1 para o 1° bimestre, 2 para o 2° bimestre, 2 para o 3° bimestre e 2 para o 4° bimestre, pede-se:

a) a média aritmética ponderada obtida em Matemática por um aluno que conseguiu as seguintes notas: 4, 5, 4 e 7, respectivamente nos 1°, 2°, 3° e 4° bimestres;

b) decidir se esse aluno passou em Matemática, sem fazer o exame final, sendo 5 a nota mínima para ficar livre de tal exame.

Resolução:

a) $Map = \frac{4 \times 1 + 5 \times 2 + 4 \times 2 + 7 \times 2}{1 + 2 + 2 + 2} = \frac{4 + 10 + 8 + 14}{7} = \frac{36}{7} = 5,1$

b) passou raspando, mas passou.

4.2.3 TRANSFORMAÇÕES DE UMA PROPORÇÃO

Sabemos que $\frac{a}{b} = \frac{c}{d} \Leftrightarrow a \cdot d = b \cdot c$, com $a \neq 0, b \neq 0, c \neq 0$ e $d \neq 0$. Utilizando a propriedade comutativa da multiplicação, inversão de razões e a propriedade simétrica da igualdade, podemos escrever:

1°) $\frac{a}{b} = \frac{c}{d}$ 2°) $\frac{a}{c} = \frac{b}{d}$ 3°) $\frac{d}{b} = \frac{c}{a}$ 4°) $\frac{b}{a} = \frac{d}{c}$

5°) $\frac{c}{d} = \frac{a}{b}$ 6°) $\frac{b}{d} = \frac{a}{c}$ 7°) $\frac{c}{a} = \frac{d}{b}$ 8°) $\frac{d}{c} = \frac{b}{a}$

4.2.4 PROPRIEDADES DAS PROPORÇÕES

4.2.4.1 Propriedade da adição

Em toda proporção, a soma dos dois primeiros termos está para o primeiro (ou segundo) assim como a soma dos dois últimos está para o terceiro (ou quarto). Ou ainda, dada a proporção $\frac{a}{b} = \frac{c}{d}$, temos que:

$$\frac{a+b}{a} = \frac{c+d}{c} \quad \text{ou} \quad \frac{a+b}{b} = \frac{c+d}{d}$$

Justificando:

$\dfrac{a}{b} = \dfrac{c}{d}$. Adicionando-se 1 aos dois membros dessa igualdade, obtemos:

$$\frac{a}{b}+1=\frac{c}{d}+1 \rightarrow \frac{a+b}{b} = \frac{c+d}{d} \quad \text{ou pela inversão de razões,}$$

$$\frac{b}{a} = \frac{d}{c} \Rightarrow \frac{b}{a}+1 = \frac{d}{c}+1 \Rightarrow \frac{b+a}{a} = \frac{d+c}{c}$$

Exemplo:

E 4.26 $\dfrac{2}{3} = \dfrac{4}{6}$

Aplicando a propriedade da adição, chegamos a duas outras igualdades:

$$\frac{2+3}{2} = \frac{4+6}{4} \Rightarrow \frac{5}{2} = \frac{10}{4}$$

$$\frac{2+3}{3} = \frac{4+6}{6} \Rightarrow \frac{5}{3} = \frac{10}{6}$$

4.2.4.2 Propriedade da subtração

Toda proporção em que, para cada razão, o antecedente é maior que o consequente, a diferença entre o primeiro e o segundo está para o primeiro (ou o segundo) assim como a diferença entre o terceiro e o quarto está para o terceiro (ou o quarto). Ou ainda, dada a proporção $\dfrac{a}{b} = \dfrac{c}{d}$, temos para $a > b$ e $c > d$:

$$\frac{a-b}{a} = \frac{c-d}{c} \quad \text{ou} \quad \frac{a-b}{b} = \frac{c-d}{d}$$

A justificação é análoga à anterior.

4.2.4.3 Propriedade da adição ou subtração dos antecedentes e consequentes

Em toda proporção, a soma ou diferença dos antecedentes está para a soma ou diferença dos consequentes assim como cada antecedente está para o seu consequente. Ou ainda, dada a proporção $\dfrac{a}{b} = \dfrac{c}{d}$, temos para $a > c$ e $b > d$ que:

$$\frac{a+c}{b+d} = \frac{a}{b} = \frac{c}{d}$$

Justificando: de $\dfrac{a}{c} = \dfrac{b}{d}$, permutando os meios e pela propriedade da adição, temos $\dfrac{a+c}{c} = \dfrac{b+d}{d}$, permutando os meios novamente, temos $\dfrac{a+c}{b+d} = \dfrac{c}{d}$.

Da mesma forma temos

$\dfrac{a+c}{b+d} = \dfrac{a}{b}$ e pela propriedade transitiva temos $\dfrac{a+c}{b+d} = \dfrac{a}{b} = \dfrac{c}{d}$.

Exemplo:

E 4.27 $\dfrac{10}{4} = \dfrac{5}{2}$

$$\dfrac{10+5}{4+2} = \dfrac{10}{4} = \dfrac{5}{2}. \text{ Verificando, } \dfrac{15}{6} = \dfrac{10}{4} = \dfrac{5}{2}.$$

4.2.4.4 Propriedade da multiplicação

Multiplicando-se membro a membro duas ou mais proporções, obtém-se ainda uma proporção. Ou seja, dadas as proposições $\dfrac{a}{b} = \dfrac{c}{d}$ e $\dfrac{e}{f} = \dfrac{g}{h}$, temos: $\dfrac{ae}{bf} = \dfrac{cg}{dh}$

De fato, dada a proposição $\dfrac{a}{b} = \dfrac{c}{d}$ multiplica por $\dfrac{e}{f} : \dfrac{ae}{bf} = \dfrac{ce}{df}$. Agora, tomando a outra proposição $\dfrac{e}{f} = \dfrac{g}{h}$ e multiplicando por $\dfrac{c}{d} : \dfrac{ce}{df} = \dfrac{cg}{dh}$, aplicando a propriedade transitiva, temos $\dfrac{ae}{bf} = \dfrac{cg}{dh}$.

> **Observação**
> Em particular, desta propriedade segue: $\dfrac{a}{b} = \dfrac{c}{d} \Rightarrow \dfrac{a^2}{b^2} = \dfrac{c^2}{d^2} \Rightarrow \dfrac{a^3}{b^3} = \dfrac{c^3}{d^3}$ e assim por diante.

Exemplos:

E 4.28 $\dfrac{2}{3} = \dfrac{4}{6}$ e $\dfrac{5}{7} = \dfrac{10}{14}$. Então,

$$\dfrac{2 \cdot 5}{3 \cdot 7} = \dfrac{4 \cdot 10}{6 \cdot 14}, \text{ ou ainda, } \dfrac{10}{21} = \dfrac{40}{84}$$

E 4.29 $\dfrac{2}{3} = \dfrac{4}{6}$ que podemos tirar $\dfrac{4}{9} = \dfrac{16}{36}$

EXERCÍCIOS PROPOSTOS

P 4.14 Resolva a proporção:

a) $x : 25 = 8 : 10$

b) $\dfrac{2}{3} : 3 = 4x : \dfrac{6}{5}$

Razões, proporções e regra de três

P 4.15 Calcule o valor de x:

a) $4 : 6 = x : 15$

b) $\left(2-\dfrac{1}{3}\right) : x = \left(\dfrac{1}{2}+\dfrac{3}{4}\right) : 15$

P 4.16 Determine a quarta proporcional dos números 8, 12 e 10.

P 4.17 Determine a terceira proporcional dos números 8 e 12.

P 4.18 Calcule a média proporcional ou média geométrica dos números 4 e 9.

P 4.19 Determine:

a) a terceira proporcional dos números 0,5 e 0,2;

b) a média geométrica ou média proporcional dos números 3/5 e 27/5.

P 4.20 Supondo que na laranjada feita na cantina foram empregados 3 litros de suco de laranja a R\$ 2,50 o litro e 2 litros de suco de laranja a R\$ 2,80 o litro, qual o preço da mistura obtida?

P 4.21 A fotografia que tirei de nossa classe tem 9 cm de comprimento por 6 cm de altura (9×6). Quero ampliá-la de forma que tenha 27 cm de comprimento. Qual a altura da ampliação?

P 4.22 A escala da planta de uma casa é de 1 cm para 100 cm (isto é, cada cm da planta corresponde a 100 cm ou 1 m de medida real). Quais são as dimensões de um quarto que na planta figura como 3 cm por 4 cm?

P 4.23 Uma máquina produz pregos à razão de 10.000 em cada 12 horas de trabalho. Pergunta-se:

a) nessa mesma razão, quantos pregos produzirá em 15 horas?

b) quantas horas necessitará para produzir 25.000 pregos?

P 4.24 Um trem percorre 140 km em 1 3/4 horas. Quanto tempo levará para percorrer 560 km, na mesma razão (velocidade)?

P 4.25 As minhas notas bimestrais em Português no ano passado foram: 1º bimestre (peso 2), nota 6; 2º bimestre (peso 2) nota 5, 3º bimestre (peso 3) nota 8 e 4º bimestre (peso 3) nota 7. Que média consegui em Português?

P 4.26 Os volumes de dois cubos estão entre si assim como 3 está para 4. Calcule o volume de cada cubo, sabendo-se que a soma desses volumes é 21 dm^3.

P 4.27 Calcule dois números, sabendo-se que a diferença entre eles é 20 e a razão 7:3.

P 4.28 Determine x e y na proporção $\dfrac{x}{3} = \dfrac{y}{4}$ sabendo-se que $x + y = 28$.

P 4.29 Quais os dois números que estão na razão 4:5 e cujo produto é 180?

P 4.30 Resolva a proporção múltipla $\dfrac{x}{2} = \dfrac{y}{4} = \dfrac{z}{7}$, sabendo-se que $x + y + z = 65$.

P 4.31 Resolva $x/8 = y/3 = z/2$ sendo $x - y - z = 18$.

P 4.32 Resolva a proporção $x/y = 3/5$, sabendo-se que $x^2 + y^2 = 306$.

P 4.33 Determine três números cuja soma é 105, sabendo-se que o primeiro está para 2 assim como o segundo está para 5 e assim como o terceiro está para 8.

4.3 NÚMEROS PROPORCIONAIS

4.3.1 NÚMEROS DIRETAMENTE PROPORCIONAIS

Dada as sucessões de números reais: $a, b, c, d, \ldots a', b', c', d' \ldots$ se $\dfrac{a}{a'} = \dfrac{b}{b'} = \dfrac{c}{c'} = \dfrac{d}{d'} = \ldots$ então as sucessões são ditas diretamente proporcionais. Qualquer uma das razões entre números correspondentes representada sob a forma de fração irredutível, chama-se de "coeficiente de proporcionalidade".

Exemplos:

E 4.30 Consideremos as seguintes sucessões de números:

1ª sucessão: 2, 3, 6.

2ª sucessão: 14, 21, 42; e as razões: 2/14, 3/21, 6/42, que são todas iguais a 1/7, logo diremos que essas sucessões são diretamente proporcionais.

E 4.31 Dada a sucessão 4, 6 e 10, determinar uma segunda sucessão de números diretamente proporcionais à sucessão dada, cujo coeficiente de proporcionalidade seja 2/3.

Resolução:

$$\frac{4}{x} = \frac{6}{y} = \frac{10}{z} = \frac{2}{3}$$

$$\frac{4}{x} = \frac{2}{3} \Rightarrow 2x = 4 \cdot 3 \Rightarrow x = 6$$

$$\frac{6}{y} = \frac{2}{3} \Rightarrow 2y = 6 \cdot 3 \Rightarrow y = 9$$

$$\frac{10}{z} = \frac{2}{3} \Rightarrow 2z = 10 \cdot 3 \Rightarrow z = 15$$

Resposta: 6, 9 e 15.

4.3.2 NÚMEROS INVERSAMENTE PROPORCIONAIS

Dadas as sucessões de números reais $a, b, c \dots$ e $a', b', c' \dots$, se $\dfrac{a}{\frac{1}{a'}} = \dfrac{b}{\frac{1}{b'}} = \dfrac{c}{\frac{1}{c'}} = \dots$

ou $a \cdot a' = b \cdot b' = c \cdot c', \dots$ então as sucessões são inversamente proporcionais.

Exemplo:

E 4.32 As sucessões 20, 40, 60 e 6, 3, 2 são inversamente proporcionais, pois:

$$\frac{20}{1/6} = \frac{40}{1/3} = \frac{60}{1/2} \text{ ou } 20 \cdot 6 = 40 \cdot 3 = 60 \cdot 2 = 120$$

4.3.3 DIVISÃO EM PARTES PROPORCIONAIS

4.3.3.1 *Propriedade das sucessões de números diretamente proporcionais*

Se as sucessões de números reais: $a, b, c, d, a', b', c', d'$ são diretamente proporcionais, então:

$$\frac{a+b+c+d}{a'+b'+c'+d'} = \frac{a}{a'} = \frac{b}{b'} = \frac{c}{c'} = \frac{d}{d'}$$

Exemplos:

E 4.33 Resolver o sistema

$$\begin{cases} x + y + z = 60 \\ \dfrac{x}{2} = \dfrac{y}{3} = \dfrac{z}{5} \end{cases}$$

Resolução:

$$\frac{x+y+z}{2+3+5} = \frac{x}{2} = \frac{y}{3} = \frac{z}{5} \Rightarrow \frac{60}{10} = \frac{x}{2} = \frac{y}{3} = \frac{z}{5}$$

$$\frac{6}{1} = \frac{x}{2} \Rightarrow x = 6 \times 2 = 12$$

$$\frac{6}{1} = \frac{y}{3} \Rightarrow y = 6 \times 3 = 18$$

$$\frac{6}{1} = \frac{z}{5} \Rightarrow z = 6 \times 5 = 30$$

Resposta: $x = 12$; $y = 18$ e $z = 30$

E 4.34 Distribuir 18 bolas entre 3 equipes, de modo que o número de bolas de cada equipe seja diretamente proporcional ao número de participantes dessa equipe.

A equipe A tem 2 participantes $\rightarrow x$ bolas

A equipe B tem 3 participantes $\rightarrow y$ bolas

A equipe C tem 4 participantes $\rightarrow z$ bolas

Resolução:

$$\frac{x+y+z}{2+3+4} = \frac{x}{2} = \frac{y}{3} = \frac{z}{4} \Rightarrow \frac{18}{9} = \frac{x}{2} = \frac{y}{3} = \frac{z}{4}$$

$$\frac{2}{1} = \frac{x}{2} \Rightarrow x = 2 \times 2 = 4$$

$$\frac{2}{1} = \frac{y}{3} \Rightarrow y = 2 \times 3 = 6$$

$$\frac{2}{1} = \frac{z}{4} \Rightarrow z = 2 \times 4 = 8$$

Resposta: A equipe A recebe 4 bolas, a equipe B recebe 6 bolas e a equipe C recebe 8 bolas.

E 4.35 A mãe de três crianças de 2, 3 e 4 anos de idade compra semanalmente 39 potes de geleia para distribuir entre seus filhos, de modo que quanto maior a idade da criança, menor o número de potes de geleia que essa criança recebe. Isso significa que 39 deverá ser repartido em partes inversamente proporcionais aos números 2, 3 e 4.

Resolução:

x potes para a criança de 2 anos;

y potes para a criança de 3 anos;

z potes para a criança de 4 anos.

$$\frac{x+y+z}{\dfrac{1}{2}+\dfrac{1}{3}+\dfrac{1}{4}}=\frac{x}{\dfrac{1}{2}}=\frac{y}{\dfrac{1}{3}}=\frac{z}{\dfrac{1}{4}}\Rightarrow\frac{39}{\dfrac{13}{12}}=2x=3y=4z$$

$$\frac{36}{1}=2x\Rightarrow x=\ 18$$

$$\frac{36}{1}=3y\Rightarrow y=\ 12$$

$$\frac{36}{1}=4z\Rightarrow z=\ 9$$

Resposta: Então, a criança de 2 anos recebe 18 potes, a criança de 3 anos recebe 12 potes e a de 4 anos recebe 9 potes.

4.4 GRANDEZAS PROPORCIONAIS

4.4.1 GRANDEZAS DIRETAMENTE PROPORCIONAIS

Duas grandezas são diretamente proporcionais quando as razões entre os valores correspondentes são iguais.

Exemplo:

E 4.36 Vamos supor que tenhamos comprado um tecido que custa R$ 200,00 o metro; logo, temos as sucessões correspondentes.

Número de metros: 1 2 3 4

Preço a pagar em reais: 200 400 600 800

As duas sucessões são diretamente proporcionais, pois

$$\frac{1}{200}=\frac{2}{400}=\frac{3}{600}=\frac{4}{800}$$

4.4.2 GRANDEZAS INVERSAMENTE PROPORCIONAIS

Duas grandezas são inversamente proporcionais quando os produtos dos valores correspondentes são iguais.

Exemplo:

E 4.37 Consideremos um automóvel rodando por uma estrada que liga a cidade A à cidade B. Temos as seguintes sucessões correspondentes.

Velocidade média, em km/h: 40 80 120

Tempo gasto, em horas: 6 3 2

As duas sucessões são inversamente proporcionais, pois

$$40 \times 6 = 80 \times 3 = 120 \times 2 = 240$$

> **Observação**
>
> Na prática, duas grandezas são diretamente proporcionais se ao aumentarmos os valores de uma delas, os valores correspondentes da outra aumentam na mesma razão e são inversamente proporcionais se ao aumentarmos os valores de uma delas, os valores correspondentes da outra diminuem na mesma razão.

4.5 REGRA DE TRÊS SIMPLES

A regra de três simples é um processo prático para resolver situações-problema envolvendo duas grandezas diretamente ou inversamente proporcionais.

Exemplos:

E 4.38 Se 6 metros de arame custam R$ 390,00, quanto custarão 7 metros do mesmo arame?

Resolução:

Chamando de x o preço de 7 metros de arame, podemos escrever as sucessões:

Verificamos que aumentando o comprimento do arame, seu preço aumenta. Logo as duas grandezas são diretamente proporcionais.

$$\frac{6}{7} = \frac{390}{x} \Rightarrow x = \frac{7 \times 390}{6} = 455$$

Concluímos que 7 metros desse arame custam R$ 455,00.

E 4.39 Se 3 torneiras enchem um reservatório em 15 horas, em quanto tempo 5 torneiras encherão o mesmo reservatório?

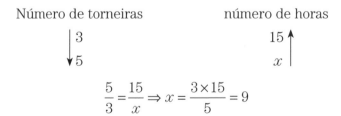

$$\frac{5}{3} = \frac{15}{x} \Rightarrow x = \frac{3 \times 15}{5} = 9$$

Resposta: Concluímos que 5 torneiras encherão o reservatório em 9 horas.

4.6 PORCENTAGEM

Uma razão na qual o consequente é 100 é denominada "por cento". Dizemos que são razões centesimais.

Exemplos:

E 4.40 $\dfrac{5}{100}$ **E 4.41** $\dfrac{0,5}{100}$ **E 4.42** $\dfrac{30}{100}$

Existe outra forma, muito usada em atividades econômicas, para representar razão centesimal, que é denominada forma percentual.

Exemplos:

E 4.43 $\dfrac{5}{100} = 5\%$ lê-se: "cinco por cento"

E 4.44 $\dfrac{0,5}{100} = 0,5\%$ lê-se: "meio por cento"

E 4.45 $\dfrac{30}{100} = 30\%$ lê-se: "trinta por cento".

EXERCÍCIOS RESOLVIDOS

R 4.2 Uma loja anuncia que suas mercadorias terão 30% de desconto. Qual será o desconto na compra de um sapato cujo preço é de R$ 80,00?

$$x = \text{desconto} \quad 30\% : \frac{30}{100} = \frac{x}{80} \Rightarrow$$

$$100x = 30 \times 80 \Rightarrow x = 24$$

Resposta: O desconto será de R$ 24,00 = problema de porcentagem.

R 4.3 Um operário ganha por mês R$ 1.500,00 e gasta R$ 600,00 em almoços na fábrica. De quanto por cento é o seu gasto em almoço, em relação ao seu salário?

Porcentagem = x

$$\frac{600}{1.500} = \frac{x}{100} \Rightarrow x = \frac{600 \times 100}{1.500} = 40$$

Resposta: Será de 40%.

4.7 REGRA DE TRÊS COMPOSTA

A regra de três composta é um processo prático para resolver situações-problema envolvendo três ou mais grandezas diretamente ou inversamente proporcionais.

1º **Caso:** As grandezas são todas diretamente proporcionais.

Exemplo:

E 4.46 Em uma fábrica, 8 pessoas trabalhando 4 dias cada uma, conseguiram produzir 32 bonecas. Trabalhando 6 pessoas durante 10 dias cada uma, quantas bonecas conseguirão produzir?

	Pessoas	Dias	Bonecas
1° situação:	8 ↓	4 ↓	32 ↓
2° situação:	6 ↓	10 ↓	x ↓

Comparando a grandeza que possui uma incógnita (número de bonecas) com cada uma das outras, observamos que:

- o número de bonecas e o número de pessoas são grandezas diretamente proporcionais;
- o número de bonecas e o número de dias são grandezas diretamente proporcionais.

Vamos resolver o problema por etapas.

1ª etapa: Consideramos o número de pessoas fixo.

	Pessoas	Dias	Bonecas
1ª situação:	8	4 ↓	32 ↓
Situação intermediária	8	10 ↓	a ↓

$$\frac{4}{10} = \frac{32}{a} \Rightarrow a = \frac{10 \times 32}{4}$$ substituímos no lugar do a.

2ª etapa: Consideramos o número de dias fixos

	Dias	Pessoas	Bonecas
Situação intermediária	10	8 ↓	$\dfrac{10 \times 32}{4}$ ↓
2ª situação	10	6 ↓	x ↓

Como as grandezas "número de pessoas" e "número de bonecas" são diretamente proporcionais:

$$\frac{8}{6} = \frac{\frac{10 \times 32}{4}}{x} \Rightarrow \frac{8}{6} = \frac{10 \times 32}{4 \times x}$$

Concluímos que a razão $\dfrac{32}{x}$ é $\dfrac{8}{6} \times \dfrac{4}{10} = \dfrac{32}{x}$, igual ao produto da razão $\dfrac{8}{6}$ e $\dfrac{4}{10}$.

Na prática,

- esquematizamos o problema;
- comparamos a grandeza que tem incógnita com cada uma das outras;

- traçamos uma flecha ao lado dos valores da grandeza que tem incógnita e flechas no mesmo sentido que a primeira nas outras grandezas, quando elas são diretamente proporcionais, e no sentido contrário, quando elas são inversamente proporcionais.

No nosso problema temos:

	Pessoas	Dias	Bonecas
1ª situação:	8	4	32
2ª situação:	6	10	x

$$\frac{8}{6} \times \frac{4}{10} = \frac{32}{x} \Rightarrow x = 60$$

Resposta: Conseguirão produzir 60 bonecas.

4.7.1 PROPORCIONALIDADE COMPOSTA – PROPRIEDADE CARACTERÍSTICA

Quando a variação de duas ou mais grandezas é diretamente proporcional à variação da grandeza que contém a incógnita, então o produto das primeiras grandezas também é diretamente proporcional à variação da grandeza que contém a incógnita.

> **Observação**
>
> Reescrevemos, então, os dados, **mantendo** a ordem das grandezas que são **diretamente proporcionais** à incógnita e **invertendo** a ordem das grandezas que são **inversamente proporcionais** a ela. Dessa forma, todas as grandezas passam a ser diretamente proporcionais à variação da incógnita e aplicamos a **propriedade característica**.

Exemplos:

E 4.47 O transporte de 80 toneladas de certa mercadoria por uma distância de 45 km custou R$ 176.250,00. Qual o custo do transporte de 16 toneladas da mesma mercadoria, por uma distância de 30 km?

Resolução:

	Mercadoria (ton)	Distância (km)	Custo (R$)
1ª situação:	80	45	176.250
2ª situação:	16 (d)	30 (d)	x

Pela propriedade característica:

$$\frac{80 \times 45}{16 \times 30} = \frac{176.250}{x} \Rightarrow x = 23.500$$

Resposta: o custo do transporte foi de R$ 23.500,00

2º **Caso**: As grandezas não são diretamente proporcionais.

E 4.48 Em uma indústria, 12 máquinas, trabalhando 8 horas por dia, produzem 64 camisas por dia. Quantas máquinas, trabalhando 12 horas por dia, serão necessárias para produzir 80 camisas por dia?

	Máquinas	Horas/dia	Camisas
1ª situação:	12	8	64
2ª situação:	x	12 (i)	80 (d)

$$\frac{12}{x} = \frac{12 \times 64}{8 \times 80} \Rightarrow x = \frac{12 \times 8 \times 80}{12 \times 64} = 10$$

Resposta: Serão necessárias 10 máquinas.

4.8 JUROS SIMPLES

Dá-se o nome de juros simples a uma quantia calculada sobre outra, proporcionalmente a uma parte do número fixo 100, e a um período determinado de tempo. A regra de juros simples é de grande aplicação no comércio.

4.8.1 FÓRMULA

Quais são os juros i do capital C, depositado à taxa de i% ao ano durante t anos?

Aplicando a regra de três composta, temos:

$$J = \frac{C \cdot i \cdot t}{100}$$

Observações
- Se a taxa for dada por ano, o tempo deverá ser expresso em anos.
- Se a taxa for dada por mês, o tempo deverá ser expresso em meses.
- Se a taxa for dada por dia, o tempo deverá ser expresso em dias.

No cálculo, consideramos que:
- 1 ano corresponde a 12 meses ou 360 dias;
- 1 mês corresponde a 30 dias.

Exemplos:

E 4.49 Uma pessoa emprestou a outra a importância de R$ 25.000,00, à taxa de 12% ao ano. Quanto deverá receber de juros após três anos?

Resolução:

$C = 25.000 \qquad i = 12\%$ ao ano $\qquad t = 3$ anos $\qquad j = ?$

$$J = \frac{C \cdot i \cdot t}{100} = \frac{25.000 \times 12 \times 3}{100} = 9.000$$

Resposta: Os juros são de R$ 9.000,00.

Razões, proporções e regra de três

E 4.50 Se uma financeira empresta dinheiro com uma taxa de juros de 7% ao mês e um cliente dessa financeira toma emprestado R$ 800.000,00 durante 3 meses, quanto ele pagaria de juros?

Resolução:

$C = 800.000,00 \quad i = 7\%$ ao mês $\quad t = 3$ meses $\quad j = ?$

$$J = \frac{C \cdot i \cdot t}{100} = \frac{800.000 \times 7 \times 3}{100} = 168.000$$

Resposta: Pagaria R$ 168.000,00 de juros.

E 4.51 Uma pessoa colocou R$ 37.000,00 na caderneta de poupança. Após um mês, ela recebeu de juros R$ 444,00. Qual foi a taxa de juros que a caderneta deu naquele mês?

Resolução:

$C = $ R$ 37.000,00 $\quad i = ? \quad t = 1 \quad j = $ R$ 444,00

$$J = \frac{C \cdot i \cdot t}{100} \Rightarrow 444 = \frac{37.000 \times i \times 1}{100} \Rightarrow i = \frac{444 \times 100}{37.000} = 1,2 \text{ ao mês}$$

Resposta: A taxa foi de 1,2 ao mês.

E 4.52 Durante quanto tempo foi empregado o capital de R$ 1.800,00 que, a 9,5% ao ano de taxa, rendeu juros de R$ 380,00?

Resolução:

$t = ? \quad C = $ R$ 1.800,00 $\quad i = 9,5\%$ a.a $\quad j = $ R$ 380,00

$$J = \frac{C \cdot i \cdot t}{100} \Rightarrow 380 = \frac{1.800 \times 9,5 \times t}{100} \Rightarrow t = \frac{380}{18 \times 9,5} = \frac{20}{9}$$

$$t = 2\frac{2}{9}a = 2a + \frac{2}{9} \times 12m = 2a + \frac{24}{9}m = 2a + 2m + \frac{6}{9}m$$

$$= 2a + 2m + \frac{2}{3} \times 30d = 2a + 2m + 20d$$

Resposta: O tempo empregado foi 2 anos, 2 meses e 20 dias.

4.8.2 MONTANTE

Montante é a soma do capital e dos juros. Então, M = C + juros $= C + \frac{C \cdot i \cdot t}{100} = \frac{100C + C \cdot i \cdot t}{100}$, logo:

$$M = \frac{C \cdot (100 + it)}{100}$$

Exemplo:

E 4.53 Alguém empresta a quantia de R\$ 25.000,00 à taxa de 9% ao ano, durante o período de 2 anos. Quanto deverá receber, capital e juros juntos?

$$C = R\$ 25.000,00 \qquad i = 9\% \text{ a.a} \qquad t = 2 \text{ anos} \qquad M = ?$$

$$M = \frac{C\left(100 + it\right)}{100} = \frac{25.000\left(100 + 9 \times 2\right)}{100} = 250(118) = 29.500$$

Resposta: Deverá receber de montante R\$ 29.500,00.

EXERCÍCIOS PROPOSTOS

P 4.34 Escreva a sucessão de números diretamente proporcionais à sucessão 2, 4, 8, 10, 14, sabendo que o primeiro elemento da nova sucessão é 18.

P 4.35 Escreva a sucessão de números diretamente proporcionais à sucessão 3, 5, 7, 12, sabendo que o primeiro elemento da nova sucessão é 21.

P 4.36 Considere a sucessão de números 2, 3, 5, 6, escreva a sucessão de números inversamente proporcionais à sucessão dada, cujo fator de proporcionalidade é 13.

P 4.37 Considere a sucessão de números 3, 1/3, 1/5 e 5, escreva a sucessão de números inversamente proporcionais à sucessão dada, sabendo que o primeiro elemento é 5.

P 4.38 Resolva o sistema aplicando a propriedade das sucessões de números diretamente proporcionais.
$$\begin{cases} x + y + z = 75 \\ \dfrac{x}{5} = \dfrac{y}{8} = \dfrac{z}{12} \end{cases}$$

P 4.39 Resolva o sistema aplicando a propriedade das sucessões de números diretamente proporcionais.
$$\begin{cases} x + y + z = 30 \\ \dfrac{x}{7} = \dfrac{y}{3} = \dfrac{z}{5} \end{cases}$$

P 4.40 Divida 24 em partes diretamente proporcionais a 1, 2 e 3.

P 4.41 Divida 45 em partes diretamente proporcionais a 5 e 10.

P 4.42 Divida 36 bolas entre duas crianças de 4 e 5 anos, de modo que o número de bolas que recebe cada criança seja diretamente proporcional à sua idade. Quantas bolas recebe cada criança?

P 4.43 Divida R\$ 780,00 em partes diretamente proporcionais a 1/2, 1/3 e 1/4.

P 4.44 Divida o número 33 em partes inversamente proporcionais a 1, 2 e 3.

P 4.45 Resolva o sistema:

$$\begin{cases} x + y = 27 \\ \dfrac{x}{3/8} = \dfrac{y}{3/10} \end{cases}$$

P 4.46 Resolva o sistema:

$$\begin{cases} x + y + z = 36 \\ \dfrac{x}{0,3} = \dfrac{y}{0,5} = \dfrac{z}{0,4} \end{cases}$$

P 4.47 Determine dois números, sabendo que sua soma é 42 e que a razão entre eles é 3 para 4.

P 4.48 Certa máquina produz 90 peças trabalhando durante 50 minutos. Quantas peças produzirá em 1h20min?

P 4.49 Com R\$ 60,00 compro 12 kg de certo mantimento. Quanto pagarei por 20 kg do mesmo mantimento?

P 4.50 Com uma certa quantidade de lã fabrica-se uma peça de tecido de 20 m de comprimento e 60 cm de largura. Qual seria o comprimento se a largura fosse 80 cm?

P 4.51 Uma torneira que despeja 6 litros de água por minuto enche uma caixa em 4 horas. Quanto tempo empregará para encher a mesma caixa uma torneira que despeja 8 litros por minuto?

P 4.52 Se 6,5 kg de café cru dão 5 kg de café torrado, que quantidade de café cru deve ser levado ao forno para se obter 8 kg de café torrado?

P 4.53 Escreva na forma percentual:

a) $\dfrac{12,5}{100}$; b) $\dfrac{3}{25}$; c) $\dfrac{1}{2}$

P 4.54 Escreva cada razão que se segue na forma de razão centesimal e, em seguida, na forma percentual.

a) $\dfrac{3}{4}$; b) $\dfrac{3}{10}$; c) $\dfrac{8}{25}$

P 4.55 Um operário ganha por mês R$ 905,00 e gasta por mês R$ 135,75 em almoço na fábrica. Qual é a porcentagem do seu gasto em almoço, em relação ao seu salário?

P 4.56 De um assalariado desconta-se 8% para a Previdência Social. Qual o desconto de um cidadão cujo salário é de R$ 1.800,00. E qual o salário desse cidadão depois do desconto?

P 4.57 Antonio comprou uma mercadoria de R$ 350,00 em uma loja e o vendedor concedeu um desconto de R$ 21,00. Qual a razão percentual do desconto?

P 4.58 O aluno pode ter, no máximo, 25% de faltas durante o ano em cada matéria. O aluno tem 4 aulas, por semana, e o ano letivo tem 36 semanas. A quantas aulas o aluno pode faltar?

P 4.59 Se 12 cozinheiras fazem 40 empadas em 30 minutos, 18 cozinheiras farão 50 empadas em quantos minutos?

P 4.60 Dois operários produzem, em 5 dias, 320 peças de um certo produto. Quantas peças desse produto produzirão 5 operários em 8 dias?

Razões, proporções e regra de três

P 4.61 Em uma tecelagem, 13 teares produzem 600 metros de tecido em 5 dias de 8 horas. Quantas horas, por dia, deverão trabalhar 15 teares para produzirem 1.200 metros do mesmo tecido em 8 dias?

P 4.62 Três pedreiros constroem um muro de 20 m de comprimento em 10 dias. Quantos dias levarão 5 pedreiros para construírem 30 m de um muro do mesmo tipo?

P 4.63 Em 6 dias de trabalho aprontaram-se 720 uniformes escolares fazendo funcionar 16 máquinas de costura. Em quantos dias se poderiam aprontar 2.150 uniformes (iguais aos primeiros) se, em virtude do racionamento de luz, funcionam somente 12 daquelas máquinas?

P 4.64 Roberto aplicou R$ 150.000,00 por 9 meses à taxa de 24% ao ano. Quanto receberá de juros por essa aplicação?

P 4.65 Calcule os juros correspondentes a uma aplicação de R$ 80.000,00 por 3 meses, sabendo que a taxa mensal é de 1,5%.

P 4.66 Uma aplicação de R$ 200.000,00 rendeu no final de 8 meses, R$ 16.000,00 de juros. Qual a taxa mensal de juros dessa aplicação?

P 4.67 Maria recebeu R$ 70.000,00 de juros depois de 7 meses de aplicação. Se a quantia aplicada fosse de R$ 500.000,00 qual seria a taxa de juros ao mês aplicada?

P 4.68 Apliquei R$ 250.000,00 a 1,5% ao mês e recebi R$ 22.500,00 de juros. Quanto tempo a quantia ficou aplicada?

P 4.69 Certo capital emprestado à taxa de $9\frac{3}{4}\%$, tornou-se ao fim de 2 anos e 6 meses em R$ 9.950,00. Qual era a importância aplicada?

P 4.70 Certo capital, à taxa de 11% ao ano, rendeu R$ 220,00 de juros, aplicado durante 5 anos. Determine o valor desse capital.

RESPOSTAS DOS EXERCÍCIOS PROPOSTOS

P 4.1 a) 10 para 7

b) 3 para 10

c) 7 para 3

P 4.2 5 para 2

P 4.3 1/2, 2/4, 3/6,...

P.4.4 não

P 4.5 a) 2 : 27 b) 12 : 1

c) 2 : 1   d) 1 : 16

e) 3 : 2   f) 2 : 1

P 4.6 600 km/h

P 4.7 1/4

P 4.8 1/27

P 4.9 comprimento: 5 m; largura: 2 m

P 4.10 a) 4/10 e 6/15

P 4.11 a) 1/2; b) 3/4; c)1/5

P 4.12 a) 1/2; b) 1/3; c) 20/1

P 4.13 1/6 ou 1 : 6

P 4.14 a) $x = 20$; b) $x = 1/15$

P 4.15 a) $x = 10$; b) $x = 20$

P 4.16 A 4ª proporcional é 15.

P 4.17 A 3ª proporcional é 18.

P 4.18 A média geométrica vale 6.

P 4.19 a) 0,08; b) 9/5

P 4.20 O litro da mistura custará R\$ 2,62.

P 4.21 A altura da ampliação será 18 cm.

P 4.22 As dimensões do quarto são 3 m por 4 m.

P 4.23 a) 12.500 pregos; b) Necessitará 30 horas.

P 4.24 7 horas.

P 4.25 média = 6,7.

P 4.26 1° cubo: 9 dm^3; 2° cubo: 12 dm^3.

P 4.27 1° número: 35; 2° número: 15

P 4.28 $x = 12$; $y = 16$.

P 4.29 1° número: 12; 2° número: 15

P 4.30 $x = 10; y = 20; z = 35.$

P 4.31 $x = 48; y = 18; z = 12.$

P 4.32 $x = 9; y = 15.$

P 4.33 1° número: 14; 2° número: 35; 3° número: 56.

P 4.34 18, 36, 72, 90, 126.

P 4.35 21, 35, 49, 84.

P 4.36 $\dfrac{13}{2}, \dfrac{13}{3}, \dfrac{13}{5}, \dfrac{13}{6}$

P 4.37 5, 45, 75, 3.

P 4.38 $x = 15, y = 24 \text{ e } z = 36.$

P 4.39 $x = 14, y = 6 \text{ e } z = 10.$

P 4.40 $x = 4, y = 8 \text{ e } z = 12.$

P 4.41 15 e 30.

P 4.42 Criança de 4 anos recebe 16 bolas e criança de 5 anos recebe 20 bolas.

P 4.43 R$ 360,00; R$ 240,00 e R$ 180,00, respectivamente.

P 4.44 18, 9 e 6.

P 4.45 $x = 15 \text{ e } y = 12.$

P 4.46 $x = 9, y = 15 \text{ e } z = 12.$

P 4.47 O primeiro n° é 18 e o segundo n° é 24.

P 4.48 Produzirá 144 peças.

P 4.49 Pagarei R$ 100,00.

P 4.50 15 m.

P 4.51 Empregará 3 horas.

P 4.52 Deve ser levado 10,4 kg de café cru ao forno.

P 4.53 a) 12,5%; b) 12%; c) 50%.

P 4.54 a) $\dfrac{75}{100} = 75\%$; b) $\dfrac{30}{100} = 30\%$; c) $\dfrac{32}{100} = 32\%$

P 4.55 15%.

P 4.56 Desconto: R$ 144,00. Salário líquido: R$ 1.650,00.

P 4.57 A razão percentual é de 6%.

P 4.58 O aluno poderá faltar 36 aulas.

P 4.59 Farão em 25 minutos.

P 4.60 Produzirão 1.280 peças.

P 4.61 Deverão trabalhar 8 horas/dia.

P 4.62 Levarão 9 dias.

P 4.63 Poderiam aprontar em 24 dias.

P 4.64 Receberá R$ 27.000,00 de juros.

P 4.65 Os juros correspondentes são R$ 3.600,00.

P 4.66 Taxa ao mês = 1%.

P 4.67 A taxa é de 2% ao mês.

P 4.68 Tempo aplicado: 6 meses.

P 4.69 A importância era de R$ 8.000,00.

P 4.70 O valor do capital foi de R$ 400,00.

5 FUNÇÕES DO 1º E 2º GRAUS

5.1 SISTEMA CARTESIANO ORTOGONAL DE COORDENADAS

Para localizar um ponto em um plano, fixamos primeiro dois eixos reais, Ox e Oy, perpendiculares entre si no ponto O.

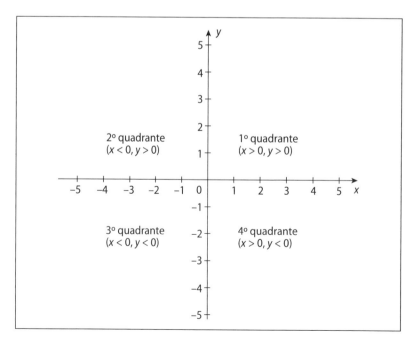

Figura 5.1

1) Esse sistema de coordenadas é denominado Sistema Cartesiano Ortogonal de Coordenadas ou Sistema de Coordenadas Cartesianas Ortogonais.

Ortogonal, porque os eixos formam um ângulo de 90°; **Cartesiano** é em homenagem ao matemático e filósofo francês René Descartes (1596-1650), pai da filosofia moderna. Apesar de Descartes ter inventado um sistema de eixos, o seu sistema não era ortogonal. Quem, na mesma época, trabalhou com um sistema de coordenadas ortogonais foi um matemático amador, francês, chamado Pierre de Fermat (1601-1665), só que, na época, ele não era tão famoso quanto Descartes.

2) O plano determinado por esse eixos é denominado plano cartesiano α.

3) O ponto O é denominado a origem do sistema.

4) Os eixos Ox e Oy são, respectivamente, o **eixo das abscissas** e o **eixo das ordenadas**.

5) Os eixos coordenados separam o plano cartesiano em quatro regiões denominadas quadrantes e são numerados no sentido anti-horário, conforme apresentado na Figura 5.1.

6) Par ordenado é o nome que se dá ao objeto formado por dois elementos a e b que são considerados em uma ordem determinada. Notação: (a, b). Ele é representado no plano cartesiano por um ponto, sendo que a é a abscissa de P e b é a ordenada de P. a e b são as coordenadas do ponto P. Notação: P = (a, b) ou P(a, b).

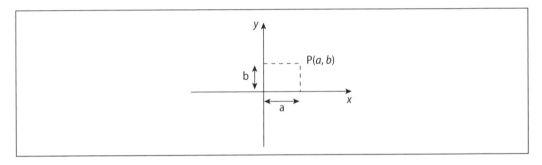

5.2 RELAÇÕES

O produto cartesiano de dois conjuntos quaisquer, não vazios, designados por A e B é o conjunto formado por todos os pares ordenados tais que, em cada um deles, o primeiro elemento pertence ao conjunto A e o segundo, ao conjunto B.

Notação:

$A \times B = \{(x,y) / x \in A \text{ e } y \in B\}$ ou $A \times B = \{(x,y) / x \in A \wedge y \in B\}$

A × B, lê–se "A cartesiano B" ou " produto cartesiano de A por B".

Observação

O número de elementos de A × B é igual ao produto de número de elementos de cada conjunto, ou seja,

$$n(A \times B) = n(A) \cdot n(B).$$

Exemplos:

E 5.1 Sejam A = {1, 2} e B = {m, n}, então:

Funções do 1º e 2º graus

$$A \times B = \{(1, m), (1, n), (2, m), (2, n)\}$$
$$n(A) = 2, n(B) = 2, \text{observe que } n(A \times B) = 4.$$

E 5.2 Sejam E = {c, d} e F = {1, 2, 3}, então:

$$E \times F = \{(c, 1), (c, 2), (c, 3), (d, 1), (d, 2), (d, 3)\}$$

Note que $n(E \times F) = n(E) \cdot n(F) = 2 \cdot 3 = 6$ pares ordenados.

> **Observação**
>
> Se $A \subset \mathbb{R}$ e $B \subset \mathbb{R}$, então $(A \times B) \subset (\mathbb{R} \times \mathbb{R})$.

5.3 RELAÇÃO BINÁRIA

Dizemos que R é uma relação binária de A em B se, e somente se, R é um subconjunto de A × B. Denominamos A como conjunto de partida da relação R e B como o conjunto de chegada ou contradomínio da relação R. Dizemos que o par (x, y) está na relação R se, e somente se, x está relacionado com R. Em linguagem matemática,

$$(x, y) \in R \Leftrightarrow x \, R \, y.$$

5.3.1 DOMÍNIO DA RELAÇÃO

D_R é um subconjunto de A e é formado pelos $x \in A$, tais que $(x, y) \in R$. Ou seja,

$$x \in D_R \Leftrightarrow \exists \, y \in A / (x, y) \in R.$$

5.3.2 IMAGEM DA RELAÇÃO

Im_R é um subconjunto de B e é formado pelos $y \in B$, tais que $(x, y) \in R$. Ou seja,

$$y \in Im_R \Leftrightarrow \exists \, x, x \in A / (x, y) \in R.$$

5.3.3 RELAÇÃO INVERSA: R^{-1}

Se R é um subconjunto de A × B, então R^{-1} é um subconjunto de B × A, ou ainda, se R: A → B, então R^{-1}: B → A e

$$R^{-1} = \{(y, x) \in B \times A / (x, y) \in R\}$$

e também,

$$(y, x) \in R^{-1} \Leftrightarrow (x, y) \in R$$

Exemplo:

E 5.3

Sejam A = {1, 2} e B = {1, 2, 3}, R = $\{(x, y) / x \in A \wedge y \in B; x = y\}$. Vamos determinar R e R^{-1}. Primeiro, vamos discriminar A × B e B × A:

$$A \times B = \{(1, 1), (1, 2), (1, 3), (2, 1), (2, 2), (2, 3)\}$$
$$B \times A = \{(1, 1), (1, 2), (2, 1), (2, 2), (3, 1), (3, 2)\}$$

Neste caso,
$$R = \{(1, 1), (2, 2)\} \text{ e } R^{-1} = R.$$
$$R \subset A \times B \text{ e } R^{-1} \subset B \times A$$

5.4 FUNÇÃO

Dizemos que uma relação de A em B é denominada função ou aplicação de A em B quando associa a todo elemento de A um único elemento em B.

Resumindo,

$$(f \text{ é aplicação ou função de A em B}) \Leftrightarrow \{\forall\, x \in A, \exists\, y \in B \,/\, (x, y) \in f\}$$

$$f = \{(x, y) \,/\, x \in A, y \in B \wedge y = f(x)\}$$

Notações:

1) Representamos as funções, em geral, pelas letras minúsculas, não do início, mas do meio do alfabeto. Por exemplo: f, g, h.

2) Para representar a função com seu domínio, contradomínio e lei de formação:

$$f: A \to B \quad A \xrightarrow{f} B$$
$$\text{ou}$$
$$x \mapsto f(x) \quad x \mapsto f(x)$$

3) Ou, resumidamente, $y = f(x)$.

Existe, também, uma representação chamada de diagrama das flechas, ou diagrama das setas:

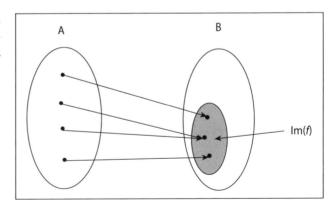

Exemplo:

E 5.4

Dados A = {1, 2, 3, 4} e B = {2, 3, 4, 5} f dada pelo diagrama abaixo é uma função de A em B:

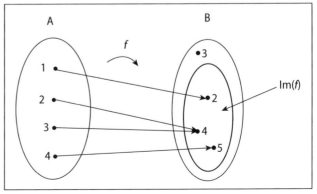

5.5 VALOR NUMÉRICO DE UMA FUNÇÃO

Dada uma função definida por $y = f(x)$ em seu domínio D e seja $a \in$ D. $f(a)$ representa o valor numérico da função quando se substitui a variável x pelo valor a.

Exemplos:

Calcular o valor numérico das funções nos pontos indicados:

E 5.5 $f(x) = \dfrac{1}{2}x - \dfrac{1}{5}$ para $x = \dfrac{2}{3}$

$$f\left(\dfrac{2}{3}\right) = \dfrac{1}{2} \cdot \dfrac{2}{3} - \dfrac{1}{5} = \dfrac{1}{3} - \dfrac{1}{5} = \dfrac{5-3}{15} = \dfrac{2}{15}$$

E 5.6 $g(x) = 2 - \dfrac{1}{x-2}$ para $x = -3$

$$g(-3) = 2 - \dfrac{1}{-3-2} = 2 + \dfrac{1}{5} = \dfrac{10+1}{5} = \dfrac{11}{5}$$

E 5.7 $h(x) = \dfrac{1}{\sqrt{x^2-1}}$ para $x = 3$

$$h(3) = \dfrac{1}{\sqrt{3^2-1}} = \dfrac{1}{\sqrt{8}} = \dfrac{\sqrt{8}}{8} = \dfrac{2\sqrt{2}}{8} = \dfrac{\sqrt{2}}{4}$$

5.6 FUNÇÃO POLINOMIAL

Função polinomial é a função $f\colon \mathbb{R} \to \mathbb{R}$, definida por:

$$f(x) = a_n x^n + a_{n-1}x^{n-1} + \ldots + a_2 x^2 + a_1 x + a_0,$$

onde $a_n \neq 0$, $a_0, a_1, \ldots, a_n$ são números reais denominados coeficientes e n é um número inteiro não negativo que determina o grau da função. Temos como exemplos:

Exemplo:

E 5.8

a) A função $f(x) = k$, onde $k \in \mathbb{R}$, é uma função polinomial de grau zero. Ela é chamada de função constante.

b) A função $f(x) = ax + b$, com $a \neq 0$, é uma função polinomial do 1º grau, também chamada de função afim.

c) A função $f(x) = ax^2 + bx + c$, com $a \neq 0$, é uma função polinomial do 2º grau, também chamada de função quadrática.

d) A função $f(x) = x^3$ é uma função polinomial do 3º grau, chamada de função cúbica.

e) A função $f(x) = x^4 - x^2$ é uma função polinomial do 4º grau.

5.7 FUNÇÃO CONSTANTE

É toda função do tipo $f(x) = k$, onde $k \in \mathbb{R}$, que associa a qualquer número real $x \in \mathbb{R}$ um mesmo número real k.

O gráfico é uma reta paralela ao eixo Ox, passando por $y = k$. O domínio da função é $D(f) = \mathbb{R}$ e o conjunto imagem é o conjunto unitário $\text{Im}(f) = \{k\}$.

Exemplos:

Vamos esboçar o gráfico de duas funções constantes:

E 5.9 $f(x) = 2$ (r_1)

E 5.10 $f(x) = -3$ (r_2)

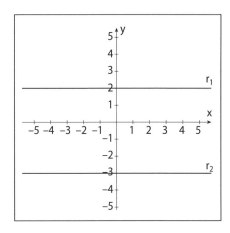

5.8 FUNÇÃO AFIM OU FUNÇÃO POLINOMIAL DO 1º GRAU

Função afim ou função polinomial do 1º grau é toda função do tipo que associa a cada número real x, o número real $y = f(x) = ax + b$, onde $a \neq 0$. O domínio da função é $D(f) = \mathbb{R}$ e o conjunto imagem também é o conjunto dos reais, $\text{Im}(f) = \mathbb{R}$. O gráfico desta função é uma reta não paralela aos eixos coordenados. Resumindo:

$$f: \mathbb{R} \to \mathbb{R}$$
$$x \mapsto y = f(x) = ax + b, \, (a, b \in \mathbb{R} \text{ e } a \neq 0)$$

Chamamos:

- $a \to$ coeficiente angular ou declive da reta. Este número é chamado assim pois também representa a tangente do ângulo (α), que é o ângulo entre o gráfico da função, a reta, e o semieixo positivo Ox. Ou seja, $a = \text{tg } \alpha$.

- $b \to$ coeficiente linear da reta. Este número indica a distância da origem do sistema cartesiano ao ponto $P(0, b)$, interseção da reta com o eixo Oy. Ou seja, a reta corta o eixo Oy em $y = b$.

- **raiz ou zero da função** $\to$ ponto onde a reta corta o eixo Ox, que neste caso é $x = \dfrac{-b}{a}$.

Quando $a > 0$, a função $f(x) = ax + b$ é crescente, isto é, à medida que x cresce, y também cresce; e quando $a < 0$, a função $f(x) = ax + b$ é decrescente, ou seja, à medida que x cresce, y decresce.

Gráficos:

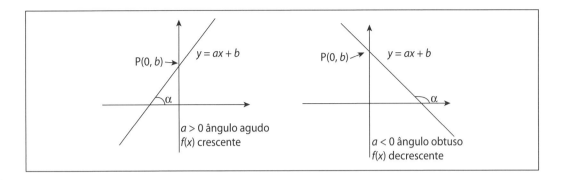

Observação

Lembrando que uma reta é determinada por dois pontos distintos, basta atribuir dois valores de x na função $y = ax + b$ para traçar a reta. Pontos principais do gráfico:

$$P(0, b) \text{ e } Q\left(\frac{-b}{a}, 0\right)$$

Exemplos:

E 5.11 Dada a função $f(x) = \dfrac{3}{2}x + 3$, determinar o gráfico da função:

Vamos observar que $a = \dfrac{3}{2} > 0$, portanto a função é crescente, $b = 3$ é o ponto em que a reta corta o eixo Oy.

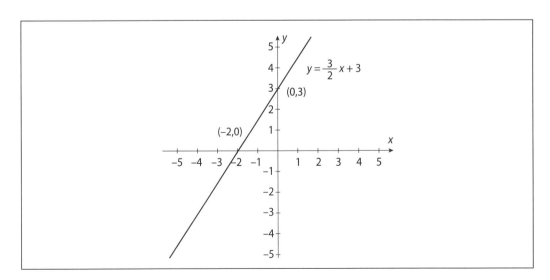

E 5.12 Dada a função $f(x) = -2x + 4$, determinar o gráfico da função:

Vamos observar que $a = -2 < 0$, portanto a função é decrescente, $b = 4$ é o ponto em que a reta corta o eixo Oy.

Para $x = 0$, $P(0, 4)$ e para $y = 0$, $Q(2, 0)$:

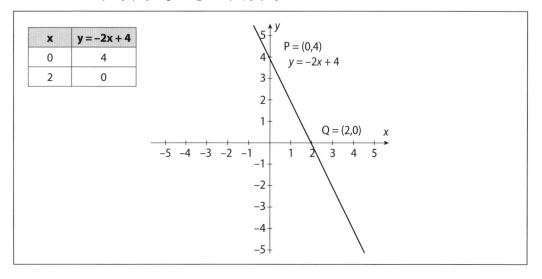

5.9 FUNÇÃO LINEAR

É um caso particular da função afim $f(x) = ax + b$, onde $b = 0$. Então temos $f(x) = ax$. O gráfico é uma reta que passa pela origem do sistema cartesiano, pois dado $x = 0$, temos que $y = 0$. Logo, $P(0, 0)$ pertence à reta. Resumindo:

$$f: \mathbb{R} \to \mathbb{R}$$
$$x \mapsto y = f(x) = ax, \ (a \neq 0)$$
$$D(f) = \mathbb{R} \text{ e } \operatorname{Im}(f) = \mathbb{R}.$$

Exemplos:

E 5.13 Dada a função $f(x) = 2x$, determinar o gráfico da função:
Vamos observar que $a = 2 > 0$, portanto a função é crescente.

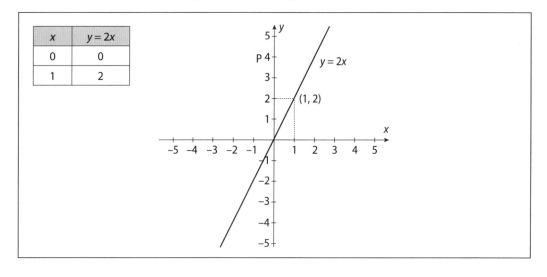

E 5.14 Dada a função $f(x) = -x$, determinar o gráfico da função:
Vamos observar que $a = -1 < 0$, portanto a função é decrescente.

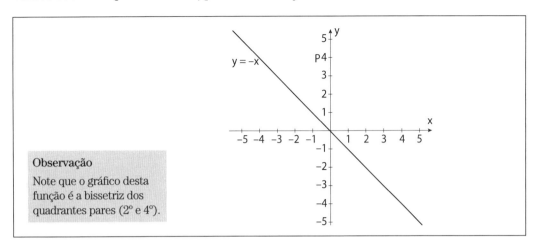

Observação
Note que o gráfico desta função é a bissetriz dos quadrantes pares (2º e 4º).

5.10 FUNÇÃO IDENTIDADE

É um caso particular da função linear $f(x) = ax$, onde $a = 1$. Então temos $f(x) = x$. O gráfico é uma reta que passa pela origem do sistema cartesiano e é a bissetriz dos quadrantes ímpares, ou seja, 1º e 3º quadrantes. Como $a = \text{tg } \alpha = 1$, temos que $\alpha = 45°$.

Exemplo:

E 5.15 Dada a função $f(x) = x$, determinar o gráfico da função:

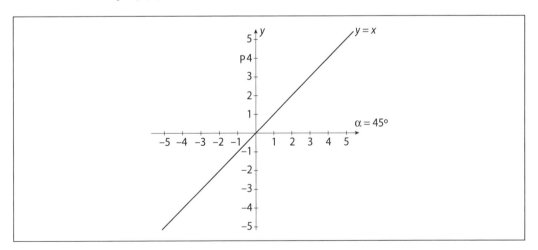

Observação
O estudo da variação de sinal da função do 1º grau será feito no último capítulo por meio de exemplos.

5.11 FUNÇÃO QUADRÁTICA OU FUNÇÃO POLINOMIAL DO 2º GRAU

A função $f: \mathbb{R} \to \mathbb{R}$ definida por $f(x) = ax^2 + bx + c$, com $a \neq 0$, é denominada função quadrática ou função do 2º grau, onde seu domínio é $D(f) = \mathbb{R}$. Resumindo:

$$f: \mathbb{R} \to \mathbb{R}$$
$$x \mapsto y = f(x) = ax^2 + bx + c, (a \neq 0)$$
$$D(f) = \mathbb{R}$$

O gráfico de uma função quadrática é uma parábola com o eixo de simetria (s) paralelo ao eixo Oy, ou em notação matemática, $s \mathbin{/\mkern-5mu/} Oy$. Existem alguns elementos da função quadrática que gostaríamos de destacar.

5.11.1 CONCAVIDADE

Se o coeficiente de x^2 for positivo ($a > 0$), então a parábola tem concavidade voltada para cima e dizemos que tem sinal positivo, isto é, concordante com o sentido positivo do eixo Oy. Se o coeficiente de x^2 for negativo ($a < 0$), então a parábola tem concavidade voltada para baixo e dizemos que tem sinal negativo pois está oposto ao sentido positivo do eixo Oy.

5.11.2 RAÍZES

A interseção da parábola com o eixo Ox é chamada de raiz ou zero da função, pois temos de igualar $y = 0$.

Para o cálculo das raízes ou zeros da função $y = ax^2 + bx + c$, impomos a condição $y = 0$ e teremos:

$$ax^2 + bx + c = 0, \forall\, a, b \text{ e } c \in \mathbb{R} \text{ e } a \neq 0$$

E quando $a, b, c \in \mathbb{R}$ são diferentes de zero, é uma equação completa do 2º grau. Neste caso, para encontrar as raízes x_1 e x_2, devemos aplicar a fórmula de Bháskara (ver capítulo 3), onde

$$x = \frac{-b \pm \sqrt{\Delta}}{2a} \quad \text{e} \quad \Delta = b^2 - 4ac,$$

denominado Discriminante da equação.

Assim, temos algumas análises a fazer com relação às raízes da função quadrática, em função do sinal do discriminante e do sinal do coeficiente de x^2:

1º) Se $\Delta > 0$, temos x_1 e x_2 reais e diferentes entre si:

Para $a > 0$,

para $a < 0$,

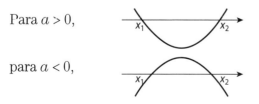

2º) Se Δ = 0, temos x_1 e x_2 reais e iguais, ou seja, o gráfico toca apenas em um ponto o eixo Ox:

Para $a > 0$,

para $a < 0$,

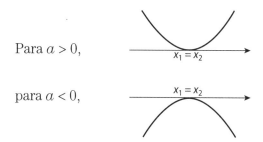

3º) Se Δ < 0, não temos raízes reais, ou seja, o gráfico não toca o eixo Ox:

Para $a > 0$,

para $a < 0$,

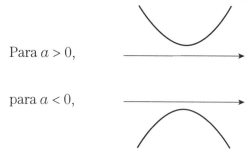

5.11.3 VÉRTICE

A interseção do eixo de simetria com a parábola, isto é, o ponto mais baixo da parábola (se $a > 0$) ou o ponto mais alto (se $a < 0$), é chamado de vértice da parábola.

Para o cálculo do vértice, P(x_v, y_v), vamos primeiro calcular x_v. Consideremos dois pontos A$_1$ e A$_2$ da parábola de abscissas $x_v - k$ e $x_v + k$, para um $k \in \mathbb{R}$, $k \neq 0$. Esses pontos têm a mesma ordenada y da função $y = ax^2 + bx + c$.

Portanto, para $x = x_v - k$, temos:

$y_1 = a(x_v - k)^2 + b(x_v - k) + c$

Para $x = x_v + k$, temos:

$y_2 = a(x_v + k)^2 + b(x_v + k) + c$

Como $y_1 = y_2$, segue que:

$a(x_v - k)^2 + b(x_v - k) + \cancel{c}$
$= a(x_v + k)^2 + b(x_v + k) + \cancel{c}$.

Ou ainda,

$\cancel{ax_v^2} - 2ax_v k + \cancel{ak^2} - bk$
$= \cancel{ax_v^2} + 2ax_v k + \cancel{ak^2} + bk$

$-4ax_v k = 2bk$,

como escolhemos $k \neq 0$, $x_v = \dfrac{-b}{2a}$

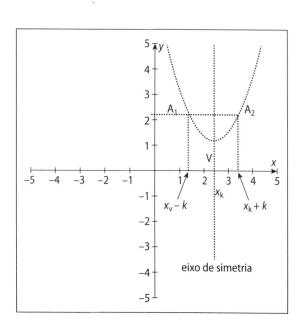

Para calcular a ordenada do vértice, y_v, vamos substituir $x_v = \dfrac{-b}{2a}$ na função $y = ax^2 + bx + c$:

$$y_v = a\left(\frac{-b}{2a}\right)^2 + b\left(\frac{-b}{2a}\right) + c =$$

$$a\frac{b^2}{4a^2} - \frac{b^2}{2a} + c =$$

$$\frac{b^2 - 2b^2 + 4ac}{4a} =$$

$$\frac{-b^2 + 4ac}{4a} = \frac{-\Delta}{4a} =$$

$$y_v = \frac{-\Delta}{4a}$$

Logo, o vértice é dado por: $V = \left(\dfrac{-b}{2a}, \dfrac{-\Delta}{4a}\right)$

5.11.4 IMAGEM DA FUNÇÃO

Observe que a imagem da função é dada pela projeção de seu gráfico no eixo Oy. Portanto, para definir sua imagem, precisamos conhecer o vértice da função e analisar o sinal do coeficiente de x^2. Então,

1) Se $a > 0$, $\mathrm{Im}(f) = \left[\dfrac{-\Delta}{4a}, \infty\right[$;
2) Se $a < 0$, $\mathrm{Im}(f) = \left]-\infty, \dfrac{-\Delta}{4a}\right]$.

Exemplo:

E 5.16 Dada a função $f(x) = x^2 - 4x + 3$, determinar:

1) as raízes da função;
2) o vértice da parábola;
3) o ponto P de interseção com o eixo Oy;
4) e fazer o esboço do gráfico.

Resolução:

a) Para encontrar as raízes fazemos $y = 0$, ou seja, $x^2 - 4x + 3 = 0$, que é uma equação do $2°$ grau. Utilizando a fórmula de Bháskara, identificando $a = 1$, $b = -4$ e $c = 3$, temos:

$$x = \frac{-b \pm \sqrt{b^2 - 4ac}}{2a}$$

$$x = \frac{-(-4) \pm \sqrt{(-4)^2 - 4 \cdot 1 \cdot 3}}{2 \cdot 1}$$

$$x = \frac{4 \pm \sqrt{16-12}}{2} = \frac{4 \pm 2}{2} = \begin{cases} x_1 = 1 \\ x_2 = 3 \end{cases}$$

S = {1 ; 3}. Então, os pontos correspondentes são A(1, 0) e B(3, 0).

b) Calculando o vértice. Sabemos que $V = \left(\frac{-b}{2a}, \frac{-\Delta}{4a}\right)$, então:

$x_v = \frac{-(-4)}{2 \cdot 1} = 2$ e $y_v = \frac{-(4)}{4 \cdot 1} = -1$

Então V(2, –1).

c) Para encontrar o ponto de interseção com o eixo Oy, basta fazer $x = 0$ na expressão da função. Logo, $y = 0^2 - 4 \cdot 0 + 3 = 3$, P(0, 3).

d) Esboçando o gráfico:

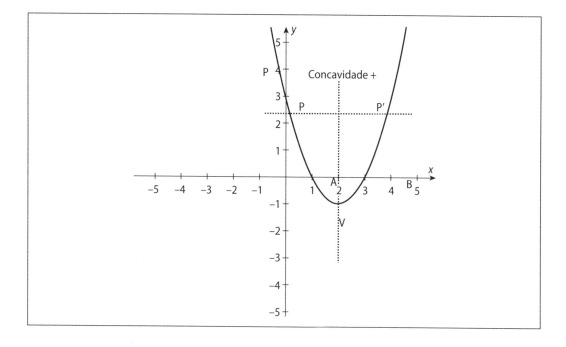

5.12 TIPOS DE FUNÇÕES

Podemos classificar as funções de várias maneiras. Aqui apresentaremos alguns tipos de classificação.

5.12.1 FUNÇÕES SOBREJETORAS

Uma função $f: A \to B$ é sobrejetora quando o conjunto imagem é o próprio contradomínio B. Isto é,

(f é sobrejetora) $\Leftrightarrow$ Im(f) = CD(f)

Exemplo:

E 5.17 Sejam os conjuntos A = {1, 2, 3, 4, 5} e B = {1, 3, 4} e seja f dada por: f: A → B = {(1, 1), (2, 1), (3, 3), (4, 4), (5, 4)}. Representando graficamente:

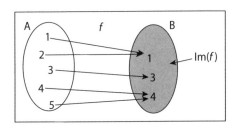

Observe que D(f) = A = {1, 2, 3, 4, 5}, e Im(f) = B = {1, 3, 4} = CD(f). Portanto, a função é sobrejetora.

5.12.2 FUNÇÕES INJETORAS

Uma função f: A → B é injetora quando não existem dois elementos do domínio com a mesma imagem. Ou seja,

$$(f \text{ é injetora}) \Leftrightarrow \left((x_1 \neq x_2; x_1, x_2 \in D(f))\right) \rightarrow (f(x_1) \neq f(x_2))$$

Exemplo:

E 5.18 Sejam os conjuntos A = {1, 2, 3} e B = {1, 3, 5, 7, 8} e seja f dada por: f: A → B = {(1, 1), (2, 3), (3, 5)}. Representando graficamente:

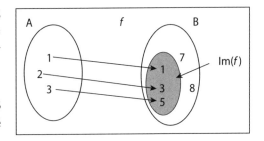

Note que D(f) = A = {1, 2, 3}, CD(f) = B = {1, 3, 5, 7, 8} e Im(f) = {1, 3, 5}. A função é injetora, mas não é sobrejetora.

5.12.3 FUNÇÕES BIJETORAS

Uma função f: A → B é bijetora quando é simultaneamente sobrejetora e injetora, isto é, a imagem da função coincide com o seu contradomínio e não existem dois elementos do domínio com a mesma imagem. Isto é,

$$(f \text{ é bijetora}) \Leftrightarrow (f \text{ é sobrejetora} \wedge f \text{ é injetora})$$

Exemplo:

E 5.19 Sejam os conjuntos A = {1, 2, 3} e B = {2, 4, 6} e seja

f: A → B = {(1, 2), (2, 4), (3, 6)}.

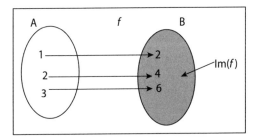

Observe que Im(f) = B e apenas uma flecha chega em cada elemento de B. Logo a função é bijetora.

5.12.4 FUNÇÕES PARES

Dizemos que uma função f: A → B é uma função par se, para todo x pertencente ao domínio da função, $f(-x) = f(x)$, isto é, quando para valores simétricos em relação ao eixo Oy, pertencentes ao domínio da função, correspondem à mesma imagem. Em símbolos,

$$\forall\, x \in D(f) \Rightarrow f(-x) = f(x)$$

O gráfico de uma função par é simétrico em relação ao eixo Oy.

Exemplo:

E 5.20 A função $f(x) = x^2$ é par, pois:

$$f(-x) = (-x)^2 = x^2 = f(x).$$

Observe que

$$f(-2) = f(2) = 4,$$

conforme o gráfico ao lado:

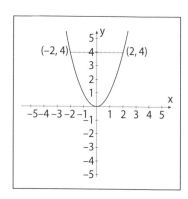

5.12.5 FUNÇÕES ÍMPARES

Dizemos que uma função $f: A \to B$ é uma função ímpar se, para todo x pertencente ao domínio da função, $f(-x) = -f(x)$, isto é, quando para valores simétricos em relação ao eixo Oy, pertencentes ao domínio da função, correspondem a imagens também simétricas. Em símbolos,

$$\forall\, x \in D(f) \Rightarrow f(-x) = -f(x)$$

O gráfico de uma função ímpar é simétrico em relação à origem do sistema cartesiano.

Exemplos:

E 5.21 A função $f(x) = x^3$ é ímpar, pois:

$f(-x) = (-x)^3 = -x^3 = -f(x)$. Observe que $f(-2) = (-2)^3 = -2^3 = -8 = -f(2)$, conforme o gráfico abaixo:

E 5.22 A função $f(x) = x^3 + x$ é ímpar, pois:

$$f(-x) = (-x)^3 + (-x) = -x^3 - x = -(x^3 + x) = -f(x).$$

E 5.23 A função $f(x) = x^2 + x$ não é par nem ímpar, pois:

$$f(-x) = (-x)^2 + (-x) = x^2 - x \neq f(x) \text{ e } f(-x) \neq -f(x)$$

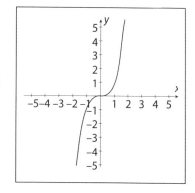

5.13 FUNÇÕES COMPOSTAS

Dadas duas funções $f: A \to B$ e $g: B \to C$, define-se a função composta g com f, representada por $g \circ f$, por $g \circ f(x) = g(f(x))$. O domínio de $g \circ f$ é o conjunto de todos os pontos x pertencentes ao domínio de f. A condição para a existência da função composta é que $\text{Im}(f) \subset D(g)$. Em símbolos,

$$D(g \circ f) = \{x \in D(f) \,/\, f(x) \in D(g)\}.$$

Podemos visualizar a função composta pelo diagrama:

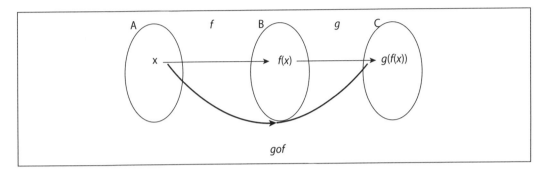

Vamos apresentar a definição do seguinte modo: dadas as funções $f: A \to B$ definida por $y = f(x)$ e $g: B \to C$ definida por $z = g(y)$, chama-se função composta da função g com a função f à função $h: A \to C$ representada por $g \circ f$ e definida por:

$$z = g(y) = g(f(x)).$$

Exemplos:

E 5.24 Consideremos as funções $f: \mathbb{R} \to \mathbb{R}$ definida por $f(x) = 2x + 3$ e $g: \mathbb{R} \to \mathbb{R}$ definida por $g(x) = 3x + 5$. Vamos obter a função $g \circ f$:

Resolução:

$$g \circ f(x) = g(f(x)) = g(2x+3) = 3(2x+3) + 5 = 6x + 9 + 5 = 6x + 14.$$

Logo, $g \circ f$ é a função $h: \mathbb{R} \to \mathbb{R}$ definida por $h(x) = 6x + 14$.

E 5.25 Sejam as funções $f(x) = x + 2$ e $g(x) = x^2 - 1$, encontrar a função $g \circ f$:

Resolução:

$$g \circ f(x) = g(f(x)) = g(x+2) = (x+2)^2 - 1 = x^2 + 4x + 4 - 1 = x^2 + 4x + 3.$$

Logo, $g \circ f$ é a função $h: \mathbb{R} \to \mathbb{R}$ definida por $h(x) = x^2 + 4x + 3$.

5.14 FUNÇÕES INVERSAS

Seja $y = f(x)$ uma função de A em B, ou seja, $f: A \to B$. Se para cada $y \in B$, existir um único $x \in A$ tal que $y = f(x)$, ou seja, se f é bijetora, então podemos definir uma função $g: B \to A$, $x = g(y)$, tal que $g(f(x)) = x$. A função g definida deste modo é denominada função inversa de f e é representada por f^{-1}. Ou ainda, dada uma função bijetora $f: A \to B$, denominamos a função inversa de f, à função $f^{-1}: B \to A$ tal que:

$$(a, b) \in f \Leftrightarrow (b, a) \in f^{-1}$$

Exemplo:

E 5.26 Dados os conjuntos A = {1, 2, 3} e B = {2, 4, 6}. Consideremos as funções: $f: A \to B$ definida por $y = 2x$ e $g: B \to A$ definida por $y = x/2$ e examinemos os diagramas das flechas:

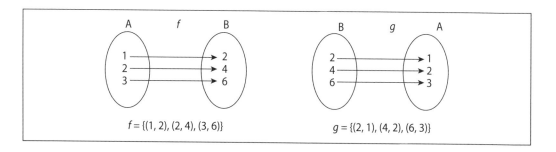

Observemos que f é uma função bijetora, logo g é a função inversa de f, isto é, $D(f) = \text{Im}(f^{-1})$ e $D(f^{-1}) = \text{Im}(f)$.

5.14.1 DETERMINAÇÃO ALGÉBRICA DA EXPRESSÃO DE f^{-1}

Para obter a expressão que define a inversa de uma função, procedemos da seguinte forma:

1) efetuamos uma permutação de variáveis, isto é, trocamos y por x e x por y;
2) escrevemos a variável y em função da variável x.

Exemplo:

E 5.27 Dada $f(x) = 2x$, então $y = 2x$. Vamos determinar f^{-1}:

$$x = 2y \Rightarrow y = x/2.$$

Logo, temos $f^{-1}(x) = x/2$.

5.14.2 PROPRIEDADE GRÁFICA

O gráfico de uma função bijetora e o gráfico de sua inversa são curvas simétricas em relação à reta $y = x$, que é a bissetriz do 1° e 3° quadrantes.

Exemplo:

E 5.28 A função $f: \mathbb{R} \to \mathbb{R}$, dada por $y = x^2$ não possui inversa, porém fazendo uma restrição conveniente no domínio, essa função pode admitir inversa se for definida por: $f: \mathbb{R}_+ \to \mathbb{R}_+$, onde $y = x^2$. Então f admite inversa $f^{-1}(x) = \sqrt{x}$. Vamos ver os gráficos:

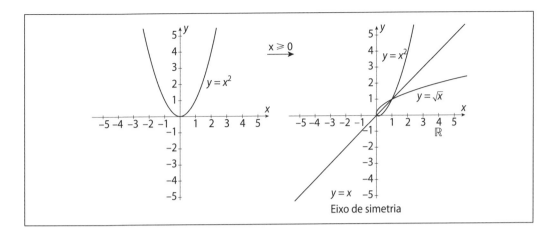

Exemplo:

E 5.29 A função $f: \mathbb{R} \to \mathbb{R}$, dada por $y = x^3$ (função cúbica) admite a função inversa $g: \mathbb{R} \to \mathbb{R}$ dada por $g(x) = \sqrt[3]{x}$ (raiz cúbica). Graficamente,

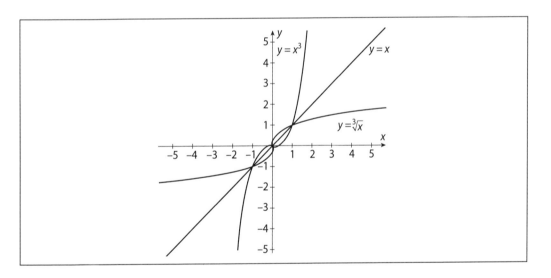

EXERCÍCIOS PROPOSTOS

P 5.1 Dadas as funções $f(x) = \dfrac{1}{x}$ e $g(x) = x^2 + 1$, determine $fog(x)$ e $gof(x)$.

P 5.2 Dadas as funções $f(x) = \sqrt{x}$ e $g(x) = x^2 + 2x$, determine $fog(x)$ e $gof(x)$.

P 5.3 Dadas as funções $f(x) = x + 3$ e $g(x) = x^3$, determine $fog(x)$ e $gof(x)$.

Funções do 1º e 2º graus   **135**

P 5.4 Dada a função $f(x) = 3x + 4$, sabendo que ela é bijetora, determine sua inversa $f^{-1}(x)$.

P 5.5 Verifique se a função $f(x) = \dfrac{5x - 3}{x - 1}$, com $D(f) = \mathbb{R} - \{1\}$ e $Im(f) = \mathbb{R} - \{5\}$ é sobrejetora e, se for, determine sua inversa $f^{-1}(x)$.

RESPOSTAS DOS EXERCÍCIOS PROPOSTOS

P 5.1 $fog(x) = \dfrac{1}{x^2 + 1}$

         $gof(x) = \dfrac{1 + x^2}{x^2}$

P 5.2 $fog(x) = \sqrt{x^2 + 2x}$

         $gof(x) = x + 2\sqrt{x}$

P 5.3 $fog(x) = x^3 + 3$

         $gof(x) = x^3 + 9x^2 + 27x + 27$

P 5.4 $f^{-1}(x) = \dfrac{x - 4}{3}$

P 5.5 $f^{-1}(x) = \dfrac{x - 3}{x - 5}$

OPERAÇÕES COM FUNÇÕES

Dados dois conjuntos não vazios A e B, subconjuntos do conjunto $\mathbb{R}$, sejam duas funções $f: A \to \mathbb{R}$ e $g: B \to \mathbb{R}$. A partir delas, podemos construir outras funções. Vamos representar por D o conjunto dos $x \in \mathbb{R}$, para os quais são definidas $f(x)$ e $g(x)$, simultaneamente, ou seja, $D = A \cap B$.

6.1 FUNÇÃO SOMA

Denominamos a função soma de f e g à função $h: D \to \mathbb{R}$ que é definida por

$$h(x) = f(x) + g(x), \forall x \in D. \text{ Indicamos } h = f + g$$

Exemplo:

E 6.1

Sendo $f: \mathbb{R} \to \mathbb{R}$ dada por $f(x) = x^2$ e $g: \mathbb{R} \to \mathbb{R}$ dada por $g(x) = x$, a soma $f + g$ é a função $h: \mathbb{R} \to \mathbb{R}$, tal que $h(x) = f(x) + g(x) = x^2 + x$.

6.2 FUNÇÃO PRODUTO

Denominamos o produto de f e g à função $h: D \to \mathbb{R}$ que é definida por

$$h(x) = f(x) \cdot g(x), \forall x \in D. \text{ Indicamos } h = f \cdot g$$

Exemplo:

E 6.2

Sendo $f: \mathbb{R} \to \mathbb{R}$ dada por $f(x) = x^2$ e $g: \mathbb{R} \to \mathbb{R}$ dada por $g(x) = x$, o produto $f \cdot g$ é a função $h: \mathbb{R} \to \mathbb{R}$, tal que $h(x) = f(x) \cdot g(x) = x^2 \cdot x = x^3$.

6.2.1 FUNÇÃO PRODUTO DE UM NÚMERO REAL POR UMA FUNÇÃO

Sendo c um número real dado, representando por $c.f$ a função $h: A \to \mathbb{R}$ que é definida por $h(x) = c.f(x)$, $\forall\, x \in A$.

Exemplo:

E 6.3

Sendo $f: \mathbb{R} \to \mathbb{R}$ dada por $f(x) = x^2$ e $c = 5$, temos $h(x) = 5x^2$, $\forall\, \mathrm{x} \in \mathbb{R}$.

6.3 FUNÇÃO QUOCIENTE

Consideremos $D^* = \{x \in D\,/\,g(x) \neq 0\}$. Denominamos função quociente de f por g a função $h: D^* \to \mathbb{R}$, que é definida por $h(x) = \dfrac{f(x)}{g(x)}$, $\forall\, x \in D^*$. Indicamos $h = \dfrac{f}{g}$.

6.4 FUNÇÃO RACIONAL

Quando $f(x)$ e $g(x)$ são funções polinomiais, a função $\dfrac{f}{g}$ é chamada função racional.

Exemplos:

E 6.4 Para $f: \mathbb{R} \to \mathbb{R}$ dada por $f(x) = x^2$ e $g: \mathbb{R} \to \mathbb{R}$ dada por $g(x) = x - 2$, a função $h(x) = \dfrac{f(x)}{g(x)}$ é definida por $h(x) = \dfrac{x^2}{x-2}$ e seu domínio é $D = \{x \in \mathbb{R}\,/\,x - 2 \neq 0\} = \{x \in \mathbb{R}\,/\,x \neq 2\} = \mathbb{R} - \{2\}$.

E 6.5 Determinar o domínio da função racional definida por $h(x) = \dfrac{2x+3}{x^2-5x+6}$.

As funções polinomiais $f(x) = 2x + 3$ e $g(x) = x^2 - 5x + 6$ têm domínio igual a $\mathbb{R}$, logo a função h está definida em $D = \{x \in \mathbb{R}\,/\,x^2 - 5x + 6 \neq 0\} = \mathbb{R} - \{x \in \mathbb{R}\,/\,x^2 - 5x + 6 = 0\}$

Resolvendo a equação $x^2 - 5x + 6 = 0$, $x = \dfrac{5 \pm \sqrt{25 - 4 \cdot 1 \cdot 6}}{2 \cdot 1}$, ou seja, $x' = 3$ e $x'' = 2$. Portanto,

$$D = \{\, x \in \mathbb{R}\,/\,x \neq 2 \wedge x \neq 3\} = \mathbb{R} - \{2;\, 3\}$$

6.5 FUNÇÃO RECÍPROCA OU FUNÇÃO HIPÉRBOLE EQUILÁTERA

A função $f(x) = \dfrac{1}{x}$ que é definida para todo $x \neq 0$, é denominada função recíproca ou função hipérbole equilátera. Tracemos o gráfico da função, determinando alguns pontos, conforme a tabela:

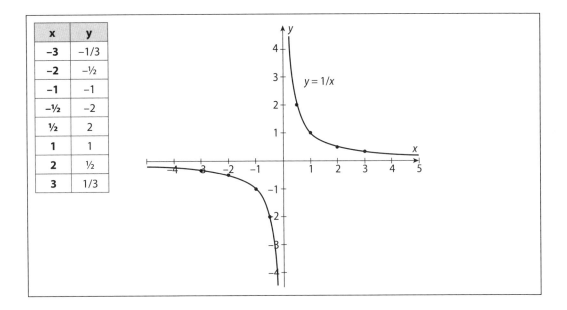

Observando o gráfico, concluímos que:

1) Para $x > 0$, temos:
   a) $y > 0$;
   b) aumentando os valores de x, diminuem em correspondência os valores de y, ou seja, a função $y = \dfrac{1}{x}$ é decrescente no intervalo $]0, \infty[$.

2) Para $x < 0$, concluímos que $y < 0$ e, resumidamente, para $x \in]-\infty, 0[$, quando os valores de x aumentam, os de y diminuem, isto é, a função $y = \dfrac{1}{x}$ **é decrescente no intervalo** $]-\infty, 0[$.

3) O gráfico é uma hipérbole equilátera e x, y se aproximam dos eixos sem tocar neles. Os eixos são denominados assíntotas da hipérbole.

4) O domínio e a imagem da função é $\mathbb{R}^* = \mathbb{R} - \{0\}$.

6.6 FUNÇÃO DEFINIDA POR RADICAIS

A função $f(x) = \sqrt{x}$ é denominada função raiz quadrada de x, seu domínio é dado por $D(f) = \{x \in \mathbb{R} \,/\, x \geq 0\} = \mathbb{R}_+$ e sua imagem $\text{Im}(f) = \{y \in \mathbb{R} \,/\, y \geq 0\} = \mathbb{R}_+$. Notando que se $y = \sqrt{x}$, então $y^2 = x$,

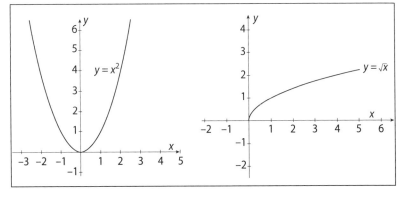

podemos concluir que o gráfico de $y = \sqrt{x}$ é parte de uma parábola. De fato, o gráfico da relação $x = y^2$ é uma parábola de concavidade à direita ou positiva, concordante com o sinal positivo do eixo Ox. Podemos traçar o gráfico de $y = \sqrt{x}$, com o auxílio da função inversa $y = x^2$, com a restrição de $x \geq 0$.

6.6.1 PROPRIEDADES

Dado um número real positivo a, ou seja, $a > 0$, temos:

1°) $\sqrt{x} = a \Leftrightarrow x = a^2$ 2°) $\sqrt{x} < a \Leftrightarrow 0 \leq x < a^2$ 3°) $\sqrt{x} > a \Leftrightarrow x > a^2$

> **Observação**
>
> $\sqrt{x} \geq 0, \forall\, x \geq 0$

Exemplo:

E 6.6

a) $\sqrt{x} = 2 \Leftrightarrow x = 2^2 = 4$

b) $\sqrt{x} < 2 \Leftrightarrow 0 \leq x < 2^2 \Leftrightarrow 0 \leq x < 4$

c) $\sqrt{x} > 2 \Leftrightarrow x > 2^2 \Leftrightarrow x > 4$

d) $\sqrt{x} > -2$ vale $\forall\, x \geq 0$, pois $0 > -2$

6.7 FUNÇÃO COMPOSTA $\sqrt{f(x)}$

Se $f(x)$ é uma função real de domínio D e $g(x) = \sqrt{x}$, então a função composta $g{\circ}f(x)$ é dada por $h(x) = g{\circ}f(x) = g(f(x)) = \sqrt{f(x)}$. O domínio desta função é:

$$D(h) = \{x \in D \,/\, f(x) \geq 0\}$$

Exemplo:

E 6.7

Determinar o domínio da função $h(x) = \sqrt{2x - 4}$:

Como a condição é $f(x) \geq 0$, temos $2x - 4 \geq 0$, ou ainda, $2x \geq 4$, daí, $x \geq 2$.

$$D(h) = \{x \in \mathbb{R} \,/\, x \geq 2\}$$

EXERCÍCIOS PROPOSTOS

P 6.1 Dadas as funções $f(x) = 2x + 1$ e $g(x) = x + 2$, determine e esboce o gráfico de:

a) $(f + g)(x)$;   c) $3f(x)$;

b) $(f.g)(x)$;   d) $3f(x) - g(x)$.

P 6.2 A partir da função $f(x) = 3x+1$, esboce o gráfico de:
a) $f(x)+1$;
b) $f(x)-1$;
c) $f(x+1)$;
d) $f(x-1)$.

P 6.3 Determine o domínio de:
a) $f(x) = \dfrac{x+2}{x-3}$;
b) $g(x) = \dfrac{2x-3}{(x+2)(x-5)}$;
c) $h(x) = \dfrac{x^2-2x+1}{x^2-5x+6}$.

P 6.4 Determine o mais amplo domínio de:
a) $f(x) = \sqrt{x^2-7x+12}$,
b) $g(x) = \sqrt{\dfrac{x-3}{(x+3)(x-1)}}$;
c) $h(x) = \sqrt{\dfrac{x+3}{x^2+x-12}}$

RESPOSTAS DOS EXERCÍCIOS PROPOSTOS

P 6.1
a) $(f+g)(x) = 3x+3$
b) $(f \cdot g)(x) = 2x^2 + 3x + 2$
c) $3f(x) = 6x+3$
d) $3f(x) - g(x) = 5x+1$

P 6.2
a) $f(x)+1 = 3x+2$
b) $f(x)-1 = 3x$
c) $f(x+1) = 3x+4$
d) $f(x-1) = 3x-2$

a)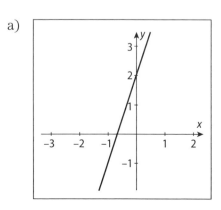

b)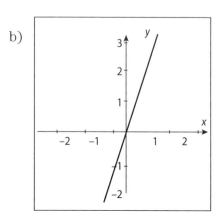

c)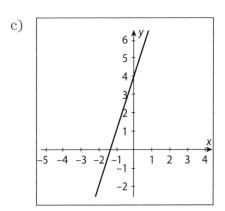

d)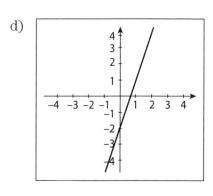

P 6.3

D(f) = $\mathbb{R} - \{3\}$;

D(f) = $\mathbb{R} - \{-2;3\}$;

D(f) = $\mathbb{R} - \{2;3\}$.

P 6.4

D(f) = $]-\infty;3]\cup[4;\infty[$.

D(f) = $]-3;1[\cup[3;\infty[$.

D(f) = $]-4;-3]\cup]3;\infty[$.

7 FUNÇÃO MODULAR

7.1 MÓDULO DE UM NÚMERO REAL

Definimos o módulo ou valor absoluto de um número real a, da seguinte forma:

$$|a| = \begin{cases} a, \text{ se } a \geq 0 \\ \text{ou} \\ -a, \text{ se } a < 0 \end{cases}$$

Assim, se formos representar na reta real:

```
              a < 0        |        a ≥ 0
          ⎵⎵⎵⎵⎵⎵⎵     ⎵⎵⎵⎵⎵⎵⎵⎵⎵⎵⎵→ x
            |a| = -a              |a| = a
```

Exemplo:

E 7.1 Vamos apresentar o módulo de alguns números reais:

a) $|5| = 5$

b) $|0| = 0$

c) $|-½| = -(-½) = ½$

d) $|x - 2| = \begin{cases} x - 2, \text{ se } x - 2 \geq 0 \Rightarrow x \geq 2 \\ \text{ou} \\ -(x - 2), \text{ se } x - 2 < 0 \Rightarrow x < 2 \end{cases}$

Logo, se $x = 1$, como $1 < 2$, $|1 - 2| = -(1 - 2) = 1$.

7.1.1 PROPRIEDADES

Dados quaisquer $x, y \in \mathbb{R}$, temos:

1) $|x| \geq 0$ e $|x| \geq x$;
2) $|x|^2 = x^2$
3) $\sqrt{x^2} = |x|$
4) $|-x| = |x|$
5) $|x| = |y| \Leftrightarrow (x = y \vee x = -y)$
6) $|x| = a \Leftrightarrow (x = -a \vee x = a)$, para $a > 0$
7) $|x| < a \Leftrightarrow (-a < x < a)$, para $a > 0$
8) $|x| > a \Leftrightarrow (x < -a \vee x > a)$, para $a > 0$
9) $|x + y| \leq |x| + |y|$ – desigualdade triangular
10) $|x - y| \geq |x| - |y|$
11) $|x \cdot y| = |x| \cdot |y|$
12) $\left|\dfrac{x}{y}\right| = \dfrac{|x|}{|y|}$, para $y \neq 0$

7.2 FUNÇÃO MODULAR

Uma função $f: \mathbb{R} \to \mathbb{R}$ é denominada função modular se cada elemento $x \in \mathbb{R}$ associa o elemento $|x| \in \mathbb{R}$ definido por:

$$y = f(x) = |x| = \begin{cases} x, \text{ se } x \geq 0 \\ \text{ou} \\ -x, \text{ se } x < 0 \end{cases}$$

Para traçar o gráfico da função, observamos que:

Se $x \geq 0$, então $y = |x| = x$ é uma semirreta que tem a direção da reta bissetriz do 1º quadrante e se $x < 0$, temos que $y = |x| = -x$ é uma semirreta que tem a direção da bissetriz do 2º quadrante:

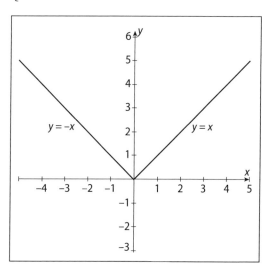

Domínio da função: $D(f) = \mathbb{R}$

Imagem da função: $\text{Im}(f) = \mathbb{R}_+$ (conjunto dos números reais não negativos)

Exemplo:

E 7.2

Esboçar o gráfico da função $f(x) = |x - 2| + 1$.

Resolução: Pela definição,
$$f(x) = |x-2| + 1 = \begin{cases} (x-2)+1, & \text{para } x-2 \geq 0 \\ \text{ou} \\ -(x-2)+1, & \text{para } x-2 < 0 \end{cases}$$

Ou ainda,
$$f(x) = x - 1, \text{ para } x \geq 2 \text{ e } f(x) = -x + 3, \text{ para } x < 2.$$

Para fazer o gráfico, devemos separar em duas partes:

Para $x \geq 2$, $y = x - 1$:

x	y = x − 1
2	1
3	2

Para $x < 2$, $y = -x + 3$

x	y = −x + 3
0	3
1	2

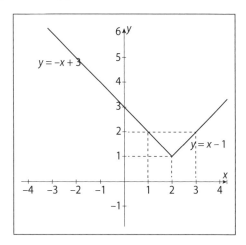

7.3 FUNÇÕES MODULARES COMPOSTAS

Dada uma função real $f: \mathbb{R} \to \mathbb{R}$, definida por $y = f(x)$, se $g(x) = |x|$, então temos $h(x) = g \circ f(x) = g(f(x)) = |f(x)|$. A função composta $h(x)$ é definida por duas sentenças:

$$h(x) = \begin{cases} f(x), & \text{se } f(x) \geq 0 \\ \text{ou} \\ -f(x), & \text{se } f(x) < 0 \end{cases}$$

e é denominada função modular composta.

Para esta função temos as seguintes propriedades, sendo a um número real positivo:

a) $|f(x)| = a \Leftrightarrow (f(x) = a \text{ ou } f(x) = -a)$ c) $|f(x)| > a \Leftrightarrow (f(x) < -a \text{ ou } f(x) > a)$
b) $|f(x)| < a \Leftrightarrow (-a < f(x) < a)$

Exemplo:

E 7.3

Dada a função $g: \mathbb{R} \to \mathbb{R}$ dada por $g(x) = x^2 - 2x$, esboçar o gráfico da função $f(x) = |g(x)|$.

Resolução:

$$f(x) = |g(x)| = |x^2 - 2x| = \begin{cases} x^2 - 2x, & \text{se } x^2 - 2x \geq 0 \\ \text{ou} \\ -(x^2 - 2x), & \text{se } x^2 - 2x < 0 \end{cases}$$

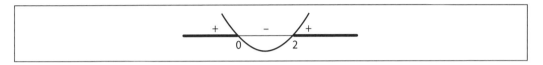

Resolvendo $x^2 - 2x \geq 0$, segue que $x \leq 0$ ou $x \geq 2$ e para $x^2 - 2x < 0$ temos $0 < x < 2$. Logo,

$$f(x) = \begin{cases} y_1 = x^2 - 2x, & \text{se } x \leq 0 \text{ ou } x \geq 2 \\ y_2 = -x^2 + 2x, & \text{se } 0 < x < 2 \end{cases}$$

E o gráfico de $f(x)$ coincide com as parábolas em y_1 e y_2 nos respectivos intervalos.

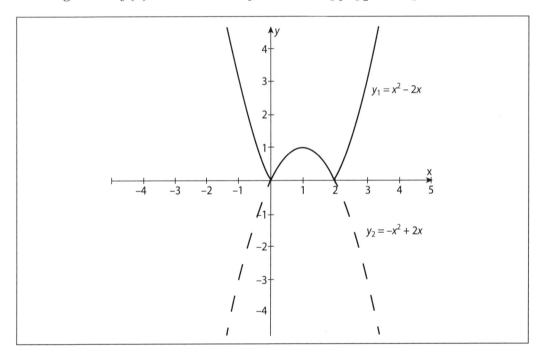

7.4 EQUAÇÕES MODULARES

Consideremos a igualdade $|x| = a$, $\forall\, a \in \mathbb{R}_+$, ou seja, $a \geq 0$. Neste caso,

$$|x| = a \begin{cases} \text{se } x \geq 0, \text{ temos } |x| = x, \text{ logo } x = a \\ \text{ou} \\ \text{se } x < 0, \text{ temos } |x| = -x, \text{ logo } x = -a \end{cases}$$

Segue da propriedade 6:

$$|x| = a \Rightarrow \begin{cases} x = a \\ \text{ou} \\ x = -a \end{cases}$$

Exemplos:

E 7.4 Resolver a equação $|7 - 2x| = 5$.

Resolução:

Pela propriedade 6,

$$|7 - 2x| = 5 \Rightarrow \begin{cases} 7 - 2x = 5 \\ \text{ou} \\ 7 - 2x = -5 \end{cases}$$

1º) $7 - 2x = 5 \Rightarrow 2x = 7 - 5 \Rightarrow 2x = 2 \Rightarrow x = 1$

2º) $7 - 2x = -5 \Rightarrow 2x = 7 + 5 \Rightarrow x = 12/2 \Rightarrow x = 6$

De fato, para $x = 1$, temos $|7 - 2.(1)| = |5| = 5$ e para $x = 6$, segue que
$|7 - 2 \cdot (6)| = |-5| = 5$

Resposta: S = {1; 6}.

E 7.5 Resolver a equação $|2x + 3| = |3x + 2|$.

Resolução:

Pela propriedade 5 temos,

$$|2x + 3| = |3x + 2| \Rightarrow \begin{cases} 2x + 3 = 3x + 2 \\ \text{ou} \\ 2x + 3 = -3x - 2 \end{cases}$$

1º) $2x + 3 = 3x + 2 \Rightarrow 3x - 2x = 3 - 2 \Rightarrow x = 1$

2º) $2x + 3 = -3x - 2 \Rightarrow 2x + 3x = -2 - 3 \Rightarrow 5x = -5 \Rightarrow x = -1$

Verificando,

Se $x = 1$, temos $|2 \cdot (1) + 3| = |3 \cdot (1) + 2| \Rightarrow |5| = |5|$, o que é verdade e se $x = -1$,
segue que $|2 \cdot (-1) + 3| = |3 \cdot (-1) + 2| \Rightarrow |1| = |-1|$, o que também é verdade, segundo
a propriedade 4.

Resposta: S = {-1; 1}.

E 7.6 Resolver a equação $|2x + 1| = 5$.

Resolução:

Pela propriedade 6,

$$|2x + 1| = 5 \Rightarrow \begin{cases} 2x + 1 = 5 \\ \text{ou} \\ 2x + 1 = -5 \end{cases}$$

1°) $2x + 1 = 5 \Rightarrow 2x = 5 - 1 \Rightarrow 2x = 4 \Rightarrow x = 2$

2°) $2x + 1 = -5 \Rightarrow 2x = -5 - 1 \Rightarrow 2x = -6 \Rightarrow x = -3$

De fato, para $x = 2$, temos $|2 \cdot (2) + 1| = |5| = 5$ e para $x = -3$, segue que $|2 \cdot (-3) + 1| = |-5| = 5$

Resposta: S = {–3; 2}.

E 7.7 Resolver a equação $|x^2 - 7x + 8| = 2$.

Resolução:

Pela propriedade 6,

$$\left|x^2 - 7x + 8\right| = 2 \Rightarrow \begin{cases} x^2 - 7x + 8 = 2 \\ \text{ou} \\ x^2 - 7x + 8 = -2 \end{cases}$$

1°) $x^2 - 7x + 8 = 2 \Rightarrow x^2 - 7x + 6 = 0 \Rightarrow$

$$x = \frac{7 \pm \sqrt{49 - 24}}{2} = \frac{7 \pm 5}{2} = \begin{cases} x = 1 \\ x = 6 \end{cases}$$

2°) $x^2 - 7x + 8 = -2 \Rightarrow x^2 - 7x + 10 = 0 \Rightarrow$

$$x = \frac{7 \pm \sqrt{49 - 40}}{2} = \frac{7 \pm 3}{2} = \begin{cases} x = 2 \\ x = 5 \end{cases}$$

Resposta: S = {1; 2; 5; 6}

7.5 INEQUAÇÕES MODULARES

Para resolver as inequações modulares, utilizaremos as propriedades b) e c) das funções compostas modulares, ou seja, para $a > 0$, $a \in \mathbb{R}$:

1) $|f(x)| < a \Leftrightarrow (-a < f(x) < a)$

2) $|f(x)| > a \Leftrightarrow (f(x) < -a \text{ ou } f(x) > a)$

Exemplos:

E 7.8 Resolver a inequação $|3x - 6| < 3$.

Resolução:

Utilizaremos a propriedade 1 apresentada acima, então:

$-3 < 3x - 6 < 3$

$-3 + 6 < 3x < 3 + 6$

$3 < 3x < 9$

$1 < x < 3$

Resposta: S = {$x \in \mathbb{R} / 1 < x < 3$}

Função modular

E 7.9 Determinar o domínio real da função $f(x) = \sqrt{|x| - 2}$.

Resolução:

Como a condição é $f(x) = \sqrt{g(x)}$, temos que $g(x) \geq 0$, ou seja, $|x| - 2 \geq 0$, ou, $|x| \geq 2$. Pela propriedade 8, $|x| \geq 2 \Leftrightarrow (x \leq -2 \vee x \geq 2)$.

Resposta: $D(f) = \{x \in \mathbb{R} \, / \, x \leq -2 \vee x \geq 2\}$.

EXERCÍCIOS PROPOSTOS

P 7.1 Resolva em $\mathbb{R}$ a equação $|3x - 2| = 4$.

P 7.2 Resolva em $\mathbb{R}$ a equação $|x|^2 - 5|x| + 6 = 0$.

P 7.3 Resolva em $\mathbb{R}$ a equação $|x^2 - 3x - 1| = 3$.

P 7.4 Resolva em $\mathbb{R}$ a equação $|2x + 3| = |x - 2|$.

P 7.5 Resolva em $\mathbb{R}$ a equação $|x^2 + x - 5| = |4x - 1|$.

P 7.6 Resolva em $\mathbb{R}$ a equação $|x + 2| + |2x - 3| = 10$.

P 7.7 Resolva em $\mathbb{R}$ a inequação $\left| x - \dfrac{1}{2} \right| < 3$.

P 7.8 Resolva em $\mathbb{R}$ a inequação $|x - 3| > 1 - 4x$.

P 7.9 Resolva em $\mathbb{R}$ a inequação $|x| + |x - 1| > 5$.

P 7.10 Resolva em $\mathbb{R}$ a inequação $|2x - 4| - 3 < |1 - x|$.

RESPOSTAS DOS EXERCÍCIOS PROPOSTOS

P 7.1 S = {–2/3, 2}

P 7.2 S = {–3, –2, 2, 3}

P 7.3 S = {–1, 1, 2, 4}

P 7.4 S = {–5, –1/3}

P 7.5 S = {–6, –1, 1, 4}

P 7.6 S = {–3, 11/3}

P 7.7 S = $\{x \in \mathbb{R} \ / -5/2 < x < 7/2\}$

P 7.8 S = $\{x \in \mathbb{R} \ / \ x > -2/3\}$

P 7.9 S = $\{x \in \mathbb{R} \ / \ x < -2 \lor x > 3\}$

P 7.10 S = $\{x \in \mathbb{R} \ / \ 0 < x < 6\}$

8 FUNÇÃO EXPONENCIAL

Denominamos função exponencial de base a, $a > 0$ e $a \neq 1$ à função $f(x) = a^x$ onde $x \in \mathbb{R}$. Em símbolos,

$$f: \mathbb{R} \to \mathbb{R}$$

$$y = a^x, a > 0 \text{ e } a \neq 1$$

O domínio da função exponencial é $D(f) = \mathbb{R}$ e a imagem é $\text{Im}(f) = \mathbb{R}_+^*$.

Com relação ao gráfico da função $f(x) = a^x$, podemos afirmar que:

- A curva está toda acima do eixo das abscissa, pois $y = a^x > 0$, $\forall\, x \in \mathbb{R}$;
- Intercepta o eixo das ordenadas (Oy) no ponto $(0, 1)$;
- $f(x) = a^x$ é crescente se $a > 1$ e decrescente se $0 < a < 1$.

Exemplos:

Esboçar o gráfico das funções exponenciais:

E 8.1 $y = 2^x$

Vamos tabelar alguns números para esboçar o gráfico:

x	y = 2^x
−3	1/8
−2	1/4
−1	1/2
0	1
1	2
2	4
3	8

E 8.2 $y = \left(\dfrac{1}{2}\right)^x$

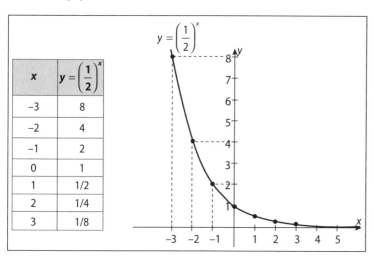

8.1 EQUAÇÃO EXPONENCIAL

Na equação exponencial da forma $a^x = b$, onde a e b são números reais conhecidos, $a > 0$ e $a \neq 1$ e x é incógnita. Se conseguirmos expressar o número b como uma potência de base a, isto é, $b = a^\alpha$, então utilizaremos a equivalência:

$$a^x = a^\alpha \Leftrightarrow x = \alpha$$

De modo geral,

$$a^{f(x)} = a^{g(x)} \Leftrightarrow f(x) = g(x)$$

Exemplos:

E 8.3 Resolver a equação $2^x = \dfrac{1}{16}$.

Resolução:

Como $\dfrac{1}{16} = \dfrac{1}{2^4} = 2^{-4}$, então $2^x = \dfrac{1}{16} = 2^{-4}$, ou seja, $x = -4$.

Verificando:
$2^x = \dfrac{1}{16} \Rightarrow 2^{-4} = \dfrac{1}{2^4} = \dfrac{1}{16}$.

Resposta: S = {−4}.

E 8.4 Resolver a equação $8^{x^2+2} = 16^{x+\frac{3}{2}}$

Resolução:

Fatorando as bases, temos: $\left(2^3\right)^{x^2+2} = \left(2^4\right)^{x+\frac{3}{2}}$

Distribuindo os expoentes: $2^{3(x^2+2)} = 2^{4(x+\frac{3}{2})}$

Igualando os expoentes:

$3x^2 + 6 = 4x + 4 \cdot \dfrac{3}{2}$

$3x^2 + 6 = 4x + 6$

$3x^2 - 4x = 0$

$x(3x - 4) = 0 \Rightarrow x = 0$ ou $x = \dfrac{4}{3}$.

Verificando:

Para $x = 0$: $8^{0+2} = 16^{0+\frac{3}{2}} \Rightarrow 8^2 = 16^{\frac{3}{2}} \Rightarrow 2^6 = 2^{4\cdot\frac{3}{2}} \Rightarrow 2^6 = 2^6$.

Para $x = \dfrac{4}{3}$: $8^{\left(\frac{16}{9}+2\right)} = 16^{\left(\frac{4}{3}+\frac{3}{2}\right)} \Rightarrow 2^{3\left(\frac{16}{6}+2\right)} = 2^{4\cdot\left(\frac{4}{3}+\frac{3}{2}\right)} \Rightarrow 2^{\left(\frac{16}{3}+6\right)} = 2^{\left(\frac{16}{3}+6\right)}$

Resposta: S = $\{0; \dfrac{4}{3}\}$.

8.2 INEQUAÇÕES EXPONENCIAIS

Denominamos inequações exponenciais as sentenças da forma: $a^x > b$, $a^x \geq b$, $a^x < b$ e $a^x \leq b$, onde a e b são números reais dados tal que $a > 0$ e $a \neq 1$, onde x é a incógnita procurada. Se conseguirmos expressar o número b como uma potência de base a, isto é, $b = a^{\alpha}$, então teremos:

$$a^x > a^{\alpha}, a^x \geq a^{\alpha}, a^x < a^{\alpha} \text{ e } a^x \leq a^{\alpha}.$$

A resolução dessas inequações baseia-se na propriedade do crescimento ou decrescimento da função exponencial de base a. Logo, temos:

1º) se $a > 1$, $y = a^x$ é crescente, então:

$$a^{f(x)} > a^{g(x)} \Leftrightarrow f(x) > g(x)$$

2º) se $0 < a < 1$, $y = a^x$ é decrescente, então:

$$a^{f(x)} > a^{g(x)} \Leftrightarrow f(x) < g(x)$$

Exemplos:

E 8.5 Resolver a inequação $9^x \geq \dfrac{1}{27}$.

Resolução:

Vamos expressar os dois membros como potências de mesma base:

$$9^x \geq \dfrac{1}{27} \Leftrightarrow 3^{2x} \geq 3^{-3}$$

Como a base é maior que 1, mantemos o mesmo sentido da desigualdade, logo:

$2x \geq -3$, ou seja, $x \geq \dfrac{-3}{2}$.

Verificando:

Se $x = 1 > \dfrac{-3}{2}$, então temos $9^1 > \dfrac{1}{27}$

Resposta: S = $\{x \in \mathbb{R} \ / \ x \geq \dfrac{-3}{2}\}$.

E 8.6 Resolver a inequação $\left(\dfrac{1}{2}\right)^{x^2+2} \leq \left(\dfrac{1}{4}\right)^{\frac{3x}{2}}$

Resolução:

$$\left(\dfrac{1}{2}\right)^{x^2+2} \leq \left(\dfrac{1}{4}\right)^{\frac{3x}{2}} \Leftrightarrow \left(\dfrac{1}{2}\right)^{x^2+2} \leq \left(\dfrac{1}{2}\right)^{2 \cdot \frac{3x}{2}} \Leftrightarrow \left(\dfrac{1}{2}\right)^{x^2+2} \leq \left(\dfrac{1}{2}\right)^{3x}$$

Como a base é menor que 1, devemos inverter a desigualdade, assim:

$$x^2 + 2 \geq 3x \Leftrightarrow x^2 - 3x + 2 \geq 0.$$

Vamos determinar as raízes de $x^2 - 3x + 2 = 0$:

$$x = \dfrac{3 \pm \sqrt{9-8}}{2} = \dfrac{3 \pm 1}{2} \begin{cases} x' = 1 \\ x'' = 2 \end{cases}$$

Analisando o sinal da parábola pelo gráfico, temos:

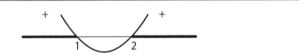

Neste caso, $x \leq 1$ ou $x \geq 2$.

Verificando:

Se $x = 0 < 1 \Rightarrow \left(\dfrac{1}{2}\right)^{0+2} \leq \left(\dfrac{1}{4}\right)^{0} \Rightarrow \dfrac{1}{4} \leq 1$

Se $x = 3 > 2 \Rightarrow \left(\dfrac{1}{2}\right)^{3^2+2} \leq \left(\dfrac{1}{4}\right)^{3 \cdot \frac{3}{2}} \Rightarrow \left(\dfrac{1}{2}\right)^{11} \leq \left(\dfrac{1}{2}\right)^{9}$

Resposta: S = $\{x \in \mathbb{R} \ / \ x \leq 1 \vee x \geq 2\}$.

EXERCÍCIOS PROPOSTOS

P 8.1 Determine o valor de x nas equações exponenciais:

a) $5^{4x-3} = 25$

b) $7^{2-3x} = 343$

Função exponencial

P 8.2 Resolva as seguintes equações exponenciais em $\mathbb{R}$:

a) $4^x - 6 \cdot 2^x + 8 = 0$

b) $9^x - 2 \cdot 3^x - 3 = 0$

P 8.3 Resolva as seguintes inequações exponenciais em $\mathbb{R}$:

a) $2^{3x-1} \leq \dfrac{1}{8}$

b) $3^{5-2x} > 243$

P 8.4 Resolva em $\mathbb{R}$:

a) $2^x + 2^{x+1} + 2^{x+3} \geq 22$

b) $25^x - 3.5^x - 10 > 0$

RESPOSTAS DOS EXERCÍCIOS PROPOSTOS

P 8.1 a) $x = \dfrac{5}{4}$; b) $x = -\dfrac{1}{3}$.

P 8.2 a) $S = \{1; 2\}$; b) $S = \{1\}$.

P 8.3 a) $S = \{x \in \mathbb{R} / \ x \leq -\dfrac{2}{3}\}$; b) $S = \{x \in \mathbb{R} / \ x < 0\}$.

P 8.4 a) $S = \{x \in \mathbb{R} / \ x \geq 1\}$; b) $S = \{x \in \mathbb{R} / \ x > 1\}$.

9.1 LOGARITMO

Seja a um número real positivo e diferente de 1 ($a > 0$ e $a \neq 1$). Se $b > 0$, então o número x que é solução da equação $a^x = b$ é denominado logaritmo de b na base a. Em símbolos,

$$\log_a b = x \Leftrightarrow a^x = b$$

Quanto à expressão acima, dizemos que:

- a é a base do logaritmo
- b é o logaritmando (ou antilogaritmo)
- x é o logaritmo de b na base a

Exemplos:

Calcular os logaritmos abaixo usando a definição:

E 9.1 $\log_2 8$

$$\log_2 8 = x \Leftrightarrow 2^x = 8 \Leftrightarrow 2^x = 2^3 \Rightarrow x = 3$$

Então $\log_2 8 = 3$, pois $2^3 = 8$.

E 9.2 $\log_4 16$

$$\log_4 16 = x \Leftrightarrow 4^x = 16 \Leftrightarrow 2^{2x} = 2^4 \Rightarrow 2x = 4 \Leftrightarrow x = 2$$

Então $\log_4 16 = 2$, pois $4^2 = 16$.

Matemático inglês, publicou em 1617 uma tabela contendo os logaritmos decimais dos números de 1 a 1.000. As tabelas (ou tábuas) de logaritmos facilitaram bastante alguns cálculos antes muito trabalhosos e demorados. Com o desenvolvimento tecnológico e com o advento de outros recursos como máquinas de calcular, computadores etc. a utilização de tábuas de logaritmo em cálculos trabalhosos caiu em desuso. Entretanto, a teoria dos logaritmos continua sendo muito importante pelas suas aplicações, não apenas em Matemática, mas também na Física, na Química, na Biologia, na Economia e em pesquisas de modo geral.
Imagem: http://www.google.com.br/search?q=henry+briggs&hl=pt-

HENRY BRIGGS
(1561-1639)

9.2 CONSEQUÊNCIAS DA DEFINIÇÃO

Para $0 < a \neq 1$, $b > 0$, $c > 0$ e $\alpha \in \mathbb{R}$, temos:

1) $\log_a 1 = 0$, pois $a^0 = 1$
2) $\log_a a = 1$, pois $a^1 = a$
3) $\log_a a^m = m$, pois $\log_a a^m = x \Leftrightarrow a^x = a^m \Rightarrow x = m$
4) $a^{\log_a b} = b$, pois $a^x = b \overset{def.}{\Leftrightarrow} x = \log_a b$, logo $a^{\log_a b} = b$

Observações
- Quando a base é igual a 10, podemos representar o logaritmo sem indicar o valor 10 da base. Assim temos $\log_{10} b = \log b$ e dizemos que os logaritmos formam o sistema de logaritmos decimais.
- Os logaritmos na base e são também denominados logaritmos naturais ou logaritmos neperianos, em homenagem a John Napier (ou Neper, 1550-1617), um escocês que não era matemático profissional, mas foi um dos iniciadores da teoria dos logaritmos. Notação: $\log_e b = \ln b$.

9.3 PROPRIEDADES OPERATÓRIAS DOS LOGARITMOS

9.3.1 LOGARITMO DO PRODUTO

O logaritmo do produto é igual à soma dos logaritmos dos fatores.

Ou seja, dados $0 < a \neq 1$ e $b_1, b_2, ..., b_n > 0$,

$$\log_a(b_1 \cdot b_2 \cdot ... \cdot b_n) = \log_a b_1 + \log_a b_2 + ... + \log_a b_n$$

Justificação

Usando a definição de logaritmo,

$$\log_a(b_1 \cdot b_2 \cdot ... \cdot b_n) = x \Leftrightarrow a^x = b_1 \cdot b_2 \cdot ... \cdot b_n \quad (1).$$

Vamos chamar de:

$$\log_a b_1 = y_1; \log_a b_2 = y_2; \ldots; \ \log_a b_n = y_n;$$

Então segue que,

$$a^{y_1} = b_1; a^{y_2} = b_2; \ldots ; a^{y_n} = b_n$$

Substituindo na expressão (1):

$$a^x = b_1 \cdot b_2 \ldots \cdot b_n = a^{y_1} \cdot a^{y_2} \ldots a^{y_n} = a^{y_1 + y_2 + \ldots + y_n}$$

Neste caso, $x = y_1 + y_2 + \ldots + y_n$, ou seja, em (1) novamente:

$$\log_a (b_1 \cdot b_2 \ldots \cdot b_n) = x = y_1 + y_2 + \ldots + y_n = \log_a b_1 + \log_a b_2 + \ldots + \log_a b_n.$$

9.3.2 LOGARITMO DO QUOCIENTE

O logaritmo do quociente é igual ao logaritmo do dividendo menos o logaritmo do divisor.

Ou seja, dados $0 < a \neq 1$, $b > 0$ e $c > 0$,

$$\log_a (b : c) = \log_a b - \log_a c$$

Justificação

Aplicando a definição para cada termo por:

- $\log_a (b : c) = x \Leftrightarrow a^x = b : c$ (1)
- $\log_a b = y_1 \Leftrightarrow a^{y_1} = b$ (2)
- $\log_a c = y_2 \Leftrightarrow a^{y_2} = c$ (3)

    Substituindo em (1) as igualdades (2) e (3), temos

    $$a^x = b : c = a^{y_1} : a^{y_2} = a^{y_1 - y_2} \Leftrightarrow x = y_1 - y_2 \Leftrightarrow \log_a (b : c) = \log_a b - \log_a c$$

9.3.3 LOGARITMO DA POTÊNCIA

O logaritmo na base a de x^p é igual ao produto do expoente p pelo logaritmo de x na mesma base a.

Ou seja, dados $0 < a \neq 1$, $x > 0$ e $p \in \mathbb{R}$,

$$\log_a (x^p) = p \cdot \log_a x$$

Justificação

Usando a definição de logaritmo,

- $\log_a x = y \Leftrightarrow a^y = x$, elevando ambos os membros à potência p, temos:
- $\left(a^y \right)^p = x^p \Leftrightarrow a^{y \cdot p} = x^p$, aplicando logaritmo na base a em ambos os lados:
- $\log_a x^p = \log_a a^{y \cdot p} = y \cdot p = p \cdot \log_a x$.

9.3.4 LOGARITMO DA RAIZ

O logaritmo da raiz *n-ésima* de um número x, em uma determinada base a é igual ao produto do inverso de n, pelo logaritmo de x na mesma base a.

Ou seja, dados $0 < a \neq 1$, $x > 0$ e $n \in \mathbb{N}^*$,

$$\log_a \sqrt[n]{x} = \frac{1}{n} \cdot \log_a x$$

Justificação

Basta escrever $\sqrt[n]{x} = x^{\frac{1}{n}}$ e utilizar a propriedade 3:

$$\log_a \sqrt[n]{x} = \log_a x^{\frac{1}{n}} = \frac{1}{n} \cdot \log_a x$$

9.4 MUDANÇA DE BASE

Dado o logaritmo de um número x em uma base a, vamos deduzir uma fórmula que permite calcular esse logaritmo em outra base b qualquer.

Dedução

Dado $\log_a x$ deseja-se calcular $\log_b x$. Vamos aplicar a definição de logaritmo:

- $\log_a x = y \Leftrightarrow a^y = x$, a esta última igualdade, vamos aplicar logaritmo de base b:

- $\log_b a^y = \log_b x$, aplicando a propriedade 3, $y \cdot \log_b a = \log_b x$. Substituindo o valor de y, temos: $\log_a x \cdot \log_b a = \log_b x$, ou ainda:

$$\log_a x = \frac{\log_b x}{\log_b a}$$

Propriedade

$$\log_b a \cdot \log_a b = 1$$

Justificação

Da definição, segue que $\log_b a = y \Leftrightarrow b^y = a$, aplicando a essa última igualdade o logaritmo de base a, temos:

- $\log_a b^y = \log_a a$, que pela propriedade 3, $y \cdot \log_a b = \log_a a$, como $\log_a a = 1$, segue que $y \cdot \log_a b = 1$, substituindo y, temos: $\log_b a \cdot \log_a b = 1$.

9.5 COLOGARITMO DE UM NÚMERO

Denomina-se cologaritmo de um número, em uma determinada base, ao logaritmo do inverso desse número, na mesma base. Ou seja,

$$\operatorname{colog}_a x = \log_a \left(\frac{1}{x}\right)$$

Propriedade

O cologaritmo de um número, em uma determinada base é igual ao logaritmo desse número, com o sinal trocado, na mesma base.

Justificação

$\operatorname{colog}_a x = \log_a\left(\dfrac{1}{x}\right) \overset{=}{_{P\cdot 2}} \log_a 1 - \log_a x = 0 - \log_a x = -\log_a x$, donde segue que:

$$\operatorname{colog}_a x = -\log_a x$$

Exemplos:

E 9.3 Dado o valor de $\log_{10} 2 = 0{,}3010$, calcular o valor de $\log_{10} 20$:

Resolução:

Como $\log_{10} 20 = \log(2 \cdot 10) = \log 2 + \log 10 = 0{,}3010 + 1 = 1{,}3010$.

    Resposta: $\log_{10} 20 = 1{,}3010$.

E 9.4 Supondo que $\log_2 3 = a$ e $\log_2 5 = b$, calcule em função de a e b o valor de $\log_2 30$:

Resolução:

Fatorando o número 30, podemos escrever $30 = 2 \times 3 \times 5$, logo:

$$\log_2 30 = \log_2(2 \cdot 3 \cdot 5) = \log_2 2 + \log_2 3 + \log_2 5 = 1 + a + b$$

    Resposta: $\log_2 30 = 1 + a + b$.

E 9.5 Calcular o valor de $\log_3 2 \cdot \log_4 3$:

Resolução:

Pela fórmula de mudança de base, vamos passar tudo para a base 2:

$$\log_3 2 \cdot \log_4 3 = \frac{\log_2 2}{\log_2 3} \cdot \frac{\log_2 3}{\log_2 4} = \frac{1}{\log_2 3} \cdot \frac{\log_2 3}{\log_2 2^2} = \frac{1}{\log_2 3} \cdot \frac{\log_2 3}{2\log_2 2} = \frac{1}{2}$$

    Resposta: $\dfrac{1}{2}$

9.6 FUNÇÃO LOGARÍTMICA

Dado um número real a, $a > 0$ e $a \neq 1$, denominamos função logarítmica de base a à função $y = f(x) = \log_a x$, definida para todo $x > 0$. Em símbolos,

$$f : \mathbb{R}_+^* \to \mathbb{R}$$

$$x \to y = f(x) = \log_a x$$

As funções f de $\mathbb{R}_+^*$ em $\mathbb{R}$ definida por $y = f(x) = \log_a x$ e g de $\mathbb{R}$ em $\mathbb{R}_+^*$ definida por $g(x) = a^x$; $0 < a \neq 1$, são inversas uma da outra, podemos observar isso, usando a definição de função inversa, do capítulo 5:

$$fog(x) = f(g(x)) = f(a^x) = \log_a a^x = x \cdot \log_a a = x \cdot 1 = x$$

Vamos exemplificar alguns gráficos das funções logarítmica e exponencial e fazer algumas observações sobre eles.

Exemplos:

E 9.6 Esboçar o gráfico da função $f(x) = \log_2 x$

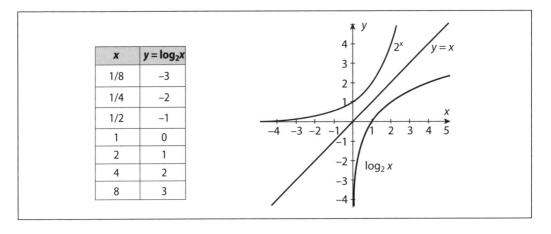

E 9.7 Esboçar o gráfico da função $f(x) = \log_{1/2} x$

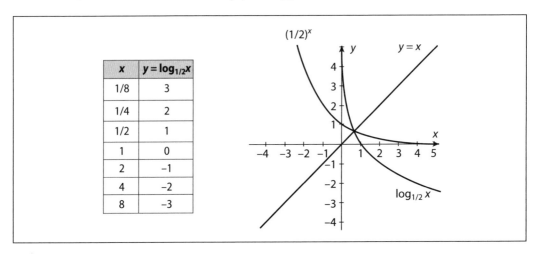

Com relação ao gráfico da função $f(x) = \log_a x$, $0 < a$ e $a \neq 1$, podemos afirmar:

1) Está todo à direita do eixo Oy;
2) Intercepta o eixo das abscissas no ponto $(1, 0)$;

3) $f(x) = \log_a x$ é crescente se $a > 1$ e decrescente se $0 < a < 1$;
4) É simétrico ao gráfico da função $g(x) = a^x$, em relação à reta bissetriz dos quadrantes ímpares $y = x$.

9.6.1 CONDIÇÕES DE EXISTÊNCIA DO LOGARITMO

Pela definição, para existir $y = f(x) = \log_a x$, devemos ter:
1°) $x > 0$;   2°) $a > 0$;   3°) $a \neq 1$.

Exemplo:

E 9.8 Determine a condição de existência de $\log_{(1-x)}(x^2 - 2x)$:

Resolução:

Para existir $\log_{(1-x)}(x^2 - 2x)$:
1°) $(x^2 - 2x) > 0$;   2°) $(1 - x) > 0$;   3°) $(1 - x) \neq 1$.

Vamos estudar cada condição de existência separadamente:

1°) $(x^2 - 2x) > 0$, então devemos determinar as raízes:
$(x^2 - 2x) = 0$
$x(x - 2) = 0$
$x = 0$ ou $x = 2$

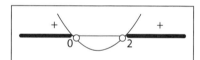

2°) $(1 - x) > 0$, então $1 > x$

3°) $(1 - x) \neq 1 \Rightarrow x \neq 0$.

Agora, fazendo interseção das três condições acima:

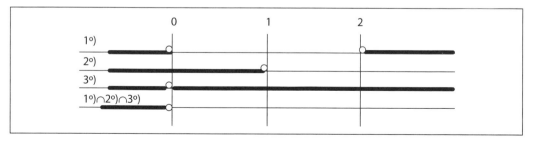

Temos que o domínio da função é $D(f) = \{x \in \mathbb{R} / x < 0\}$

9.7 EQUAÇÕES LOGARÍTMICAS

Vamos dividir a resolução de equações logarítmicas em três tipos:

1° **tipo** : Se $0 < a \neq 1, f(x) > 0$ e $g(x) > 0$, então:

$$\log_a f(x) = \log_a g(x) \Rightarrow f(x) = g(x)$$

Exemplo:

E 9.9 Resolver a equação $\log_2(3x-5) = \log_2 7$

Resolução:

$\log_2(3x-5) = \log_2 7 \Rightarrow 3x-5 = 7 \Rightarrow x = 4$

Resposta: S = {4}

2° **tipo:** Se $0 < a \neq 1$, $\alpha \in \mathbb{R}$ e $f(x) > 0$, então

$$\log_a f(x) = \alpha \Rightarrow f(x) = a^\alpha$$

Exemplo:

E 9.10 Resolver a equação $\log_2(3x+1) = 4$

Resolução:

$\log_2(3x+1) = 4 \Leftrightarrow 3x+1 = 2^4 \Rightarrow x = 5$

Resposta: S = {5}

3° **tipo** : Incógnita auxiliar:

São as equações que resolvemos fazendo inicialmente uma mudança de incógnita.

$$\log_a f(x) = y$$

Exemplo:

E 9.11 Resolver a equação $\log_2^2 x - \log_2 2 = 2$

Resolução:

Vamos chamar $\log_2 x = y$, então reescrevendo a equação anterior:

$$y^2 - y - 2 = 0$$

Resolvendo a equação em y, usando a fórmula de Bháskara, temos que $y_1 = -1$ e y_2 = 2. Voltamos à igualdade anterior e temos duas novas equações logarítmicas do 2° tipo:

- $\log_2 x = -1 \Rightarrow x = 2^{-1} = \dfrac{1}{2}$

- $\log_2 x = 2 \Rightarrow x = 2^2 = 4$

Resposta: S = {1/2; 4}

Função logarítmica | 165

9.8 INEQUAÇÕES LOGARÍTMICAS

Vamos dividir a resolução de inequações logarítmicas em dois tipos, aplicando as propriedades de funções logarítmicas:

1º **tipo:** Aplicando a propriedade de função logarítmica.

- Se a base $a > 1$, então a função logarítmica é crescente, ou seja, para $f(x) > 0$ e $g(x) > 0$:

$$\log_a f(x) > \log_a g(x) \Rightarrow f(x) > g(x)$$

- Se a base $0 < a < 1$, então a função logarítmica é decrescente, ou seja, para $f(x) > 0$ e $g(x) > 0$:

$$\log_a f(x) > \log_a g(x) \Rightarrow f(x) < g(x)$$

Exemplos:

E 9.12 Resolver $\log_2(2x - 1) < \log_2 6$

Resolução:

Como a base é 2, ou seja, maior que 1, a função é crescente, podemos comparar os logaritmandos, mantendo a desigualdade, mas devemos lembrar que o logaritmando deve ser positivo, então:

$$0 < 2x - 1 < 6 \Rightarrow 1 < 2x < 7 \Rightarrow \frac{1}{2} < x < \frac{7}{2}$$

Resposta: $S = \left]\dfrac{1}{2} ; \dfrac{7}{2}\right[$

E 9.13 Resolver $\log_{1/3}\left(x^2 - 4x\right) > \log_{1/3} 5$

Resolução:

Como a base é 1/3, ou seja, maior que 0 e menor que 1, a função é decrescente, podemos comparar os logaritmandos, invertendo a desigualdade, mas devemos lembrar que o logaritmando deve ser positivo, então:

$0 < x^2 - 4x < 5$. Neste caso, devemos separar em dois casos esta inequação:

- $x^2 - 4x > 0$

  Determinando as raízes: $x(x - 4) = 0 \Rightarrow x = 0$ ou $x = 4$. Como a função do 2º grau tem como gráfico uma parábola de concavidade para cima, a função é positiva fora das raízes, ou seja, nos intervalos $]-\infty, 0[\cup]4, \infty[$.

- $x^2 - 4x < 5$

  Reescrevendo a inequação: $x^2 - 4x - 5 < 0$, vamos determinar as raízes da equação $x^2 - 4x - 5 = 0$, que aplicando a fórmula de Bháskara, temos $x = -1$ e $x = 5$.

Como a função do 2º grau tem como gráfico uma parábola de concavidade para cima, a função é negativa dentro das raízes, ou seja, no intervalo]–1, 5[.

Fazendo a interseção entre as soluções acima, temos o conjunto solução.

Resposta: S = $]$–1,0$[\cup\ ]$4,5$[$

2º tipo: Aplicando a consequência 3 da definição de logaritmo.

Se $k \in \mathbb{R}$ e $f(x) > 0$, então:

$$\log_a f(x) > k \Leftrightarrow \log_a f(x) > \log_a a^k$$

Agora, devemos analisar a desigualdade de acordo com a base a:

Se $a > 1$:

- $\log_a f(x) > k \Leftrightarrow f(x) > a^k$
- $\log_a f(x) < k \Leftrightarrow f(x) < a^k$

Se $0 < a < 1$:

- $\log_a f(x) > k \Leftrightarrow f(x) < a^k$
- $\log_a f(x) < k \Leftrightarrow f(x) > a^k$

Exemplos:

E 9.14 Resolver $\log_3 (3x + 2) < 2$

Resolução:

Como a base é 3, ou seja, maior que 1, a função é crescente, podemos manter a desigualdade, mas devemos lembrar que o logaritmando deve ser positivo, então:

$$0 < 3x + 2 < 3^2 \Rightarrow -2 < 3x < 7 \Rightarrow \frac{-2}{3} < x < \frac{7}{3}$$

Resposta: S = $\left] \dfrac{-2}{3}; \dfrac{7}{3} \right[$

E 9.15 Resolver $\log_{1/2} \left(2x^2 - 3x\right) > -1$

Resolução:

Como a base é 1/2, ou seja, menor que 1, a função é decrescente, devemos inverter a desigualdade, sempre lembrando que o logaritmando deve ser positivo, então:

$0 < 2x^2 - 3x < \left(\dfrac{1}{2}\right)^{-1} \Rightarrow 0 < 2x^2 - 3x < 2$. Neste caso, devemos separar em dois casos esta inequação:

Função logarítmica

- $2x^2 - 3x > 0$

  Determinando as raízes: $x(2x - 3) = 0 \Rightarrow x = 0$ ou $x = \frac{3}{2}$. Como a função do 2° grau tem como gráfico uma parábola de concavidade para cima, a função é positiva fora das raízes, ou seja, nos intervalos $]-\infty, 0[\cup]3/2, \infty[$.

- $2x^2 - 3x < 2$

  Reescrevendo a inequação: $2x^2 - 3x - 2 < 0$, vamos determinar as raízes da equação $2x^2 - 3x - 2 = 0$, que aplicando a fórmula de Bháskara, temos $x = -1/2$ e $x = 2$. Como a função do 2° grau tem como gráfico uma parábola de concavidade para cima, a função é negativa dentro das raízes, ou seja, no intervalo $]-1/2; 2[$.

Fazendo a interseção entre as soluções acima, temos o conjunto solução.

$Resposta$: S $= \left]-\dfrac{1}{2}, 0\right[\cup \left]\dfrac{3}{2}, 2\right[$

9.9 LOGARITMOS DECIMAIS

Como havíamos destacado na observação, os logaritmos na base 10 podem ser representados apenas como $y = \log x$, e são chamados de logaritmos decimais. Quando temos $y = \log x \Rightarrow x = 10^y$, daí podemos escrever que:

$$x = c + m$$

onde c é a parte inteira, $c \in \mathbb{Z}$, chamada de $característica$ e m é a parte decimal do logaritmo, $0 < m < 1$, chamada de $mantissa$.

9.9.1 REGRAS DA CARACTERÍSTICA

Regra 1: $x > 1$

A característica do logaritmo decimal de um número $x > 1$ é igual ao número de algarismos de sua parte inteira, menos 1.

Exemplos:

E 9.16 Determinar a característica de $\log 2{,}5$

Como a parte inteira tem um algarismo, $c = 1 - 1 = 0$.

E 9.17 Determinar a característica de $\log 32{,}76$

Como a parte inteira tem dois algarismos, $c = 2 - 1 = 1$.

E 9.18 Determinar a característica de $\log 1.991$

Como a parte inteira tem quatro algarismos, $c = 4 - 1 = 3$.

Regra 2: $0 < x < 1$

A característica do logaritmo decimal de um número $0 < x < 1$ é o oposto da quantidade de zeros que precedem o primeiro algarismo significativo.

Exemplos:

E 9.19 Determinar a característica de $\log 0,2$

Como há apenas um zero antes do primeiro algarismo significativo, $c = -1$.

E 9.20 Determinar a característica de $\log 0,07$

Como tem dois zeros antes do primeiro algarismo significativo, $c = -2$.

E 9.21 Determinar a característica de $\log 0,00021$

Como há quatro zeros antes do primeiro algarismo significativo, $c = -4$.

> **Observação**
>
> A mantissa é conseguida na tabela denominada Tábua de Logaritmos Decimais.

EXERCÍCIOS RESOLVIDOS

R 9.1 Calcule o valor de $3^{2+\log_3 5}$:

Resolução:

$3^{2+\log_3 5} = 3^2 \cdot 3^{\log_3 5}$, utilizando a consequência 4 da definição de logaritmo:

$$3^{2+\log_3 5} = 3^2 \cdot 5 = 9 \cdot 5 = 45$$

Resposta: 45

R 9.2 Calcule o valor de $\log_2 16 + \log_4 32$

Resolução:

Utilizando a definição de logaritmo e aplicando a propriedade de mudança de base:

$$4 + \frac{\log_2 32}{\log_2 4} = 4 + \frac{5}{2} = \frac{4}{1} + \frac{5}{2} = \frac{8+5}{2} = \frac{13}{2} = 6,5$$

Resposta: 13/2 ou 6,5

R 9.3 Resolva a equação $\log_3(x+1) + \log_3 2 = 1$

Resolução:

Utilizando a propriedade 1 de logaritmo e a consequência 2 da definição de logaritmo:

$\log_3(x+1) + \log_3 2 = 1 \Rightarrow \log_3(x+1) \cdot 2 = \log_3 3$. Agora temos uma equação logarítmica do tipo 1, logo:

$$(x+1) \cdot 2 = 3 \Rightarrow 2x + 2 = 3 \Rightarrow 2x = 1 \Rightarrow x = \frac{1}{2}$$

Lembrando da condição de existência do logaritmo:

$x + 1 > 0 \Rightarrow x > -1$. Como ½ > –1, temos a solução.

Resposta: S = { ½ }

R 9.4 Determine o mais amplo domínio real da função logarítmica abaixo:

$$y = \log_{(x-1)}(x^2 - x - 6)$$

Resolução:

Lembrando da condição de existência da função logarítmica, para existir $y = \log_a x$, devemos ter:

1º) $x > 0$ 2º) $a > 0$ 3º) $a \neq 1$

Aplicando ao nosso problema, segue que:

1º) $x^2 - x - 6 > 0$ 2º) $x - 1 > 0$ 3º) $x - 1 \neq 1$

De 2º) tiramos que $x > 1$ e de 3º) que $x \neq 2$. Vamos estudar o 1º):

Determinando as raízes de $x^2 - x - 6 = 0$, para estudar o sinal da inequação, vamos utilizar a fórmula de Bháskara:

$$x = \frac{-(-1) \pm \sqrt{1 - 4.1.(-6)}}{2} = \frac{1 \pm 5}{2}$$; neste caso, as raízes

são $x = 3$ e $x = -2$. Como o gráfico de $y = x^2 - x - 6$ é uma parábola, com concavidade positiva, a função é positiva fora das raízes, ou seja:

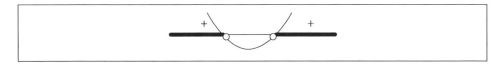

Fazendo a interseção das três condições, temos:

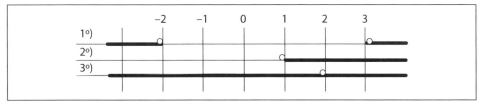

Temos que o domínio da função é D(f) = {$x \in \mathbb{R} / x > 3$}

Resposta: D(f) = {$x \in \mathbb{R} / x > 3$}

R 9.5 Resolva a inequação $\log x + \log(x+3) < 1$

Resolução:

Das condições de existência de cada logaritmo na base 10, acima, temos que: $x > 0$ e $x + 3 > 0$.

Aplicando a propriedade 1 de logaritmos e a consequência 2 da definição de logaritmo à inequação:

$$\log x + \log(x+3) < 1 \Rightarrow \log x(x+3) < \log 10$$

Agora é uma inequação logarítmica do tipo 1, logo:

$$x(x+3) < 10 \Rightarrow x^2 + 3x - 10 < 0$$

Para resolver esta inequação do 2º grau, vamos determinar as raízes da equação $x^2 + 3x - 10 = 0$, aplicando a fórmula de Bháskara:

$x = \dfrac{-3 \pm \sqrt{9 - 4.1.(-10)}}{2} = \dfrac{-3 \pm 7}{2}$, daí as raízes são $x = -5$ e $x = 2$. Como o gráfico de $y = x^2 + 3x - 10$ é uma parábola, com concavidade positiva, a função é negativa dentro das raízes, ou seja:

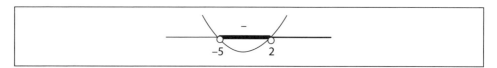

Fazendo a interseção das três condições, temos:

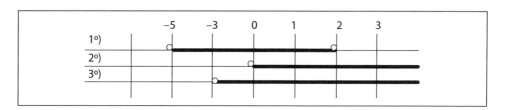

Temos que a solução da inequação está no intervalo $]0, 2[$.

Resposta: S = { $x \in \mathbb{R} \,/\, 0 < x < 2$ }

R 9.6 Resolva a inequação $\log_{1/2}(x^2 + 2x) > -3$

Resolução:

Esta é uma inequação logarítmica do tipo 2. Como a base é ½, portanto, menor que 1,

$$\log_{1/2}(x^2+2x) > -3 \Rightarrow \log_{1/2}(x^2+2x) > \log_{1/2}\left(\frac{1}{2}\right)^{-3}$$
$$\Rightarrow x^2+2x < \left(\frac{1}{2}\right)^{-3} \Rightarrow x^2+2x < 8 \Rightarrow x^2+2x-8 < 0$$

Devemos determinar as raízes da equação $x^2+2x-8=0$, aplicando a fórmula de Bháskara:

$x = \dfrac{-2\pm\sqrt{4-4.1.(-8)}}{2} = \dfrac{-2\pm 6}{2}$, daí as raízes são $x=-4$ e $x=2$. Como o gráfico de $y = x^2+3x-10$ é uma parábola, com concavidade positiva, a função é negativa dentro das raízes, ou seja:

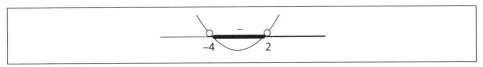

Lembrando que a condição de existência de $\log_{1/2}(x^2+2x)$ é que $x^2+2x > 0$, para determinar as raízes $x^2+2x=0$, como é uma equação incompleta, temos:

$x(x+2) = 0 \Rightarrow x=-2$ ou $x=0$. Esta inequação tem solução fora das raízes, ou seja:

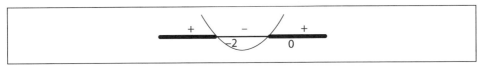

Fazendo a interseção das condições acima:

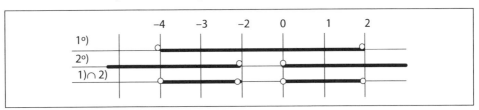

Temos que $S = \{x \in \mathbb{R} \,/\, -4 < x < -2 \lor 0 < x < 2\}$

Resposta: $S = \{x \in \mathbb{R} \,/\, -4 < x < -2 \lor 0 < x < 2\}$

R 9.7 Dado $\log 2 = 0{,}301$, determine o valor de $\log 200$:

Resolução:

Fatorando o número 200 de maneira conveniente: $200 = 2\times 100$ e aplicando a propriedade 2 de logaritmo, temos:

$$\log 200 = \log(2\times 100) = \log 2 + \log 100$$
$$= \log_{10} 2 + \log_{10} 10^2 = 0{,}301 + 2\cdot\log_{10} 10 = 0{,}301 + 2\cdot 1 = 2{,}301$$

Resposta: $\log 200 = 2{,}301$

EXERCÍCIOS PROPOSTOS

P 9.1 Utilizando a definição de logaritmo, calcule o valor de:

a) $\log 100$

b) $\log_{1/3} 81$

c) $\operatorname{colog}_2 4$

d) $\operatorname{colog}_2 8$

e) $\log_{\sqrt[3]{16}} \sqrt{32}$

f) $2^{3+\log_2 7}$

P 9.2 Dado $\log_a b = 2$, calcule o valor de $(\log_a b) \cdot (\log_{19} a) \cdot (\log_a 19)$.

P 9.3 Se $\log_3 b - \log_3 a = 4$, então calcule o valor do quociente $\dfrac{b}{a}$.

P 9.4 Determine o domínio real da função $f(x) = \sqrt{\log_{1/2} x}$.

P 9.5 Resolva a equação $(\log_{10} x)^2 - 3\log_{10} x + 2 = 0$.

P 9.6 Resolva a equação $\log_3 (x^2 - 1) = \log_3 (x + 1)$.

P 9.7 Resolva, em $\mathbb{R}$, a inequação $\log_{1/3}(x^2 - 4x + 3) < -1$.

P 9.8 Resolva, em $\mathbb{R}$, a inequação $\log_5 (x^2 - 3x) \le \log_5 18$.

P 9.9 Determine o mais amplo domínio real da função $y = \sqrt{\log x}$.

P 9.10 Determine o mais amplo domínio real da função:

$$f(x) = \log(x^2 - 3x + 2) - \log(1 - x^2)$$

RESPOSTAS DOS EXERCÍCIOS PROPOSTOS

P 9.1 a) 2; b) –4; c) –2; d) –3; e) $\dfrac{15}{8}$; f) 56

P 9.2 2

P 9.3 81

P 9.4 $D(f) = \{x \in \mathbb{R} \, / \, 0 < x \le 1\}$

P 9.5 $S = \{10; 100\}$

P 9.6 $S = \{2\}$

P 9.7 $S = \{x \in \mathbb{R} \, / \, x < 0 \vee x > 4\}$

P 9.8 $S = \{x \in \mathbb{R} \, / \, {-3} \le x < 0 \vee 3 < x \le 6\}$

P 9.9 $D(f) = \{x \in \mathbb{R} \, / \, x \ge 1\} = [1; \infty[$

P 9.10 $D(f) = \{x \in \mathbb{R} \, / \, {-1} < x < -1\}$

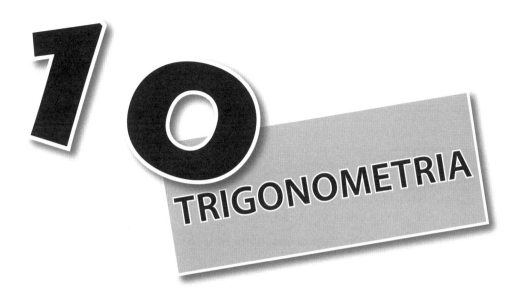

Embora seja um tema do qual os alunos têm bastante receio, este é um ponto muito importante que deve ser lembrado para prosseguir os estudos do Cálculo Diferencial e Integral. As primeiras aplicações da Matemática na Antiguidade se deram com o uso da trigonometria. Basta lembrarmos das construções das pirâmides egípcias e dos relógios de sol que eram feitos usando tangentes de ângulos. Vamos apresentar algumas noções básicas da trigonometria. A palavra vem do grego que significa "medir triângulos", ou seja, *trigonos* significa triângulos e *metrein* significa medir.

Dadas duas semirretas distintas a e b de mesma origem, que denominaremos por O, chama-se ângulo entre a e b à menor abertura entre as semirretas e denominamos por aÔb ou apenas Ô.

10.1 ELEMENTOS DE UM TRIÂNGULO

Dado um triângulo qualquer, chamamos A, B e C os vértices, **a** o lado oposto ao vértice A, **b** o lado oposto ao vértice B e **c** o lado oposto ao vértice C. α o ângulo do vértice A, β o ângulo do vértice B e γ o ângulo do vértice C. Vamos destacar algumas propriedades.

1) $\alpha + \beta + \gamma = 180°$
2) O perímetro do triângulo ABC é $S = a + b + c$
3) A área do triângulo ABC é A = (base × altura) ÷ 2

Os triângulos podem ser classificados com relação aos seus lados ou aos seus ângulos.

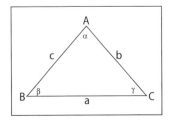

10.1.1 LADOS

O triângulo é dito equilátero se tem os três lados com a mesma medida; ele se chama isósceles se dois de seus lados têm a mesma medida e escaleno se todos os lados têm medidas diferentes.

10.1.2 ÂNGULOS

O triângulo é dito obtusângulo se tem um ângulo maior que 90°; ele se chama acutângulo se todos os seus ângulos forem menores que 90° e retângulo se tem um ângulo de 90°, que é chamado de ângulo reto.

Para fazermos a revisão da trigonometria, vamos começar pelos elementos do triângulo retângulo.

10.2 NOÇÕES FUNDAMENTAIS DE TRIGONOMETRIA NO TRIÂNGULO RETÂNGULO

Dado um triângulo retângulo ABC, vamos destacar algumas propriedades.

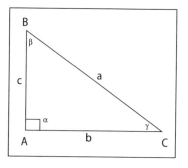

a) $\alpha = 90°$

b) $\beta + \gamma = 90°$, neste caso dizemos que β e γ são ângulos complementares.

c) b e c são chamados catetos e a é a hipotenusa

d) $a^2 = b^2 + c^2$, este é denominado o teorema de Pitágoras

Lembrando as definições de seno, cosseno e tangente de um ângulo em um triângulo retângulo:

$$\operatorname{sen} \theta = \frac{\text{cateto oposto}}{\text{hipotenusa}}, \cos \theta = \frac{\text{cateto adjacente}}{\text{hipotenusa}} \text{ e tg } \theta = \frac{\text{cateto oposto}}{\text{cateto adjacente}}$$

Temos com relação ao ângulo β:

$$\operatorname{sen} \beta = \frac{b}{a} = \cos \gamma, \ \cos \beta = \frac{c}{a} = \operatorname{sen} \gamma \ \text{ e tg } \beta = \frac{b}{c}$$

Observações

1) $\operatorname{sen}^2 \beta + \cos^2 \beta = 1$.
   De fato, pois:
   $$\left(\frac{b}{a}\right)^2 + \left(\frac{c}{a}\right)^2 = \frac{b^2 + c^2}{a^2} = \frac{a^2}{a^2} = 1$$

2) Pelas definições apresentadas aqui, podemos definir: $\operatorname{tg} \beta = \dfrac{\operatorname{sen} \beta}{\cos \beta}$

10.2.1 OUTRAS RAZÕES TRIGONOMÉTRICAS

$$\operatorname{cossec} \theta = \frac{\text{hipotenusa}}{\text{cateto oposto}}, \sec \theta = \frac{\text{hipotenusa}}{\text{cateto adjacente}} \text{ e}$$

$$\operatorname{cotg} \theta = \frac{\text{cateto adjacente}}{\text{cateto oposto}}$$

Com isso, podemos dizer que:

$$\operatorname{cossec} \theta = \frac{1}{\operatorname{sen} \theta}, \sec \theta = \frac{1}{\cos \theta} \text{ e } \operatorname{cotg} \theta = \frac{1}{\operatorname{tg} \theta}$$

Exemplos:

E 10.1 Dado o triângulo retângulo apresentado a seguir, determinar sen β, cos β e tg β:

Pelas definições apresentadas aqui,

$$\operatorname{sen} \beta = \frac{4}{5}, \quad \cos \beta = \frac{3}{5} \text{ e } \operatorname{tg} \beta = \frac{4}{3}$$

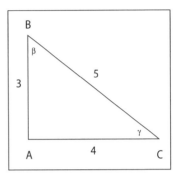

E 10.2 Calcular seno, tangente, cotangente, secante e cossecante do ângulo β, sabendo que cos β = 0,8.

Usando o teorema de Pitágoras, temos,

$$\operatorname{sen}^2 \beta + (0,8)^2 = 1 \Rightarrow \operatorname{sen}^2 \beta = 1 - 0,64 \Rightarrow \operatorname{sen} \beta = 0,6$$

$$\operatorname{tg} \beta = \frac{0,6}{0,8} = 0,75$$

$$\operatorname{cotg} \beta = \frac{1}{0,75} = 1,33$$

$$\sec \beta = \frac{1}{0,8} = 1,25$$

$$\operatorname{cossec} \beta = \frac{1}{0,6} = 1,67$$

10.3 TABELA DE VALORES NOTÁVEIS

Todos os alunos que estudaram um pouco de trigonometria na escola, já ouviram falar da tabela de valores notáveis e, talvez, até aprenderam um jeito para memorizar os resultados. Vamos apresentar, usando triângulos convenientes, como se calcular esses valores.

10.3.1 ÂNGULO DE 45°

Seja ABC um triângulo retângulo cujos catetos são iguais a 1, ou seja, quanto aos lados, o triângulo ABC é um triângulo isósceles. Como a soma dos ângulos internos é 180° e o ângulo $\hat{A}$ mede 90°, segue que os ângulos $\hat{B}$ e $\hat{C}$ são iguais e medem 45° cada um. Usando o teorema de Pitágoras, temos que:

$$a^2 = 1^2 + 1^2 = 2, \text{ ou seja, } a = \sqrt{2}$$

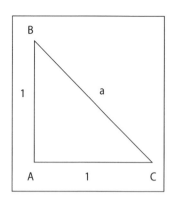

Então podemos calcular sen 45°, cos 45° e tg 45°:

$$\text{sen } 45° = \frac{1}{\sqrt{2}} \cdot \frac{\sqrt{2}}{\sqrt{2}} = \frac{\sqrt{2}}{2}, \quad \cos 45° = \frac{1}{\sqrt{2}} \cdot \frac{\sqrt{2}}{\sqrt{2}} = \frac{\sqrt{2}}{2} \text{ e}$$

$$\text{tg } 45° = \frac{1}{1} = 1$$

10.3.2 ÂNGULOS DE 30° E 60°

Seja ABC um triângulo retângulo cujos ângulos são 30°, 60° e 90°, sua hipotenusa mede 2, a base mede 1. Pelo teorema de Pitágoras,

$$1^2 + c^2 = 2^2 \Rightarrow c = \sqrt{3}$$

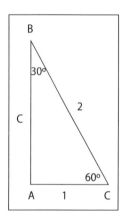

Vamos calcular sen 30°, cos 30° e tg 30°:

$$\text{sen } 30° = \frac{1}{2}, \quad \cos 30° = \frac{\sqrt{3}}{2} \text{ e tg } 30° = \frac{1}{\sqrt{3}} \cdot \frac{\sqrt{3}}{\sqrt{3}} = \frac{\sqrt{3}}{3}$$

Como já vimos aqui, sen 60° = cos 30° = $\frac{\sqrt{3}}{2}$ e

cos 60° = sen 30° = $\frac{1}{2}$. Para calcular tg 60° = $\frac{\sqrt{3}}{1} = \sqrt{3}$.

Ângulo (θ)	sen θ	cos θ	tg θ
30°	$\frac{1}{2}$	$\frac{\sqrt{3}}{2}$	$\frac{\sqrt{3}}{3}$
45°	$\frac{\sqrt{2}}{2}$	$\frac{\sqrt{2}}{2}$	1
60°	$\frac{\sqrt{3}}{2}$	$\frac{1}{2}$	$\sqrt{3}$

Exemplo:

E 10.3 Dado o triângulo retângulo apresentado a seguir, determine o valor de b e c:

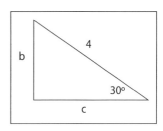

Sabendo que sen $30° = \dfrac{b}{4} = \dfrac{1}{2}$, temos que 2b = 4, logo, b = 2.

Do mesmo modo, $\cos 30° = \dfrac{c}{4} = \dfrac{\sqrt{3}}{2}$, ou seja, $2c = 4\sqrt{3}$, segue que $c = \dfrac{\sqrt{3}}{2}$.

10.4 MEDIDAS DE ARCOS E ÂNGULOS

10.4.1 ARCOS DE UMA CIRCUNFERÊNCIA

Consideremos dois pontos distintos A e B pertencentes a uma circunferência de raio r e centro O. A circunferência ficará dividida em duas partes chamadas arcos. Os pontos A e B são as extremidades desses arcos. Notação: $\overset{\frown}{AB}$

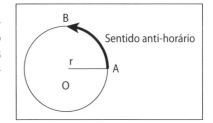

> **Observação**
> Quando A e B coincidem, um desses arcos é chamado **nulo** e o outro, arco de **uma volta**; diremos que o arco nulo tem por medida 0° e o arco de uma volta tem por medida 360°.

10.4.2 MEDIDA DE ARCOS EM GRAUS

Grau é um arco unitário de uma circunferência, que equivale a $\dfrac{1}{360}$ dessa circunferência. Como submúltiplos do grau, temos:

- 1 minuto (1') = $\dfrac{1}{60}$ do grau ou 60 minutos = 1 grau (60' = 1°)

- 1 segundo (1") = $\dfrac{1}{60}$ do minuto ou 60 segundos = 1 minuto (60" = 1')

Dessa forma, 1 grau (1°) = $\dfrac{1}{360}$ do arco de uma volta.

10.4.3 MEDIDA DE ARCOS EM RADIANOS

A medida de um arco em **radianos** é a razão entre o comprimento do arco e o raio da circunferência sobre a qual este arco está determinado.

Notações:

radiano = rad ou rd

r = comprimento do raio r

l = comprimento do arco $\overset{\frown}{AB}$

$\alpha_{rd} = \dfrac{\text{comp. do arco}}{\text{comp. do raio}} = \dfrac{l}{r}$

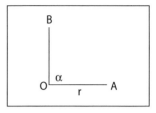

Portanto, o radiano é um arco unitário de uma circunferência que equivale ao raio dessa circunferência.

Seja C o comprimento da circunferência, então $C = 2\pi r$ e com 1 raio = 1 radiano, concluímos que $C = 2\pi$ rad, logo:

$$\dfrac{C}{2} = \dfrac{2\pi}{2} \text{rad} = \pi \text{ rad}$$

$$\dfrac{C}{4} = \dfrac{2\pi}{4} \text{rad} = \dfrac{\pi}{2} \text{ rad}$$

$$\dfrac{3C}{4} = \dfrac{3 \cdot 2\pi}{4} \text{rad} = \dfrac{3\pi}{2} \text{ rad}$$

Assim, valem as relações:

graus	radianos
45°	$\dfrac{\pi}{4}$ rad
90°	$\dfrac{\pi}{2}$ rad
180°	π rad
270°	$\dfrac{3\pi}{2}$ rad
360°	2π rad

10.4.4 ÂNGULO CENTRAL

Um ângulo $a\hat{O}b$ é denominado central se o vértice O coincide com o centro da circunferência. Indicamos por $\overset{\frown}{AOB}$. Por definição: $m(\overset{\frown}{aOb}) = m(\overset{\frown}{AOB})$.

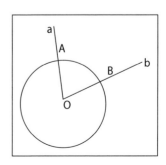

10.4.5 COMPRIMENTO DE UM ARCO l

De 10.4.3 temos:

$$\alpha_{\rm rd} = \frac{l}{r} \Rightarrow l = \alpha_{\rm rd} \cdot r \text{, } \alpha \text{ em radianos.}$$

Se α e β são, respectivamente, medidas do arco l em radianos e graus, então, pela correspondência já vista, temos

$$180° \leftrightarrow \pi \text{ rad}$$

$$\beta° \leftrightarrow \alpha \text{ rad}$$

$$\frac{180}{\beta} = \frac{\pi}{\alpha} \Rightarrow \begin{cases} \alpha_{rad} = \dfrac{\beta\pi}{180} \\ \beta° = \dfrac{180\alpha}{\pi} \end{cases}$$

Logo, temos a expressão do cálculo de l:

$$l = \frac{\beta°\pi}{180°} \cdot r$$

Exemplos:

E 10.4 Exprimir $\theta = 30°$ em radianos.

Resolução:

Vamos usar a regra de três:

$$180° \leftrightarrow \pi$$

$$30° \leftrightarrow x$$

$$180°x = 30°\pi \Rightarrow x = \frac{30\pi}{180} = \frac{\pi}{6}\text{rad}$$

Resposta: $\theta = \dfrac{\pi}{6}\text{rad}$

E 10.5 Exprimir $\theta = \dfrac{\pi}{3}$ rad em graus.

Resolução:

Vamos usar a regra de três:

$$180° \leftrightarrow \pi$$

$$x \leftrightarrow \frac{\pi}{3}$$

Logo, $\pi x = 180° \cdot \dfrac{\pi}{3}$, ou ainda, $x = 60°$

Resposta: $\theta = 60°$

E 10.6 Consideremos uma circunferência de raio igual a 3 cm e valor do π = 3,14. Calcular:

a) comprimento da circunferência

b) comprimento do arco de 1°

c) em graus, o valor de 1 radiano

Resolução:

a) Vamos chamar de C o comprimento da circunferência, então:

$$C = 2\pi r = 2 \times 3{,}14 \times 3 = 18{,}84$$

Resposta: C = 18,84 cm

b) Para calcular o comprimento do arco de 1°:

$$1° = \frac{2\pi r}{360} = \frac{2\pi \cdot 3}{360} = \frac{\pi}{60} = \frac{3{,}14}{60} = 0{,}05$$

Resposta: O comprimento do arco e 1° é 0,05 cm

c) 180° ↔ π rad

x ↔ 1 rad

$$x = \frac{180 \cdot 1}{\pi} = \frac{180}{3{,}14} \cong 57$$

Resposta: O valor de 1 rad em graus é aproximadamente 57°.

10.5 RELAÇÕES MÉTRICAS EM TRIÂNGULOS RETÂNGULOS

Seja ABC o triângulo retângulo, onde Â é o ângulo reto. Denominemos a altura do triângulo com relação à base a, de h. A altura h divide o segmento BC em duas partes, que denotaremos por m, a projeção do lado AC sobre a base a e n, a projeção do lado AB sobre a base a. Vamos observar algumas relações métricas neste triângulo.

1) Teorema de Pitágoras: $a^2 = b^2 + c^2$
2) $b^2 = a \cdot m$
3) $c^2 = a \cdot n$
4) $h^2 = m \cdot n$
5) $b \cdot c = a \cdot h$
6) $S = \dfrac{a \cdot h}{2} = \dfrac{b \cdot c}{2}$ onde S é a área do triângulo

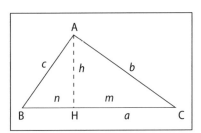

Vamos justificar as identidades 2 e 3 e concluir o teorema de Pitágoras:

2. $\triangle ABC \approx \triangle HAC$

$$\frac{a}{b} = \frac{b}{m} \Rightarrow b^2 = am$$

3. $\triangle ABC \approx \triangle HAB$

$$\frac{a}{c} = \frac{c}{n} \Rightarrow c^2 = an$$

Para concluir o teorema de Pitágoras, adicionamos as igualdades (2) e (3):

$$b^2 + c^2 = am + an = a(m+n) = a \cdot a = a^2$$

$$\therefore a^2 = b^2 + c^2$$

10.6 RELAÇÕES MÉTRICAS EM TRIÂNGULOS QUAISQUER

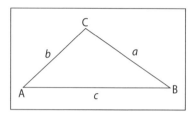

Seja ABC um triângulo qualquer, vamos destacar duas leis envolvendo ângulos e razões trigonométricas e um teorema sobre áreas.

10.6.1 LEI DOS SENOS

Em qualquer triângulo, o quociente entre cada lado e o seno do ângulo oposto é constante e igual à medida do diâmetro da circunferência circunscrita.

$$\frac{a}{\operatorname{sen} \hat{A}} = \frac{b}{\operatorname{sen} \hat{B}} = \frac{c}{\operatorname{sen} \hat{C}} = 2r$$

Justificação

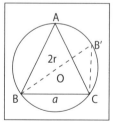

Seja um triângulo ABC inscrito num círculo de centro O e raio r. Por um dos vértices, por exemplo B, traça-se o diâmetro BB'.

Sabe-se que $m(\hat{BAC}) = m(\hat{BB'C}) = \dfrac{m(\widehat{BC})}{2}$.

Como BB' é o diâmetro da circunferência, então a medida de $\hat{BCB'}$ é a de um ângulo reto, logo podemos escrever:

$$\operatorname{sen} \widehat{B'} = \frac{a}{2r} \text{ e } \widehat{B'} = \hat{A} \Rightarrow \operatorname{sen} \hat{A} = \frac{a}{2r}, \text{ ou seja,}$$

$$\frac{a}{\operatorname{sen} \hat{A}} = 2r$$

Analogamente, concluímos que $\operatorname{sen} \hat{B} = \dfrac{b}{2r} \Rightarrow \dfrac{b}{\operatorname{sen} \hat{B}} = 2r$ e $\operatorname{sen} \hat{C} = \dfrac{c}{2r} \Rightarrow \dfrac{c}{\operatorname{sen} \hat{C}} = 2r$. Donde segue a igualdade.

10.6.2 LEI DOS COSSENOS

$$a^2 = b^2 + c^2 - 2bc \cdot \cos \hat{A}$$

$$b^2 = a^2 + c^2 - 2ac \cdot \cos \hat{B}$$

$$c^2 = a^2 + b^2 - 2ab \cdot \cos \hat{C}$$

Justificação

Consideremos um triângulo ABC e vamos considerar dois casos para o valor do ângulo $\hat{A}$.

1º **Caso:** O ângulo $\hat{A}$ é agudo ($\hat{A} < 90°$)

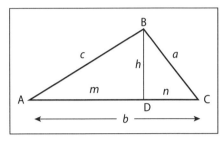

Analisando o triângulo BCD, como é retângulo:

$$a^2 = h^2 + (b-m)^2$$

$$a^2 = h^2 + b^2 - 2bm + m^2 \quad (1)$$

Do triângulo ABD, tiramos que:

$$h^2 = c^2 - m^2 \quad (2)$$

Substituindo (2) em (1), segue que:

$$a^2 = c^2 - m^2 + b^2 - 2bm + m^2$$

$$a^2 = c^2 + b^2 - 2bm \quad (3)$$

Pelo triângulo ABD, tiramos que:

$$\cos \hat{A} = \frac{m}{c} \rightarrow m = c \cdot \cos \hat{A}$$

Substituindo em (3), resulta:

$$a^2 = c^2 + b^2 - 2bc \cos \hat{A}$$

2º **Caso:** O ângulo $\hat{A}$ é obtuso ($90° < \hat{A} < 180°$)

No triângulo BCD, como é retângulo, temos:

$$a^2 = (b+m)^2 + h^2$$

$$a^2 = b^2 + 2b \cdot m + m^2 + h^2 \quad (1)$$

Do triângulo ABD:
$$h^2 = c^2 - m^2 \quad (2)$$

Substituindo (2) em (1):

$$a^2 = b^2 + 2b \cdot m + m^2 + c^2 - m^2$$

$$a^2 = b^2 + 2b \cdot m + c^2 \quad (3)$$

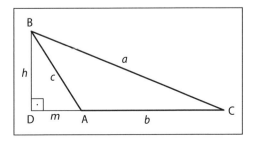

Também no triângulo ABD,

$$\cos(\pi - \hat{A}) = \frac{m}{c} \rightarrow m = c \cdot \cos(\pi - \hat{A}) = -c \cdot \cos \hat{A}$$

Substituindo em (3), resulta:

$$a^2 = c^2 + b^2 - 2bc \cos \hat{A}$$

Logo, em qualquer triângulo, o quadrado de um lado (a) é igual à soma dos quadrados dos outros dois lados (b e c), menos o duplo produto desses pelo cosseno do ângulo formado por eles ($\hat{A}$).

10.6.3 TEOREMA DA ÁREA

Em qualquer triângulo, a área é igual ao semiproduto de dois lados multiplicado pelo seno do ângulo que eles formam.

$$S = \frac{1}{2} bc \text{ sen } \hat{A} \qquad S = \frac{1}{2} ac \text{ sen } \hat{B} \qquad S = \frac{1}{2} ab \text{ sen } \hat{C}$$

Justificação

Como anteriormente, consideremos um triângulo ABC e vamos considerar dois casos para o valor do ângulo $\hat{A}$.

1º Caso: O ângulo $\hat{A}$ é agudo ($\hat{A} < 90°$)

Analisando o triângulo ABD, que é retângulo, temos BD = h e:

$$\text{sen } \hat{A} = \frac{h}{c} \Rightarrow h = c \cdot \text{sen } \hat{A}$$

Chamando de S a área do triângulo ABC:

$$S = \frac{(AC)(BD)}{2}$$

Substituindo AC = b:

$$S = \frac{b \cdot c \cdot \text{sen } \hat{A}}{2}$$

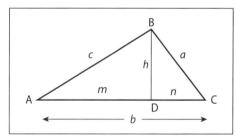

2º Caso: O ângulo $\hat{A}$ é obtuso ($90° < \hat{A} < 180°$)

No triângulo BCD, que é retângulo, temos BD = h e:

$$\text{sen}(\pi - \hat{A}) = \frac{h}{c} \Rightarrow h = c \cdot \text{sen}(\pi - \hat{A}) = c \cdot \text{sen } \hat{A}$$

De novo: $S = \dfrac{(AC)(BD)}{2}$

Substituindo AC = b:

$$S = \frac{b \cdot c \cdot \text{sen } \hat{A}}{2}$$

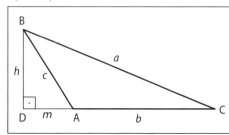

Analogamente verificamos que:

$$S = \frac{a \cdot c \cdot \text{sen } \hat{B}}{2} \quad e \quad S = \frac{a \cdot b \cdot \text{sen } \hat{C}}{2}$$

Exemplos:

E 10.7 Determinar os lados de um triângulo de lado $a = 5$ cm e ângulos $\hat{B} = 60°$ e $\hat{C} = 45°$. Dado: sen 75° = 0,96.

Resolução:

Sabendo que $\hat{A} + \hat{B} + \hat{C} = 180° \Rightarrow \hat{A} = 180° - 60° - 45° = 75°$

Usando a lei dos senos, temos:

$$\frac{5}{0,96} = \frac{b}{\text{sen } 60°} = \frac{c}{\text{sen } 45°} \Rightarrow \frac{5}{0,96} = \frac{b}{\frac{\sqrt{3}}{2}} \Rightarrow b = \frac{5 \times \sqrt{3}}{2 \times 0,96} = 4,51$$

$$\frac{5}{0,96} = \frac{c}{\frac{\sqrt{2}}{2}} \Rightarrow c = \frac{5 \times \sqrt{2}}{2 \times 0,96} = 3,68$$

Resposta: Os lados são 4,51 cm e 3,68 cm.

E 10.8 Determinar a área do triângulo do exemplo anterior:

Resolução:

Usando o teorema da área $S = \frac{1}{2} bc \text{ sen } \hat{A}$

S = ½ × 4,51 × 3,68 × 0,96 = 7,97

Resposta: A área é de 7,97 cm².

E 10.9 Dois lados de um triângulo medem 8 m e 12 m e formam entre si um ângulo de 120°. Calcular a medida do terceiro lado.

Resolução:

Chamando de:

$b = 8$ m
$c = 12$ m
$\hat{A} = 120°$

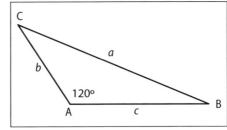

Aplicando a lei dos cossenos:

$$a^2 = b^2 + c^2 - 2bc \cos \hat{A}$$
$$a^2 = 8^2 + 12^2 - 2 \times 8 \times 12 \times \cos 120°$$
$$a^2 = 64 + 144 - 192 \times (-0,5)$$

$$a^2 = 208 + 96 = 304$$
$$a = \sqrt{304} = \sqrt{16 \times 19} = 4\sqrt{19}$$

Resposta: O terceiro lado mede $4\sqrt{19}$ m.

E 10.10 Dois lados consecutivos de um paralelogramo medem 8 m e 12 m, e formam um ângulo de 60°. Calcular quanto mede cada diagonal.

Resolução:

Pela figura da página ao lado temos:

$a = 8$ m

$b = 12$ m

$\hat{A} = 60°$

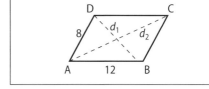

Aplicando a lei dos cossenos:
$$d_1^2 = a^2 + b^2 - 2ab \cdot \cos 60°$$
$$d_1^2 = 8^2 + 12^2 - 2 \times 8 \times 12 \times \cos 60°$$
$$d_1^2 = 64 + 144 - 192 \times 0{,}5$$
$$d_1^2 = 208 - 96$$
$$d_1 = \sqrt{112} = \sqrt{16 \times 7} = 4\sqrt{7}$$

Por outro lado,
$$d_2^2 = a^2 + b^2 - 2ab \cdot \cos 120°$$
$$d_2^2 = 8^2 + 12^2 - 2 \times 8 \times 12 \times (-0{,}5)$$
$$d_2^2 = 64 + 144 + 96$$
$$d_2^2 = 304$$
$$d_2 = \sqrt{304} = \sqrt{16 \times 19} = 4\sqrt{19}$$

Resposta: A diagonal menor mede $4\sqrt{7}$ m e a diagonal maior mede $4\sqrt{19}$ m.

10.7 CICLO TRIGONOMÉTRICO OU CIRCUNFERÊNCIA TRIGONOMÉTRICA

Em um sistema cartesiano ortogonal uOv, consideremos a circunferência de centro O e raio unitário, $r = 1$. Observemos que:

1) Os pontos A(1, 0), B(0, 1), A'(−1, 0) e B'(0, −1) pertencem à circunferência e a dividem em quatro partes congruentes, que chamaremos de quadrantes. Os quadrantes são numerados no sentido anti-horário a partir do ponto A(1, 0), conforme a figura.

2) O comprimento da circunferência $l = 2\pi r = 2\pi$, pois $r = 1$.

Utilizaremos essa circunferência para definir as funções trigonométricas.

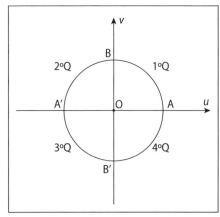

10.7.1 CORRESPONDÊNCIA ENTRE OS NÚMEROS REAIS E OS PONTOS DO CICLO TRIGONOMÉTRICO

a) Se o número real $x = 0$, então $x = A$, ou seja, x se identifica com o ponto A(0,1);

b) Se o número real $x > 0$, então, partimos do ponto A, sobre a circunferência e realizamos um percurso de comprimento x, no sentido anti-horário. x será identificado com o ponto final P(a, b) da circunferência, cujo comprimento, a partir de A, mede x;

c) Se o número real $x < 0$, então, procedemos como no item b), mas no sentido horário.

10.7.2 CONGRUÊNCIA

Observemos que se o ponto P é imagem de um número real x_0, então P é imagem dos seguintes números:

$$x_0; x_0 + 2\pi \ (x_0 + 1 \text{ volta}); x_0 + 4\pi \ (x_0 + 2 \text{ voltas});$$
$$x_0 + 6\pi \ (x_0 + 3 \text{ voltas});...;$$
$$x_0 - 2\pi \ (x_0 - 1 \text{ volta}); x_0 - 4\pi \ (x_0 - 2 \text{ voltas}) \text{ etc.}$$

Resumindo, P é a imagem dos números x pertencentes ao conjunto: $\{x = x_0 + 2k\pi, k \in \mathbb{Z}\}$, dizemos que esses números são congruentes, isto é, congruentes módulo 2π.

10.8 FUNÇÃO SENO

Seja P(a, b) a imagem, no ciclo trigonométrico, do número real x. Por definição, seno de x é a ordenada, b, de P.

Notação: $\text{sen } x = \overline{OQ} = b$

De fato, considerando o triângulo retângulo POR, sendo x a medida do ângulo agudo AÔP em radianos, então:

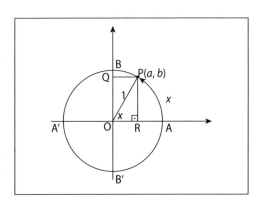

$$\text{sen } x = \frac{\overline{RP}}{\overline{OP}} = \frac{\overline{RP}}{1} = \frac{\overline{OQ}}{1} = \overline{OQ}$$

Logo, temos a função seno:

$$f: \mathbb{R} \to \mathbb{R}$$
$$f(x) = y = \text{sen}(x)$$

Observações
1) O eixo vertical onde se determina a ordenada de P é denominado eixo dos senos.
2) A definição de seno de um ângulo agudo, no triângulo retângulo é coerente com a definição anterior, restringindo-se aos valores de x pertencentes ao intervalo]0, π/2[.

10.8.1 REPRESENTAÇÃO GRÁFICA

Observemos que, como o conjunto dos números reais tem uma correspondência com os pontos no ciclo trigonométrico, para cada x real, a função terá o mesmo valor para $x + 2k\pi$, onde $k \in \mathbb{Z}$. Neste caso, dizemos que a função seno é uma função periódica, de período 2π. Em símbolos, $f(x + 2k\pi) = f(x)$, para $k \in \mathbb{Z}$.

Para esboçar o gráfico desta função, que é denominado de senoide, devemos fazer uso da tabela auxiliar dos pontos notáveis.

x	0	π/6	π/4	π/3	π/2	π	3π/2	2π
sen x	0	1/2	$\sqrt{2}/2$	$\sqrt{3}/2$	1	0	–1	0

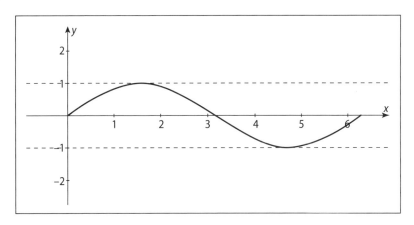

10.8.2 DOMÍNIO, CONJUNTO IMAGEM E PERÍODO

Pela definição e pelo gráfico apresentado aqui, concluímos que o domínio da função seno é $\mathbb{R}$ e a imagem é o intervalo [–1; 1]. Então:

Domínio da função: $D(f) = \mathbb{R}$

Imagem da função: $\text{Im}(f) = [-1; 1]$

Período: $p = 2\pi$

10.9 FUNÇÃO COSSENO

Dado um número real x, sabemos que ele corresponde a um único ponto P(a, b) no ciclo trigonométrico. Por definição, cosseno de x é a abscissa, a, de P

Notação: $\cos x = \overline{OR} = a$

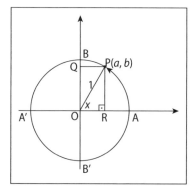

De fato, considerando o triângulo retângulo POR, sendo x a medida do ângulo agudo $A\hat{O}P$ em radianos, então:

$$\cos x = \frac{\overline{OR}}{\overline{OP}} = \frac{\overline{OR}}{1} = \overline{OR}$$

Logo, temos a função cosseno:
$$f: \mathbb{R} \to \mathbb{R}$$
$$f(x) = y = \cos(x)$$

Observações

1) O eixo horizontal onde se determina a abscissa de P é denominado eixo dos cossenos.
2) A definição de cosseno de um ângulo agudo, no triângulo retângulo é coerente com a definição acima, restringindo-se aos valores de x pertencentes ao intervalo]0, π/2[.

10.9.1 REPRESENTAÇÃO GRÁFICA

Para esboçar o gráfico desta função, que é denominado de cossenoide, devemos fazer uso da tabela auxiliar dos pontos notáveis.

x	0	π/6	π/4	π/3	π/2	π	3π/2	2π
cos x	1	$\sqrt{3}/2$	$\sqrt{2}/2$	1/2	0	−1	0	1

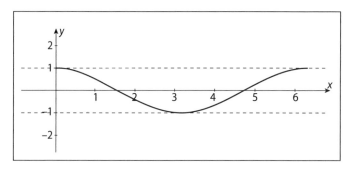

10.9.2 DOMÍNIO, CONJUNTO IMAGEM E PERÍODO

Pela definição e pelo gráfico acima, concluímos que o domínio da função cosseno é $\mathbb{R}$ e a imagem é o intervalo [−1; 1]. Então:

Domínio da função: D(f) = $\mathbb{R}$

Imagem da função: Im(f) = [−1; 1]

Período: p = 2π

10.10 FUNÇÃO TANGENTE

Denominamos a função tangente à função $f(x) = \text{tg}(x) = \dfrac{\text{sen}(x)}{\cos(x)}$ definida para todo x real, tal que $\cos x \neq 0$, ou seja, para todo x real diferente de $\dfrac{\pi}{2} + k\pi$, onde $k \in \mathbb{Z}$.

10.10.1 INTERPRETAÇÃO GEOMÉTRICA

Seja z a reta tangente ao ciclo trigonométrico, passando pelo ponto A(1, 0) e vamos denominá-la eixo das tangentes. Observe as seguintes características de z:
1º) ela é orientada no mesmo sentido do eixo das ordenadas;
2º) sua origem é A.

Se P é um ponto do ciclo trigonométrico associado a um número real x, onde $x \neq \dfrac{\pi}{2} + k\pi$, então a reta OP intercepta o eixo das tangentes em algum ponto T.

Consideremos os triângulos semelhantes ORP e OAT onde temos:

$$\dfrac{|AT|}{|OA|} = \dfrac{|PR|}{|OR|} \Rightarrow \dfrac{|AT|}{1} = \dfrac{|\text{sen } x|}{|\cos x|}$$

Estudando os sinais de $\overline{AT}$, sen x e cos x em todos os quadrantes, concluímos que:

$$|AT| = \dfrac{\text{sen } x}{\cos x} = \text{tg } x$$

Logo, temos a função tangente:

$f: \mathbb{R} - \{x/\cos(x) = 0\} \to \mathbb{R}$ ou

$\mathbb{R} - \left\{\dfrac{\pi}{2} + \mathbb{R}\pi, \mathbb{R} \in \mathbb{Z}\right\} \Rightarrow \mathbb{R}$

$f(x) = \text{tg}(x) = \dfrac{\text{sen}(x)}{\cos(x)}$

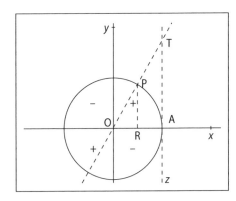

10.10.2 REPRESENTAÇÃO GRÁFICA

Consideremos os valores notáveis para esboçar o gráfico desta função, que é denominado de tangentoide.

x	0	π/6	π/4	π/3	π/2	2π/3	3π/4	5π/6	π
tg x	0	√3/3	1	√3	∄	-√3	-1	-√3/3	0

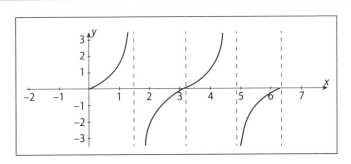

10.10.3 DOMÍNIO, CONJUNTO IMAGEM E PERÍODO

1) O domínio da função tangente é: $D(f) = \mathbb{R} - \{\pi/2 + k\pi; k \in \mathbb{Z}\}$;
2) A imagem da função tangente é: $\text{Im}(f) = \mathbb{R}$;
3) A função tangente não é limitada;
4) A função tangente tem período $p = \pi$;
5) A função tangente é uma função ímpar, pois

$$\text{tg}(-x) = \frac{\text{sen}(-x)}{\cos(-x)} = \frac{-\text{sen}\,x}{\cos x} = -\text{tg}\,x$$

para $x \neq \pi/2 + k\pi; k \in \mathbb{Z}$.

10.11 FUNÇÃO COTANGENTE

Denominamos a função cotangente à função $f(x) = \text{cotg}(x) = \dfrac{\cos(x)}{\text{sen}(x)}$ definida para todo x real, tal que $\text{sen}\,x \neq 0$, ou seja, para todo x real diferente de $k\pi$, onde $k \in \mathbb{Z}$.

> **Observação**
> $f(x) = \text{cotg}(x) = \dfrac{1}{\text{tg}(x)}$.

10.11.1 INTERPRETAÇÃO GEOMÉTRICA

Seja z' a reta tangente ao ciclo trigonométrico, passando pelo ponto $B(0, 1)$ e vamos denominá-la eixo das cotangentes. Observe as seguintes características de z:

1º) ela é orientada no mesmo sentido do eixo das abscissas;

2º) sua origem é B.

Com as considerações semelhantes feitas na função tangente, concluímos que:

$$f(x) = \text{cotg}(x) = \frac{\cos(x)}{\text{sen}(x)} = \overline{BT'}$$

Logo temos,

$$f: \mathbb{R} - \{x/\text{sen}(x) \neq 0\} \to \mathbb{R}$$

$$f(x) = \text{cotg}(x) = \frac{\cos(x)}{\text{sen}(x)}$$

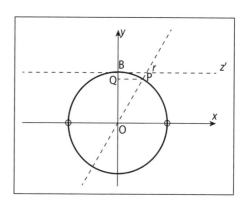

10.11.2 REPRESENTAÇÃO GRÁFICA

Consideremos os valores notáveis para esboçar o gráfico desta função, que é denominado de cotangentoide.

x	0	π/6	π/4	π/3	π/2	2π/3	3π/4	5π/6	π
cotg x	∄	√3	1	√3 / 3	0	−√3 / 3	−1	−√3	∄

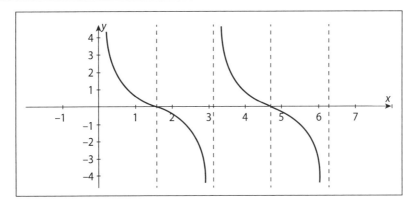

10.11.3 DOMÍNIO, CONJUNTO IMAGEM E PERÍODO

1) O domínio da função cotangente é: $D(f) = \mathbb{R} - \{k\pi; k \in \mathbb{Z}\}$;
2) A imagem da função cotangente é: $\text{Im}(f) = \mathbb{R}$;
3) A função cotangente tem período $p = \pi$.

10.12 FUNÇÃO SECANTE

Denominamos a função secante à função $f(x) = \sec(x) = \dfrac{1}{\cos(x)}$ definida para todo x real, tal que $\cos x \neq 0$, ou seja, para todo x real diferente de $\dfrac{\pi}{2} + k\pi$, onde $k \in \mathbb{Z}$.

10.12.1 INTERPRETAÇÃO GEOMÉTRICA

Consideremos um número real x que tem imagem em um ponto P do ciclo trigonométrico, tal que a reta tangente t ao ciclo em P intercepta o eixo dos cossenos em S. Chamamos de **secante de x** à medida algébrica de $\overline{OS}$

Indicamos: $\sec x = \overline{OS}$.

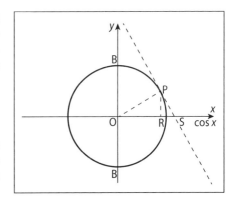

Se R é o pé da perpendicular baixada de P ao eixo dos cossenos, podemos verificar que os triângulos OPS e ORP são semelhantes, logo temos:

$$\frac{|\overline{OS}|}{\overline{OP}} = \frac{\overline{OP}}{|\overline{OR}|}$$

analisando os sinais nos quatro quadrantes, concluímos que:

$$\frac{\sec x}{1} = \frac{1}{\cos x} \Rightarrow \sec x = \frac{1}{\cos x}$$

10.12.2 REPRESENTAÇÃO GRÁFICA

Construiremos o gráfico da função secante, utilizando a igualdade $\sec x = \dfrac{1}{\cos x}$

x	0	π/6	π/4	π/3	π/2	π	3π/2	2π
sec x	1	2/√3	2/√2	2	∄	−1	∄	1

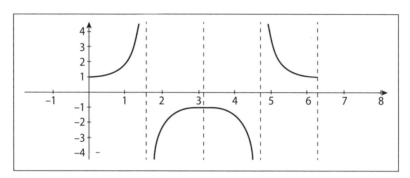

10.12.3 DOMÍNIO, CONJUNTO IMAGEM E PERÍODO

1) O domínio da função secante é: $D(f) = \mathbb{R} - \{\pi/2 + k\pi; k \in \mathbb{Z}\}$;
2) A imagem da função secante é: $\text{Im}(f) =]-\infty;-1] \cup [1;\infty[$;
3) A função secante tem período p = 2π, pois $\sec(x + 2\pi) = \sec x, \forall x \in D(f)$.

10.13 FUNÇÃO COSSECANTE

Denominamos a função cossecante à função $f(x) = \text{cossec}(x) = \dfrac{1}{\text{sen}(x)}$ definida para todo x real, tal que sen $x \neq 0$, ou seja, para todo x real diferente de $k\pi$, onde $k \in \mathbb{Z}$.

10.13.1 INTERPRETAÇÃO GEOMÉTRICA

Consideremos um número real x que tem imagem num ponto P do ciclo trigonométrico, tal que a reta tangente t ao ciclo em P intercepta o eixo dos senos em S'. Chamamos de cossecante de x à medida algébrica de $\overline{OS'}$.

Indicamos: $\text{cossec}\, x = \overline{OS'}$.

Se Q é o pé da perpendicular baixada de P ao eixo dos senos, podemos verificar que os triângulos OPS' e OQP são semelhantes, logo temos:

$$\frac{|\overline{OS'}|}{\overline{OP}} = \frac{\overline{OP}}{|\overline{OQ}|}$$

analisando os sinais nos quatro quadrantes, concluímos que:

$$\frac{\operatorname{cossec} x}{1} = \frac{1}{\operatorname{sen} x} \Rightarrow \operatorname{cossec} x = \frac{1}{\operatorname{sen} x}$$

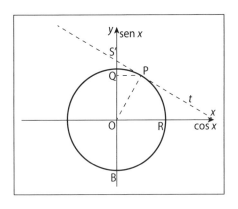

10.13.2 REPRESENTAÇÃO GRÁFICA

Construiremos o gráfico da função cossecante, utilizando a igualdade $\operatorname{cossec} x = \frac{1}{\operatorname{sen} x}$.

x	0	π/6	π/4	π/3	π/2	π	3π/2	2π
cossec x	∄	2	2/√2	2/√3	1	∄	−1	∄

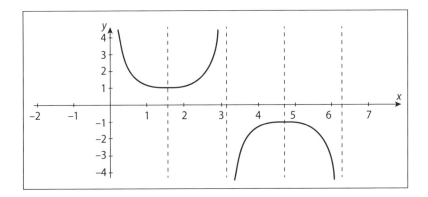

10.13.3 DOMÍNIO, CONJUNTO IMAGEM E PERÍODO

1) O domínio da função cossecante é: $D(f) = \mathbb{R} - \{k\pi; k \in \mathbb{Z}\}$;
2) A imagem da função cossecante é: $\operatorname{Im}(f) = \left]-\infty; -1\right] \cup \left[1; \infty\right[$;
3) A função cossecante tem período $p = 2\pi$, pois $\operatorname{cossec}(x + 2\pi) = \operatorname{cossec} x, \forall x \in D(f)$.

10.14 FUNÇÃO ARCO-SENO

Vamos definir uma função que a cada número real x do intervalo $-1 \leq x \leq 1$ faz corresponder um único número real y tal que $\operatorname{sen} y = x$. Como existe uma infinidade de valores de y que verificam a igualdade $\operatorname{sen} y = x$, temos que restringir um intervalo conveniente para y, para que exista a função inversa.

Temos a seguinte convenção para a função arco-seno:

1º) para $x \geq 0 \Rightarrow y \in$ 1º quadrante do ciclo trigonométrico, tal que $0 \leq y \leq \frac{\pi}{2}$;

194   Matemática com aplicações tecnológicas – Volume 1

2°) para $x < 0 \Rightarrow y \in 4°$ quadrante do ciclo trigonométrico, tal que $-\dfrac{\pi}{2} \le y < 0$.

Assim, temos a definição, para $x \in [-1; 1]$; $y = \text{arc sen } x \Leftrightarrow x = \text{sen } y$ e $y \in [\dfrac{-\pi}{2}; \dfrac{\pi}{2}]$.

$$y = f(x) = \text{arc sen } x$$

Lê-se: y é igual ao arco cujo seno vale x.

Exemplos:

E 10.11 Determinar $y = \text{arc sen } \frac{1}{2}$.

Resolução:

$y = \text{arc sen } \frac{1}{2} \Leftrightarrow \text{sen } y = \dfrac{1}{2}$ e $\dfrac{-\pi}{2} \le y \le \dfrac{\pi}{2}$

logo $y = \dfrac{\pi}{6}(30°)$, isto é arc sen $\frac{1}{2} = \dfrac{\pi}{6}$

Resposta: arc sen $\frac{1}{2} = \dfrac{\pi}{6}$

E 10.12 Determinar $y = \text{arc sen } \dfrac{\sqrt{3}}{2}$

Resolução:

$y = \text{arc sen } \dfrac{\sqrt{3}}{2} \Leftrightarrow \text{sen } y = \dfrac{\sqrt{3}}{2}$ e $\dfrac{-\pi}{2} \le y \le \dfrac{\pi}{2}$

logo $y = \dfrac{\pi}{3}(60°)$, isto é arc sen $\dfrac{\sqrt{3}}{2} = \dfrac{\pi}{3}$.

Resposta: arc sen $\dfrac{\sqrt{3}}{2} = \dfrac{\pi}{3}$

E 10.13 Determinar $y = \text{arc sen }(-1)$.

Resolução:

$y = \text{arc sen}(-1) \Leftrightarrow \text{sen } y = (-1)$ e $\dfrac{-\pi}{2} \le y \le \dfrac{\pi}{2}$

logo $y = \dfrac{-\pi}{2}(270°)$, isto é arc sen$(-1) = \dfrac{-\pi}{2}$.

Resposta: arc sen$(-1) = \dfrac{-\pi}{2}$

10.14.1 REPRESENTAÇÃO GRÁFICA

Podemos obter o gráfico da função $y = \text{arc sen } x$, utilizando a senoide e lembrando que os gráficos de uma função e de sua inversa são simétricos em relação à reta que contém as bissetrizes do 1° e 3° quadrantes.

x	-1	0	1
y = arc sen x	$-\pi/2$	0	$\pi/2$

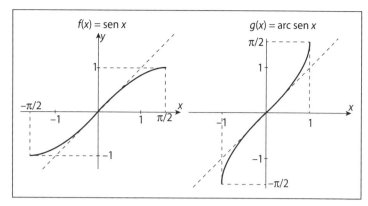

$$D(f) = \left[\frac{-\pi}{2}; \frac{\pi}{2}\right] \qquad D(g) = [-1; 1]$$

$$Im(f) = [-1; 1] \qquad Im(g) = \left[\frac{-\pi}{2}; \frac{\pi}{2}\right]$$

10.14.2 DOMÍNIO E CONJUNTO IMAGEM

Da definição da função $y = \text{arc sen } x$, concluímos que:

1) Como $x = \text{sen } y$, segue que $-1 \leq \text{sen } y \leq 1$, o domínio da função é: $D(f) = [-1; 1]$;

2) E como $\frac{-\pi}{2} \leq y \leq \frac{\pi}{2}$, a imagem da função é: $Im(f) = \left[\frac{-\pi}{2}; \frac{\pi}{2}\right]$.

10.15 FUNÇÃO ARCO-COSSENO

Com as mesmas considerações feitas para $y = \text{arc sen } x$, convenciona-se que o número y deve ser tomado no primeiro ou no segundo quadrante, tal que $0 \leq y \leq \pi$. Temos, assim, a seguinte definição:

Para $x \in [-1; 1]$; $y = \text{arc cos } x \Leftrightarrow x = \cos y$ e $y \in [0; \pi]$.

$$y = f(x) = \text{arc cos } x$$

Lê-se: y é igual ao arco cujo cosseno vale x.

Exemplos:

E 10.14 Determinar $y = \text{arc cos } 0$.

Resolução:

$y = \text{arc cos } 0 \Leftrightarrow \cos y = 0$ e $y \in [0; \pi]$

logo $y = \frac{\pi}{2} (90°)$, isto é $\text{arc cos } 0 = \frac{\pi}{2}$.

Resposta: $\text{arc cos } 0 = \frac{\pi}{2}$

E 10.15 Determinar $y = \arccos(-1/2)$.

Resolução:

$y = \arccos\left(-\dfrac{1}{2}\right) \Leftrightarrow \cos y = -\dfrac{1}{2}$ e $y \in [0;\pi]$

logo $y = \dfrac{2\pi}{3}$ $(120°)$, isto é $\arccos\left(-\dfrac{1}{2}\right) = \dfrac{2\pi}{3}$.

Resposta: $\arccos\left(-\dfrac{1}{2}\right) = \dfrac{2\pi}{3}$

10.15.1 REPRESENTAÇÃO GRÁFICA

Com as mesmas observações feitas na função $y = \text{arc sen } x$, podemos traçar o gráfico da função $y = \arccos x$.

x	−1	−1/2	0	1/2	1
y = arc cos x	π	$2\pi/3$	$\pi/2$	$\pi/3$	0

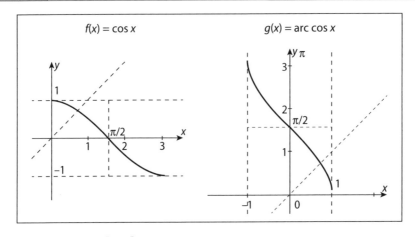

$D(f) = [0;\pi]$ $\qquad D(g) = [-1;1]$
$\text{Im}(f) = [-1;1]$ $\qquad \text{Im}(g) = [0;\pi]$

10.15.2 DOMÍNIO E CONJUNTO IMAGEM

Da definição da função $y = \arccos x$, concluímos que:

1) Como $x = \cos y$, segue que $-1 \leq \cos y \leq 1$, o domínio da função é: $D(f) = [-1;1]$;
2) E como $0 \leq y \leq \pi$, a imagem da função é: $\text{Im}(f) = [0;\pi]$.

10.16 FUNÇÃO ARCO-TANGENTE

Uma função que a cada número real x faz corresponder um único número y tal que $\text{tg } y = x$ é denominada função arco-tangente de x e indicamos $y = \text{arc tg } x$.

Para que essa função exista, devemos utilizar o intervalo $\left]\dfrac{-\pi}{2}; \dfrac{\pi}{2}\right[$ onde a função $y = \text{tg}\, x$ é crescente continuamente de $-\infty$ a $+\infty$.

Temos, assim, a seguinte definição:

Para $x \in \mathbb{R}$, $y = \text{arc tg}\, x \Leftrightarrow \text{tg}\, y = x$ e $y \in \left]\dfrac{-\pi}{2}; \dfrac{\pi}{2}\right[$.

Exemplos:

E 10.16 Determinar $y = \text{arc tg}\, 1$.

Resolução:

$y = \text{arc tg}\, 1 \Leftrightarrow \text{tg}\, y = 1$ e $y \in \left]\dfrac{-\pi}{2}; \dfrac{\pi}{2}\right[$

logo $y = \dfrac{\pi}{4}(45°)$, isto é $\text{arc tg}\, 1 = \dfrac{\pi}{4}$.

Resposta: $\text{arc tg}\, 1 = \dfrac{\pi}{4}$

E 10.17 Determinar $y = \text{arc tg}\, (-1)$.

Resolução:

$y = \text{arc tg}(-1) \Leftrightarrow \text{tg}\, y = -1$ e $y \in \left]\dfrac{-\pi}{2}; \dfrac{\pi}{2}\right[$

logo $y = \dfrac{-\pi}{4}(-45°)$, isto é $\text{arc tg}(-1) = \dfrac{-\pi}{4}$.

Resposta: $\text{arc tg}(-1) = \dfrac{-\pi}{4}$

10.16.1 REPRESENTAÇÃO GRÁFICA

Com as mesmas observações feitas na função $y = \text{arc sen}\, x$, podemos traçar o gráfico da função $y = \text{arc tg}\, x$.

x	$-\sqrt{3}$	-1	0	1	$\sqrt{3}$
y = arc tg x	$-\pi/3$	$-\pi/4$	0	$\pi/4$	$\pi/3$

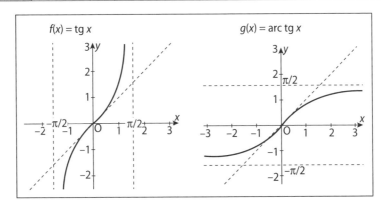

$$D(f) = \left]\dfrac{-\pi}{2};\dfrac{\pi}{2}\right[\qquad\qquad D(g) = \mathbb{R}$$

$$\text{Im}(f) = \mathbb{R} \qquad\qquad \text{Im}(g) = \left]\dfrac{-\pi}{2};\dfrac{\pi}{2}\right[$$

10.16.2 DOMÍNIO E CONJUNTO IMAGEM

Da definição da função $y = \text{arc tg } x$, concluímos que:

1) Como $x = \text{tg } y$, sendo $-\infty \leq \text{tg } y \leq \infty$, segue que o domínio da função é: $D(f) = \mathbb{R}$;

2) E como $\dfrac{-\pi}{2} < y < \dfrac{\pi}{2}$, a imagem da função é: $\text{Im}(f) = \left]\dfrac{-\pi}{2};\dfrac{\pi}{2}\right[$.

10.17 FUNÇÃO ARCO-COTANGENTE

Uma função que a cada número real x faz corresponder um único número y tal que $\text{cotg } y = x$ é denominada função arco-cotangente de x e indicamos $y = \text{arc cotg } x$.

Para que essa função exista, devemos utilizar o intervalo $]0; \pi[$ onde a função $y = \text{cotg } x$ é decrescente continuamente de $+\infty$ a $-\infty$.

Temos, assim, a seguinte definição:

Para $x \in \mathbb{R}$, $y = \text{arc cotg } x \Leftrightarrow \text{cotg } y = x$ e $y \in]0; \pi[$.

Exemplos:

E 10.18 Calcular o valor de $y = \text{arc cotg } \sqrt{3}$.

Resolução:

$y = \text{arc cotg}\sqrt{3} \Leftrightarrow \text{cotg } y = \sqrt{3}$ e $y \in]0; \pi[$

logo $y = \dfrac{\pi}{6}(30°)$, isto é $\text{arc cotg}\sqrt{3} = \dfrac{\pi}{6}$.

Resposta: $\text{arc cotg}\sqrt{3} = \dfrac{\pi}{6}$.

E 10.19 Calcular $\text{sen } y$, se $y = \text{arc cotg } (-1)$.

Resolução:

$y = \text{arc cotg}(-1) \Leftrightarrow \text{cotg } y = -1$ e $y \in]0; \pi[$

logo $y = \dfrac{3\pi}{4}(135°)$,

logo $\text{sen}\left(\dfrac{3\pi}{4}\right) = \text{sen}(135°) = \text{sen}(45°) = \dfrac{\sqrt{2}}{2}$.

Resposta: $\text{sen}\left(\dfrac{3\pi}{4}\right) = \dfrac{\sqrt{2}}{2}$

10.17.1 REPRESENTAÇÃO GRÁFICA

Podemos construir o gráfico da função $y = \text{arc cotg } x$, refletindo-se o gráfico da função cotangente restrita, em torno da reta $y = x$.

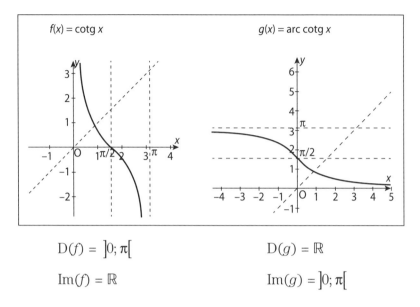

$D(f) = \,]0; \pi[$ $D(g) = \mathbb{R}$

$\text{Im}(f) = \mathbb{R}$ $\text{Im}(g) = \,]0; \pi[$

10.17.2 DOMÍNIO E CONJUNTO IMAGEM

Da definição da função $y = \text{arc cotg } x$, concluímos que:

1) Como $x = \text{cotg } y$, sendo $-\infty \leq \text{cotg } y \leq \infty$, então o domínio da função é: $D(f) = \mathbb{R}$;

2) E como $0 < y < \pi$, a imagem da função é: $\text{Im}(f) = \,]0; \pi[$.

10.18 FUNÇÃO ARCO-SECANTE

Com a restrição no domínio da função secante, temos $y = \text{arc sec } x$, para todo x tal que $|x| \geq 1$, ou seja, em linguagem matemática:

$$\forall\, x \in \mathbb{R} \,/\, x \leq -1 \vee x \geq 1 \Leftrightarrow \sec y = x \text{ e } y \in \left[0; \frac{\pi}{2}\right[\cup \left]\frac{\pi}{2}; \pi\right].$$

Exemplos:

E 10.20 Calcular o valor de $y = \text{arc sec } 2$.

Resolução:

$$y = \text{arc sec } 2 \Leftrightarrow \sec y = 2 \;\; \frac{1}{\cos y} = 2 \Rightarrow \cos y = \frac{1}{2}$$

$$\text{e } y \in \left[0; \frac{\pi}{2}\right[\cup \left]\frac{\pi}{2}; \pi\right]$$

logo $y = \dfrac{\pi}{6}(30°)$, isto é arc sec $2 = \dfrac{\pi}{6}$.

Resposta: arc sec $2 = \dfrac{\pi}{6}$

E 10.21 Calcular o valor de sen(arc sec 1).

Resolução:

Chamando de $y = \text{arc sec } 1 \Leftrightarrow \sec y = 1 \Leftrightarrow \dfrac{1}{\cos y} = 1$

$\cos y = 1$

e $y \in \left[0; \dfrac{\pi}{2}\right[\cup \left]\dfrac{\pi}{2}; \pi\right]$

logo $y = 0(0°)$, portanto sen $y = $ sen $0 = 0$.

Resposta: sen(arc sec 1) = 0

10.18.1 REPRESENTAÇÃO GRÁFICA

O gráfico da função $g(x) = $ arc sec x, pode ser obtido refletindo-se o gráfico da função secante, em torno da reta $y = x$.

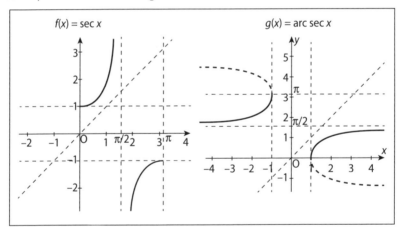

$D(f) = \left]0; \dfrac{\pi}{2}\right[\cup \left]\pi; \dfrac{3\pi}{2}\right[$

$\text{Im}(f) = \left]-\infty; -1\right] \cup \left[1; +\infty\right[$

$D(g) = \left]-\infty; -1\right] \cup \left[1; +\infty\right[$

$\text{Im}(g) = \left[0, \dfrac{\pi}{2}\right[\cup \left]\dfrac{\pi}{2}; \pi\right]$

10.18.2 DOMÍNIO E CONJUNTO IMAGEM

Da definição da função $y = $ arc sec x, concluímos que:

1) Como $x = \sec y$, sendo $y \in \left]-\infty; -1\right] \cup \left[1; +\infty\right[\infty$, então o domínio da função é:
   $D(f) = \left]-\infty; -1\right] \cup \left[1; +\infty\right[$;

2) E como $0 \leqslant y \leqslant \pi$, com $y \neq \dfrac{\pi}{2}$, a imagem da função é:

$$\text{Im}(f) = \left[0; \frac{\pi}{2}\right[\cup \left]\frac{\pi}{2}; \pi\right].$$

10.19 FUNÇÃO ARCO-COSSECANTE

Efetuando a restrição no domínio da função cossecante, temos a seguinte definição para a função inversa $y = \text{arc cossec } x$:

Para todo x tal que $|x| \geq 1$, ou seja, em linguagem matemática:

$\forall\, x \in \mathbb{R}\ /\ x \leq -1 \vee x \geq 1;\ y = \text{arc cossec } x \Leftrightarrow x = \text{cossec } y$.

$$\text{e}\, y \in \left]0; \frac{\pi}{2}\right] \cup \left]\pi; \frac{3\pi}{2}\right]$$

Exemplos:

E 10.22 Calcular o valor de $y = \text{arc cossec}(-2)$.

Resolução:

$$y = \text{arc cossec}(-2) \Leftrightarrow \text{cossec } y = -2 \Leftrightarrow \frac{1}{\text{sen } y} = -2 \Rightarrow \text{sen } y = -\frac{1}{2}$$

$$\text{e}\, y \in \left]0; \frac{\pi}{2}\right] \cup \left]\pi; \frac{3\pi}{2}\right]$$

Logo $y = \dfrac{7\pi}{6}\,(210°)$, isto é $\text{arc cossec}(-2) = \dfrac{7\pi}{6}$.

Resposta: $\text{arc cossec}(-2) = \dfrac{7\pi}{6}$

E 10.23 Calcular o valor de $\text{tg}(\text{arc cossec } \sqrt{2})$.

Resolução:

Chamando de $\alpha = \text{arc cossec}\sqrt{2} \Leftrightarrow \text{cossec } \alpha = \sqrt{2} \Leftrightarrow$

$$\Leftrightarrow \frac{1}{\text{sen } \alpha} = \sqrt{2} \Rightarrow \text{sen } \alpha = \frac{1}{\sqrt{2}} = \frac{\sqrt{2}}{2}\ \text{e}\, y \in \left]0; \frac{\pi}{2}\right] \cup \left]\pi; \frac{3\pi}{2}\right].$$

Logo $\alpha = \dfrac{\pi}{4}$, portanto $\text{tg } \alpha = \text{tg}\left(\dfrac{\pi}{4}\right) = 1$.

Resposta: $\text{tg}(\text{arc cossec } \sqrt{2}) = 1$

10.19.1 REPRESENTAÇÃO GRÁFICA

O gráfico da função $g(x) = \text{arc sec } x$, pode ser obtido refletindo-se o gráfico da função secante, em torno da reta $y = x$.

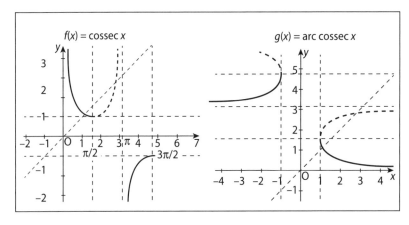

$$D(f) = \left]0; \frac{\pi}{2}\right] \cup \left]\pi; \frac{3\pi}{2}\right] \qquad D(g) = \left]-\infty; -1\right] \cup \left[1; +\infty\right[$$

$$\text{Im}(f) = \left]-\infty; -1\right] \cup \left[1; +\infty\right[\qquad \text{Im}(g) = \left]0; \frac{\pi}{2}\right] \cup \left]\pi; \frac{3\pi}{2}\right]$$

10.19.2 DOMÍNIO E CONJUNTO IMAGEM

Da definição da função y = arc cossec x, concluímos que:

1) Como x = cossec y, sendo $y \in \left]-\infty; -1\right] \cup \left[1; +\infty\right[\infty$, então o domínio da função é: $D(f) = \left]-\infty; -1\right] \cup \left[1; +\infty\right[$;

2) E a imagem da função é: $\text{Im}(f) = \left]0; \frac{\pi}{2}\right] \cup \left]\pi; \frac{3\pi}{2}\right]$.

10.20 REDUÇÃO AO PRIMEIRO QUADRANTE

10.20.1 DO 2º AO 1º QUADRANTE

Dados dois ângulos de medidas algébricas α e β, dizemos que eles são suplementares se α + β = π + 2kπ, onde $k \in \mathbb{Z}$. Neste caso, dado um ângulo qualquer x, segue que x e π − x são suplementares, pois $x + (\pi - x) = \pi$.

Temos então as igualdades:

- sen(π − x) = + sen x
- cos(π − x) = − cos x
- tg(π − x) = − tg x
- cotg(π − x) = − cotg x
- sec(π − x) = − sec x
- cossec(π − x) = + cossec x

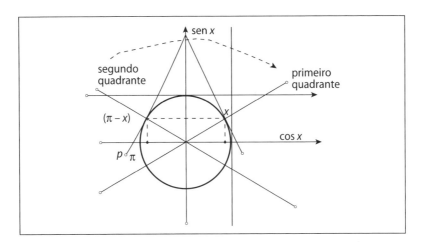

Exemplo:

E 10.24 Calcule o valor de $\cos\left(\dfrac{5\pi}{6}\right)$.

Resolução:

$$\cos\left(\dfrac{5\pi}{6}\right) = \cos\left(\pi - \dfrac{\pi}{6}\right) = -\cos\left(\dfrac{\pi}{6}\right) = -\cos(30°) = \dfrac{-\sqrt{3}}{2}$$

Resposta: $\cos\left(\dfrac{5\pi}{6}\right) = \dfrac{-\sqrt{3}}{2}$

10.20.2 DO 3º AO 1º QUADRANTE

Dados dois ângulos de medidas algébricas α e β, dizemos que eles são explementares se $\alpha - \beta = k\pi$, onde $k \in \mathbb{Z}$. Neste caso, dado um ângulo qualquer x, segue que x e $\pi + x$ são explementares, pois $(\pi + x) - x = \pi$.

Temos então as igualdades:

- $\text{sen}(\pi + x) = -\text{sen}\, x$
- $\cos(\pi + x) = -\cos x$
- $\text{tg}(\pi + x) = +\text{tg}\, x$

- $\text{cotg}(\pi + x) = +\text{cotg}\, x$
- $\sec(\pi + x) = -\sec x$
- $\text{cossec}(\pi + x) = -\text{cossec}\, x$

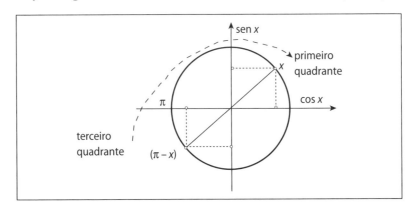

Exemplo:

E 10.25 Calcular o valor de tg(210°).

Resolução:
$$\text{tg}(210°) = \text{tg}(180° + 30°) = \text{tg}(30°) = \frac{\text{sen}(30°)}{\cos(30°)} = \frac{1/2}{\sqrt{3}/2} = \frac{1}{\sqrt{3}} = \frac{\sqrt{3}}{3}$$

Resposta: $\text{tg}(210°) = \dfrac{\sqrt{3}}{3}$

10.20.3 DO 4º AO 1º QUADRANTE

Dados dois ângulos de medidas algébricas α e β, dizemos que eles são replementares se α + β = 2kπ, onde $k \in \mathbb{Z}$. Neste caso, dado um ângulo qualquer x, segue que x e $2\pi - x$ são explementares, pois $(2\pi - x) + x = 2\pi$.

Temos então as igualdades:

- sen(2π − x) = sen(−x) = −sen x
- cos(2π − x) = cos(−x) = + cos x
- tg(2π − x) = tg(−x) = −tg x
- cotg(2π − x) = cotg(−x) = −cotg x
- sec(2π − x) = sec(−x) = + sec x
- cossec(2π − x) = cossec(−x) = −cossec x

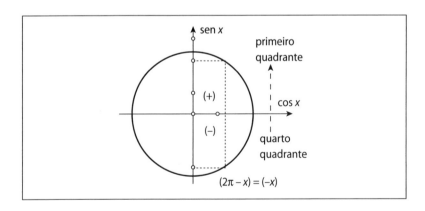

Exemplo:

E 10.26 Calcular o valor de sec(300°).

Resolução:
$$\sec(300°) = \sec(360° - 60°) = \sec(60°) = \frac{1}{\cos(60°)} = \frac{1}{1/2} = 2$$

Resposta: $\sec(300°) = 2$

10.21 REDUÇÃO AO PRIMEIRO OCTANTE (OU PRIMEIRO OITANTE)

Para fazer a redução ao primeiro octante, inicialmente, fazemos uma redução ao primeiro quadrante e, depois, se necessário, aplicamos a teoria dos arcos complementares. Lembrando que, dois arcos de medidas algébricas α e β, dizemos que eles são complementares se $\alpha + \beta = \dfrac{\pi}{2} + 2k\pi$, onde $k \in \mathbb{Z}$.

Neste caso, segue que:

- $\operatorname{sen} \alpha = \cos\left(\dfrac{\pi}{2} - \alpha\right)$

- $\cos \alpha = \operatorname{sen}\left(\dfrac{\pi}{2} - \alpha\right)$

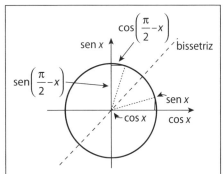

Temos, então as igualdades:

- $\operatorname{sen}\left(\dfrac{\pi}{2} - x\right) = \cos x$

- $\cos\left(\dfrac{\pi}{2} - x\right) = \operatorname{sen} x$

- $\operatorname{tg}\left(\dfrac{\pi}{2} - x\right) = \operatorname{cotg} x$

- $\operatorname{cotg}\left(\dfrac{\pi}{2} - x\right) = \operatorname{tg} x$

- $\operatorname{sec}\left(\dfrac{\pi}{2} - x\right) = \operatorname{cossec} x$

- $\operatorname{cossec}\left(\dfrac{\pi}{2} - x\right) = \operatorname{sec} x$

Exemplos:

E 10.27 Calcular o valor de sen(60°), usando a redução ao 1° octante.

Resolução:

$$\operatorname{sen}(60°) = \cos(30°) = \dfrac{\sqrt{3}}{2}$$

Resposta: $\operatorname{sen}(60°) = \dfrac{\sqrt{3}}{2}$

E 10.28 Calcular o valor de cossec(60°), usando a redução ao 1° octante.

Resolução:

$$\operatorname{cossec}(60°) = \sec(30°) = \dfrac{1}{\cos(30°)} = \dfrac{1}{\sqrt{3}/2} = \dfrac{2}{\sqrt{3}} = \dfrac{2\sqrt{3}}{3}$$

Resposta: $\operatorname{cossec}(60°) = \dfrac{2\sqrt{3}}{3}$

10.22 RELAÇÕES FUNDAMENTAIS DA TRIGONOMETRIA

10.22.1 RELAÇÕES PRINCIPAIS

Dado um número real α qualquer, temos:

a) $\operatorname{sen}^2\alpha + \cos^2\alpha = 1$

Justificação

Consideremos o triângulo retângulo OPQ no ciclo trigonométrico. Pelo teorema de Pitágoras, temos:

$$\left(\overline{QP}\right)^2 + \left(\overline{OQ}\right)^2 = \left(\overline{OP}\right)^2$$

E pelas definições trigonométricas:

$\overline{QP} = \operatorname{sen}\alpha;\ \overline{OQ} = \cos\alpha\ \text{e}\ \overline{OP} = \text{raio} = 1.$

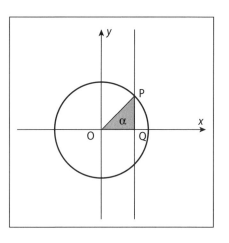

Logo, substituindo nessa expressão, temos:

a) $\operatorname{sen}^2\alpha + \cos^2\alpha = 1$

Que é a principal relação da trigonometria.

b) $\operatorname{tg}\alpha = \dfrac{\operatorname{sen}\alpha}{\cos\alpha}, \forall\ \alpha \in \mathbb{R}\ /\ \alpha \neq \dfrac{\pi}{2} + k\pi, k \in \mathbb{Z}$;

c) $\operatorname{cotg}\alpha = \dfrac{\cos\alpha}{\operatorname{sen}\alpha}, \forall\ \alpha \in \mathbb{R}\ /\ \alpha \neq k\pi, k \in \mathbb{Z}$;

d) $\sec\alpha = \dfrac{1}{\cos\alpha}, \forall\ \alpha \in \mathbb{R}\ /\ \alpha \neq \dfrac{\pi}{2} + k\pi, k \in \mathbb{Z}$;

e) $\operatorname{cossec}\alpha = \dfrac{1}{\operatorname{sen}\alpha}, \forall\ \alpha \in \mathbb{R}\ /\ \alpha \neq k\pi, k \in \mathbb{Z}$.

10.22.2 RELAÇÕES DECORRENTES

f) $\operatorname{cotg}\alpha = \dfrac{1}{\operatorname{tg}\alpha}, \forall\ \alpha \in \mathbb{R}\ /\ \alpha \neq \dfrac{k\pi}{2}, k \in \mathbb{Z}$;

Justificação

Utilizando as relações b) e c), temos: $\operatorname{cotg}\alpha = \dfrac{\cos\alpha : \cos\alpha}{\operatorname{sen}\alpha : \cos\alpha} = \dfrac{1}{\operatorname{sen}\alpha / \cos\alpha} = \dfrac{1}{\operatorname{tg}\alpha}$

g) $\operatorname{tg}^2\alpha + 1 = \sec^2\alpha$

Justificação

Da relação $\operatorname{sen}^2\alpha + \cos^2\alpha = 1$, dividindo ambos os membros por $\cos^2\alpha \neq 0$, segue:

$$\frac{\operatorname{sen}^2\alpha}{\cos^2\alpha} + \frac{\cos^2\alpha}{\cos^2\alpha} = \frac{1}{\cos^2\alpha}$$

E observando as relações b) e d), segue o resultado.

h) $1 + \operatorname{cotg}^2\alpha = \operatorname{cossec}^2\alpha$

Justificação

Da relação $\operatorname{sen}^2\alpha + \cos^2\alpha = 1$, dividindo ambos os membros por $\operatorname{sen}^2\alpha \neq 0$, segue:

$$\frac{\operatorname{sen}^2\alpha}{\operatorname{sen}^2\alpha} + \frac{\cos^2\alpha}{\operatorname{sen}^2\alpha} = \frac{1}{\operatorname{sen}^2\alpha}$$

E observando as relações c) e e), segue o resultado.

Exemplos:

E10.29 Dado sen $x = \dfrac{4}{5}$, onde $0 < x < \dfrac{\pi}{2}$, calcular as demais funções trigonométricas de x.

Resolução:

a) De $\operatorname{sen}^2\alpha + \cos^2\alpha = 1 \Rightarrow \left(\dfrac{4}{5}\right)^2 + \cos^2 x = 1 \Rightarrow$

$\cos^2 x = 1 - \dfrac{16}{25} = \dfrac{9}{25} \Rightarrow \cos x = \pm\dfrac{3}{5}$. Como $0 < x < \dfrac{\pi}{2}$, temos

$\cos x > 0$, logo $\cos x = \dfrac{3}{5}$.

b) $\operatorname{tg} x = \dfrac{\operatorname{sen} x}{\cos x} = \dfrac{{}^4\!/_5}{{}^3\!/_5} = \dfrac{4}{3}$

c) $\operatorname{cotg} x = \dfrac{1}{\operatorname{tg} x} = \dfrac{1}{{}^4\!/_3} = \dfrac{3}{4}$

d) $\sec x = \dfrac{1}{\cos x} = \dfrac{1}{{}^3\!/_5} = \dfrac{5}{3}$

e) $\operatorname{cossec} x = \dfrac{1}{\operatorname{sen} x} = \dfrac{1}{{}^4\!/_5} = \dfrac{5}{4}$

E 10.30 Simplificar a expressão $y = \dfrac{\operatorname{sen}^2 x - \cos^2 x}{\operatorname{sen}^2 x + \operatorname{sen} x \cdot \cos x}$.

Resolução:

$$y = \frac{\operatorname{sen}^2 x - \cos^2 x}{\operatorname{sen}^2 x + \operatorname{sen} x \cdot \cos x} = \frac{(\operatorname{sen} x - \cos x)\cdot(\operatorname{sen} x + \cos x)}{\operatorname{sen} x(\operatorname{sen} x + \cdot \cos x)} =$$

$$= \frac{(\operatorname{sen} x - \cos x)}{\operatorname{sen} x} = \frac{\operatorname{sen} x}{\operatorname{sen} x} - \frac{\cos x}{\operatorname{sen} x} = 1 - \operatorname{cotg} x$$

10.23 TRANSFORMAÇÕES TRIGONOMÉTRICAS

10.23.1 COSSENO DA SOMA

Dados dois números reais quaisquer, a e b, estudaremos as fórmulas para calcular as funções trigonométricas da soma $(a + b)$ e da diferença $(a - b)$. Mas antes, observe que $\cos(a + b) \neq \cos a + \cos b$. De fato,

$$\cos(90°) \neq \cos(30°) + \cos(60°)$$

Pois

$$0 \neq \frac{\sqrt{3}}{2} + \frac{1}{2}$$

Sejam P, Q e R os pontos do ciclo associado aos números a, $a + b$ e $-b$, respectivamente. Em relação ao sistema cartesiano uOv, as coordenadas desses pontos são:

A(1, 0), P($\cos a$, sen a), Q($\cos(a+b)$, sen$(a+b)$)

e

R($\cos(-b)$, sen$(-b)$)=($\cos b$, $-$sen b)

Observe que:

$$\left|\overline{AQ}\right| = \left|\overline{RP}\right| \Rightarrow \left|\overline{AQ}\right|^2 = \left|\overline{RP}\right|^2$$

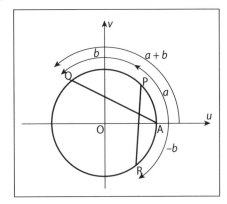

Aplicando o teorema de Pitágoras,

$$\left|\overline{AQ}\right|^2 = (x_Q - x_A)^2 + (y_Q - y_A)^2 = (\cos(a+b) - 1)^2$$

$$+ (\text{sen}(a+b) - 0)^2 = (\cos^2(a+b) - 2\cos(a+b) + 1) + \text{sen}^2(a+b)$$

$$= \cos^2(a+b) + \text{sen}^2(a+b) + 1 - 2\cos(a+b) = 2 - 2\cos(a+b)$$

$$\left|\overline{RP}\right|^2 = (x_P - x_R)^2 + (y_P - y_R)^2 = (\cos a - \cos b)^2 + (\text{sen } a + \text{sen } b)^2$$

$$(\cos^2 a - 2\cos a \cdot \cos b + \cos^2 b) + (\text{sen}^2 a + 2\text{sen } a \cdot \text{sen } b + \text{sen}^2 b)$$

$$= (\cos^2 a + \cos^2 b - 2\cos a \cdot \cos b) + (\text{sen}^2 a + \text{sen}^2 b + 2\text{sen } a \cdot \text{sen } b)$$

$$= (1 - 2\cos a \cdot \cos b) + (1 + 2\text{sen } a \cdot \text{sen } b) = 2 - 2\cos a \cdot \cos b + 2\text{sen } a \cdot \text{sen } b$$

Igualando as duas expressões, temos:

$$2 - 2\cos(a+b) = 2 - 2\cos a \cdot \cos b + 2\text{sen } a \cdot \text{sen } b$$

Simplificando a igualdade, segue:

$$\cos(a+b) = \cos a \cdot \cos b - \text{sen } a \cdot \text{sen } b$$

10.23.2 COSSENO DA DIFERENÇA

Substituindo-se $a - b$ por $a + (-b)$, lembrando que $\operatorname{sen}(-b) = -\operatorname{sen} b$ e que $\cos(-b) = \cos b$, temos:

$$\cos(a - b) = \cos(a + (-b)) = \cos a \cdot \cos(-b) - \operatorname{sen} a \cdot \operatorname{sen}(-b) =$$

$$\cos a \cdot \cos b - \operatorname{sen} a \cdot (-\operatorname{sen} b) = \cos a \cdot \cos b + \operatorname{sen} a \cdot \operatorname{sen} b$$

Portanto,

$$\cos(a - b) = \cos a \cdot \cos b + \operatorname{sen} a \cdot \operatorname{sen} b$$

10.23.3 SENO DA SOMA

De acordo com a definição de ângulos complementares visto anteriormente:

$$\operatorname{sen}\left(\frac{\pi}{2} - x\right) = \cos x \ \text{ e } \ \cos\left(\frac{\pi}{2} - x\right) = \operatorname{sen} x \ \text{ para todo } x \in \mathbb{R}, \text{ então:}$$

$$\operatorname{sen}(a + b) = \cos\left[\frac{\pi}{2} - (a + b)\right] = \cos\left[\left(\frac{\pi}{2} - a\right) - b\right] =$$

$$\cos\left(\frac{\pi}{2} - a\right) \cdot \cos b + \operatorname{sen}\left(\frac{\pi}{2} - a\right) \cdot \operatorname{sen} b$$

$$\operatorname{sen} a \cdot \cos b + \cos a \cdot \operatorname{sen} b$$

Logo,

$$\operatorname{sen}(a + b) = \operatorname{sen} a \cdot \cos b + \operatorname{sen} b \cdot \cos a$$

10.23.4 SENO DA DIFERENÇA

Vamos fazer $\operatorname{sen}(a - b) = \operatorname{sen}[a + (-b)]$ e utilizar a fórmula do seno da soma, daí:

$$\operatorname{sen}(a - b) = \operatorname{sen}[a + (-b)] = \operatorname{sen} a \cdot \cos(-b) + \operatorname{sen}(-b) \cdot \cos a =$$

$$\operatorname{sen} a \cdot \cos b - \operatorname{sen} b \cdot \cos a$$

Portanto,

$$\operatorname{sen}(a - b) = \operatorname{sen} a \cdot \cos b - \operatorname{sen} b \cdot \cos a$$

10.23.5 TANGENTE DA SOMA

Como $\operatorname{tg} x = \dfrac{\operatorname{sen} x}{\cos x}$, $\forall x \in \mathbb{R} / x \neq \dfrac{\pi}{2} + k\pi$, $k \in \mathbb{Z}$; para calcular $\operatorname{tg}(a + b)$, fazemos:

$$\operatorname{tg}(a + b) = \frac{\operatorname{sen}(a + b)}{\cos(a + b)} = \frac{\operatorname{sen} a \cdot \cos b + \operatorname{sen} b \cdot \cos a}{\cos a \cdot \cos b - \operatorname{sen} a \cdot \operatorname{sen} b}$$

Dividindo o numerador e o denominador por $\cos a \cdot \cos b$, temos:

$$\text{tg}(a+b) = \dfrac{\dfrac{\text{sen } a \cdot \cos b + \text{sen } b \cdot \cos a}{\cos a \cdot \cos b}}{\dfrac{\cos a \cdot \cos b - \text{sen } a \cdot \text{sen } b}{\cos a \cdot \cos b}} = \dfrac{\dfrac{\text{sen } a \cdot \cos b}{\cos a \cdot \cos b} + \dfrac{\text{sen } b \cdot \cos a}{\cos a \cdot \cos b}}{\dfrac{\cos a \cdot \cos b}{\cos a \cdot \cos b} - \dfrac{\text{sen } a \cdot \text{sen } b}{\cos a \cdot \cos b}}$$

$$= \dfrac{\text{tg } a + \text{tg } b}{1 - \text{tg } a \cdot \text{tg } b}$$

Logo,

$$\text{tg}(a+b) = \dfrac{\text{tg } a + \text{tg } b}{1 - \text{tg } a \cdot \text{tg } b}$$

Para $a \neq \dfrac{\pi}{2} + k\pi, k \in \mathbb{Z}$, $b \neq \dfrac{\pi}{2} + k\pi, k \in \mathbb{Z}$ e $(a+b) \neq \dfrac{\pi}{2} + k\pi, k \in \mathbb{Z}$.

10.23.6 TANGENTE DA DIFERENÇA

Façamos $a - b = a + (-b)$, então:

$$\text{tg}(a-b) = \text{tg}[a+(-b)] = \dfrac{\text{tg } a + \text{tg}(-b)}{1 - \text{tg } a \cdot \text{tg}(-b)}$$

Portanto,

$$\text{tg}(a-b) = \dfrac{\text{tg } a - \text{tg } b}{1 + \text{tg } a \cdot \text{tg } b}$$

Para $a \neq \dfrac{\pi}{2} + k\pi, k \in \mathbb{Z}$, $b \neq \dfrac{\pi}{2} + k\pi, k \in \mathbb{Z}$ e $(a-b) \neq \dfrac{\pi}{2} + k\pi, k \in \mathbb{Z}$.

10.23.7 FÓRMULAS DE ARCO DUPLO

As fórmulas para calcular as funções trigonométricas do número $2a$, conhecendo os seus valores para o número a, são consequências das fórmulas de adição:

(1) $\text{sen}(a+b) = \text{sen } a \cdot \cos b + \text{sen } b \cdot \cos a$

(2) $\cos(a+b) = \cos a \cdot \cos b - \text{sen } a \cdot \text{sen } b$

(3) $\text{tg}(a+b) = \dfrac{\text{tg } a + \text{tg } b}{1 - \text{tg } a \cdot \text{tg } b}$

Fazendo $b = a$, obtemos:

Em (1):

$$\text{sen}(a+a) = \text{sen } a \cdot \cos a + \text{sen } a \cdot \cos a = 2\text{sen } a \cdot \cos a$$

Logo,

$$\text{sen} 2a = 2\text{sen } a \cdot \cos a$$

Em (2):

$$\cos(a+a) = \cos a \cdot \cos a - \text{sen } a \cdot \text{sen } a = \cos^2 a - \text{sen}^2 a$$

Logo,

$$\cos 2a = \cos^2 a - \text{sen}^2 a$$

Em (3):

$$\text{tg}(a+a) = \frac{\text{tg } a + \text{tg } a}{1 - \text{tg } a \cdot \text{tg } a} = \frac{2 \cdot \text{tg } a}{1 - \text{tg}^2 a}$$

Logo,

$$\text{tg } 2a = \frac{2 \cdot \text{tg } a}{1 - \text{tg}^2 a}$$

Para $a \neq \dfrac{\pi}{2} + k\pi$, $k \in \mathbb{Z}$ e $2a \neq \dfrac{\pi}{2} + k\pi$, $k \in \mathbb{Z}$.

Na fórmula $\cos 2a = \cos^2 a - \text{sen}^2 a$, podemos fazer as seguintes substituições:

$$\cos^2 a = 1 - \text{sen}^2 a \ \text{ ou } \ \text{sen}^2 a = 1 - \cos^2 a,$$

obtendo as seguintes fórmulas:

$$\cos 2a = 2\cos^2 a - 1 \ \text{ ou } \ \cos^2 a = \frac{1 + \cos 2a}{2}$$
$$\cos 2a = 1 - 2\text{sen}^2 a \ \text{ ou } \ \text{sen}^2 a = \frac{1 - \cos 2a}{2}$$

Invertendo a fórmula do arco duplo da tangente, obtemos a da cotangente do arco duplo:

$$\text{cotg } 2a = \frac{1 - \text{tg}^2 a}{2 \cdot \text{tg } a}$$

10.23.8 FÓRMULAS DE ARCO METADE

Dado um número real x, vamos calcular o seno, o cosseno e a tangente de $x/2$, em função de $\cos x$. Fazendo $x/2 = a$, temos que $x = 2a$, portanto, queremos sen a, $\cos a$ e tg a, supondo conhecido $\cos 2a$. Das equações já apresentadas aqui:

$$\cos^2\left(\frac{x}{2}\right) = \frac{1 + \cos x}{2} \ \Rightarrow \ \cos\left(\frac{x}{2}\right) = \pm\sqrt{\frac{1 + \cos x}{2}}$$

$$\text{sen}^2\left(\frac{x}{2}\right) = \frac{1 - \cos x}{2} \ \Rightarrow \ \text{sen}\left(\frac{x}{2}\right) = \pm\sqrt{\frac{1 - \cos x}{2}}$$

E pela definição:

$$\text{tg}^2\left(\frac{x}{2}\right) = \frac{\text{sen}^2\left(\dfrac{x}{2}\right)}{\cos^2\left(\dfrac{x}{2}\right)} = \frac{\dfrac{1 - \cos x}{2}}{\dfrac{1 + \cos x}{2}} \ \Rightarrow \ \text{tg}\left(\frac{x}{2}\right) = \pm\sqrt{\frac{1 - \cos x}{1 + \cos x}}$$

Agora, vamos calcular $\operatorname{sen} x$, $\cos x$ e $\operatorname{tg} x$ em função de $\operatorname{tg}\left(\dfrac{x}{2}\right)$:

1) Cálculo de $\operatorname{tg} x$:

Sabendo que $\operatorname{tg} 2a = \dfrac{2 \cdot \operatorname{tg} a}{1 - \operatorname{tg}^2 a}$ e fazendo $x = 2a$, portanto $a = x/2$, temos:

$$\operatorname{tg} x = \frac{2 \cdot \operatorname{tg}\left(\dfrac{x}{2}\right)}{1 - \operatorname{tg}^2\left(\dfrac{x}{2}\right)}$$

2) Cálculo de $\cos x$:

Sabendo que $\operatorname{tg}\left(\dfrac{x}{2}\right) = \pm\sqrt{\dfrac{1 - \cos x}{1 + \cos x}}$ e,

portanto, $\operatorname{tg}^2\left(\dfrac{x}{2}\right) = \dfrac{1 - \cos x}{1 + \cos x}$, segue:

$$\operatorname{tg}^2\left(\frac{x}{2}\right) + \operatorname{tg}^2\left(\frac{x}{2}\right)\cos x = 1 - \cos x \Rightarrow \cos x\left(1 + \operatorname{tg}^2\left(\frac{x}{2}\right)\right) = 1 - \operatorname{tg}^2\left(\frac{x}{2}\right)$$

Logo,

$$\cos x = \frac{1 - \operatorname{tg}^2\left(\dfrac{x}{2}\right)}{1 + \operatorname{tg}^2\left(\dfrac{x}{2}\right)}$$

3) Cálculo de $\operatorname{sen} x$:

Como $\operatorname{tg} x = \dfrac{\operatorname{sen} x}{\cos x}$, então $\operatorname{sen} x = \cos x \cdot \operatorname{tg} x$, ou seja,

$$\operatorname{sen} x = \frac{1 - \operatorname{tg}^2\left(\dfrac{x}{2}\right)}{1 + \operatorname{tg}^2\left(\dfrac{x}{2}\right)} \cdot \frac{2 \cdot \operatorname{tg}\left(\dfrac{x}{2}\right)}{1 - \operatorname{tg}^2\left(\dfrac{x}{2}\right)}, \text{ logo: } \operatorname{sen} x = \frac{2 \cdot \operatorname{tg}\left(\dfrac{x}{2}\right)}{1 + \operatorname{tg}^2\left(\dfrac{x}{2}\right)}$$

Observação

Verificamos que $\operatorname{sen} x$, $\cos x$ e $\operatorname{tg} x$ são expressões racionais de uma única variável, $t = \operatorname{tg}\left(\dfrac{x}{2}\right)$. Essas fórmulas são úteis na resolução de equações algébricas.

Exemplos:

E 10.31 Calcular o valor de $\operatorname{sen} 75°$.

Resolução:

Usando a fórmula do seno da soma, temos:

$$\text{sen } 75° = \text{sen}(30° + 45°) = \text{sen } 30° \cdot \cos 45° + \text{sen } 45° \cdot \cos 30° =$$

$$\frac{1}{2} \cdot \frac{\sqrt{2}}{2} + \frac{\sqrt{2}}{2} \cdot \frac{\sqrt{3}}{2} = \frac{\sqrt{2}}{4} + \frac{\sqrt{6}}{4} = \frac{\sqrt{2} + \sqrt{6}}{4}$$

Resposta: sen $75° = \dfrac{\sqrt{2} + \sqrt{6}}{4}$

E 10.32 Calcular o valor de sen 15°.

Resolução:

Usando a fórmula do seno da diferença, temos:

$$\text{sen } 15° = \text{sen}(45° - 30°) = \text{sen } 45° \cdot \cos 30° - \text{sen } 30° \cdot \cos 45° =$$

$$\frac{\sqrt{2}}{2} \cdot \frac{\sqrt{3}}{2} - \frac{1}{2} \cdot \frac{\sqrt{2}}{2} = \frac{\sqrt{6}}{4} - \frac{\sqrt{2}}{4} = \frac{\sqrt{6} - \sqrt{2}}{4}$$

Resposta: sen $15° = \dfrac{\sqrt{6} - \sqrt{2}}{4}$

E 10.33 Sabendo que sen x + cos x = 0,2, determine o valor de sen $2\,x$.

Resolução:

Vamos elevar ao quadrado a igualdade:

$$(\text{sen } x + \cos x)^2 = 0{,}2^2$$

$$\text{sen}^2 x + 2 \cdot \text{sen } x \cdot \cos x + \cos^2 x = 0{,}04$$

$$(\text{sen}^2 x + \cos^2 x) + 2 \cdot \text{sen } x \cdot \cos x = 0{,}04$$

$$1 + \text{sen } 2\,x = 0{,}04$$

$$\text{sen } 2\,x = -0{,}96$$

Resposta: sen $2\,x = -0{,}96$

E 10.34 Simplifique a expressão abaixo:

$$A = \frac{\text{sen } 2\,x}{\text{sen } x} - \frac{\cos 2\,x}{\cos x}$$

Resolução:

Vamos utilizar as fórmulas dos arcos duplos do seno e do cosseno:

$$A = \frac{\text{sen } 2\,x}{\text{sen } x} - \frac{\cos 2\,x}{\cos x} = \frac{2\text{sen } x \cdot \cos x}{\text{sen } x} - \frac{\left(\cos^2 x - \text{sen}^2 x\right)}{\cos x} =$$

$$\frac{2 \cdot \cos x}{1} - \frac{\left(\cos^2 x - \operatorname{sen}^2 x\right)}{\cos x} = \frac{2\cos^2 x - \cos^2 x + \operatorname{sen}^2 x}{\cos x} = \frac{\cos^2 x + \operatorname{sen}^2 x}{\cos x} = \frac{1}{\cos x} = \sec x$$

Resposta: A = sec x

E 10.35 Dado $\cos x = \dfrac{1}{4}$, com $0 < x < \dfrac{\pi}{2}$, calcule $\operatorname{sen}\left(\dfrac{x}{2}\right)$ e $\cos\left(\dfrac{x}{2}\right)$.

Resolução:

Aplicando a fórmula do arco metade do seno e do cosseno, como $0 < x < \dfrac{\pi}{2}$:

$$\operatorname{sen}\left(\frac{x}{2}\right) = \sqrt{\frac{1-\cos x}{2}} \ \Rightarrow \ \operatorname{sen}\left(\frac{x}{2}\right) = \sqrt{\frac{1-\frac{1}{4}}{2}} = \sqrt{\frac{\frac{3}{4}}{2}} = \sqrt{\frac{3}{8}} = \frac{\sqrt{3}}{\sqrt{8}} = \frac{\sqrt{3}}{2\sqrt{2}} = \frac{\sqrt{3}\cdot\sqrt{2}}{2\sqrt{2}\cdot\sqrt{2}} = \frac{\sqrt{6}}{4}$$

$$\cos\left(\frac{x}{2}\right) = \sqrt{\frac{1+\cos x}{2}} \ \Rightarrow \ \cos\left(\frac{x}{2}\right) = \sqrt{\frac{1+\frac{1}{4}}{2}} = \sqrt{\frac{\frac{5}{4}}{2}} = \sqrt{\frac{5}{8}} = \frac{\sqrt{5}}{\sqrt{8}} = \frac{\sqrt{5}}{2\sqrt{2}} = \frac{\sqrt{5}\cdot\sqrt{2}}{2\sqrt{2}\cdot\sqrt{2}} = \frac{\sqrt{10}}{4}$$

Resposta: $\operatorname{sen}\left(\dfrac{x}{2}\right) = \dfrac{\sqrt{6}}{4}$ e $\cos\left(\dfrac{x}{2}\right) = \dfrac{\sqrt{10}}{4}$.

E 10.36 Dado $\cos x = \dfrac{3}{4}$, com $0 < x < \dfrac{\pi}{2}$, calcule $\operatorname{tg}\left(\dfrac{x}{2}\right)$.

Resolução:

Aplicando a fórmula do arco metade da tangente, como $0 < x < \dfrac{\pi}{2}$:

$$\operatorname{tg}\left(\frac{x}{2}\right) = \sqrt{\frac{1-\cos x}{1+\cos x}} \ \Rightarrow \ \operatorname{tg}\left(\frac{x}{2}\right) = \sqrt{\frac{1-\frac{3}{4}}{1+\frac{3}{4}}} = \sqrt{\frac{\frac{1}{4}}{\frac{7}{4}}} = \sqrt{\frac{1}{7}} = \frac{1}{\sqrt{7}} \cdot \frac{\sqrt{7}}{\sqrt{7}} = \frac{\sqrt{7}}{7}$$

Resposta: $\operatorname{tg}\left(\dfrac{x}{2}\right) = \dfrac{\sqrt{7}}{7}$.

10.24 TRANSFORMAÇÃO EM PRODUTO OU FATORAÇÃO TRIGONOMÉTRICA

O recurso da transformação de somas ou diferenças em produtos, isto é, recurso da fatoração trigonométrica, facilita a resolução de muitos problemas da álgebra.

Considerando as fórmulas já vistas aqui:

(1) $\operatorname{sen}(a+b) = \operatorname{sen} a \cdot \cos b + \operatorname{sen} b \cdot \cos a$

(2) $\operatorname{sen}(a-b) = \operatorname{sen} a \cdot \cos b - \operatorname{sen} b \cdot \cos a$

(3) $\cos(a+b) = \cos a \cdot \cos b - \operatorname{sen} a \cdot \operatorname{sen} b$

(4) $\cos(a-b) = \cos a \cdot \cos b + \operatorname{sen} a \cdot \operatorname{sen} b$

Adicionando e subtraindo membro a membro, temos:

$(1) + (2) \Rightarrow \text{sen}(a+b) + \text{sen}(a-b) = 2\text{sen}\,a \cdot \cos b$

$(1) - (2) \Rightarrow \text{sen}(a+b) - \text{sen}(a-b) = 2\text{sen}\,b \cdot \cos a$

$(3) + (4) \Rightarrow \cos(a+b) + \cos(a-b) = 2\cos a \cdot \cos b$

$(3) - (4) \Rightarrow \cos(a+b) - \cos(a-b) = -2\text{sen}\,a \cdot \text{sen}\,b$

Substituindo $p = (a + b)$ e $q = (a - b)$ nestas últimas igualdades e calculando os valores de a e b em função de p e q, teremos as seguintes fórmulas de fatoração trigonométrica:

$$\text{sen}\,p + \text{sen}\,q = 2 \cdot \text{sen}\left(\frac{p+q}{2}\right) \cdot \cos\left(\frac{p-q}{2}\right)$$

$$\text{sen}\,p - \text{sen}\,q = 2 \cdot \text{sen}\left(\frac{p-q}{2}\right) \cdot \cos\left(\frac{p+q}{2}\right)$$

$$\cos p + \cos q = 2 \cdot \cos\left(\frac{p+q}{2}\right) \cdot \cos\left(\frac{p-q}{2}\right)$$

$$\cos p - \cos q = -2 \cdot \text{sen}\left(\frac{p-q}{2}\right) \cdot \text{sen}\left(\frac{p+q}{2}\right)$$

Essas quatro identidades ou fórmulas são, às vezes, conhecidas como fórmulas de Werner pois, ao que parece, o alemão Johanes Werner (1468-1528) as usou para simplificar cálculos envolvendo comprimentos que aparecem em astronomia. As fórmulas passaram a ser longamente usadas por matemáticos e astrônomos no final do século XVII como um método de conversão de produtos em somas e diferenças. O método tornou-se conhecido como prostaférese que, a partir de uma palavra grega, significa "adição e subtração".

Exemplos:

E 10.37 Fatorar a expressão $\text{sen}3\,x + \text{sen}5\,x$.

Resolução:

Aplicando a fórmula da soma dos senos acima:

$$\text{sen}\,p + \text{sen}\,q = 2 \cdot \text{sen}\left(\frac{p+q}{2}\right) \cdot \cos\left(\frac{p-q}{2}\right) \Rightarrow \text{sen}\,3\,x + \text{sen}\,5\,x$$

$$= 2 \cdot \text{sen}\left(\frac{8x}{2}\right) \cdot \cos\left(\frac{-2x}{2}\right) = 2\text{sen}(4x) \cdot \cos(-x) = 2\text{sen}(4x)\cos x$$

Resposta: $\text{sen}\,3\,x + \text{sen}\,5\,x = 2\text{sen}(4x)\cos x$

E 10.38 Fatorar a expressão $\cos 3x - \cos 7x$.

Resolução:

Aplicando a fórmula da diferença dos cossenos acima:

$$\cos p - \cos q = -2 \cdot \operatorname{sen}\left(\frac{p-q}{2}\right) \cdot \operatorname{sen}\left(\frac{p+q}{2}\right)$$

$$\Rightarrow \cos 3x - \cos 7x = -2 \cdot \operatorname{sen}\left(\frac{-4x}{2}\right) \cdot \operatorname{sen}\left(\frac{10x}{2}\right) = -2 \cdot \operatorname{sen}(-2x) \cdot \operatorname{sen}(5x)$$

$$= -2(-\operatorname{sen}(2x)\operatorname{sen}(5x) = 2\operatorname{sen}(2x)\operatorname{sen}(5x)$$

Resposta: $\cos 3x - \cos 7x = 2\operatorname{sen}(2x)\operatorname{sen}(5x)$

10.25 EQUAÇÕES TRIGONOMÉTRICAS

Sejam f e g duas funções trigonométricas de variável real x e sejam D_1 e D_2 seus respectivos domínios. Resolver a equação trigonométrica $f(x) = g(x)$ no conjunto universo $U = \mathbb{R}$ significa determinar o conjunto solução S dos números reais $r \in D_1 \cap D_2$ tal que $f(r) = g(r)$ seja uma sentença verdadeira.

10.25.1 RESOLUÇÃO DA EQUAÇÃO sen $x = a$, PARA $a \in [-1;1]$

Como $a \in [-1; 1]$, existe $\alpha \in \mathbb{R}$ tal que $\operatorname{sen} \alpha = a$. Então, a equação passa a ser: $\operatorname{sen} x = \operatorname{sen} \alpha$. Para resolver, marcamos no eixo dos senos o ponto P tal que OP = $\operatorname{sen} \alpha$. Traçamos a reta r perpendicular ao eixo dos senos pelo ponto P. As imagens de x e de α na circunferência trigonométrica devem estar sobre a reta r, isto é, em P' ou P". Temos, então, duas possibilidades:

$$\operatorname{sen} x = \operatorname{sen} \alpha \Leftrightarrow \begin{cases} x = \alpha + 2k\pi \\ \quad\text{ou} \\ x = (\pi - \alpha) + 2k\pi \end{cases}$$

onde $k \in \mathbb{Z}$.

Exemplos:

E 10.39 Resolver a equação $\operatorname{sen} x = \dfrac{1}{2}$.

Resolução:

$$\operatorname{sen} x = \frac{1}{2} \Rightarrow \operatorname{sen} x = \operatorname{sen} \frac{\pi}{6} \Rightarrow \begin{cases} x = \dfrac{\pi}{6} + 2k\pi \\ \quad\text{ou} \\ x = \left(\pi - \dfrac{\pi}{6}\right) + 2k\pi \end{cases} \quad k \in \mathbb{Z}$$

Resposta: $S = \{x \in \mathbb{R} \,/\, x = \dfrac{\pi}{6} + 2k\pi \vee x = \dfrac{5\pi}{6} + 2k\pi,\ k \in \mathbb{Z}\}$

E 10.40 Resolver a equação $2\text{sen}(2x) = \sqrt{3}$.

Resolução:

$$\text{sen}(2x) = \frac{\sqrt{3}}{2} \Rightarrow \text{sen}(2x) = \text{sen}\frac{\pi}{3} \Rightarrow \begin{cases} x = \dfrac{\pi}{6} + k\pi \\ \text{ou} \\ 2x = \left(\pi - \dfrac{\pi}{3}\right) + 2k\pi \end{cases} \quad k \in \mathbb{Z}$$

Onde, $2x = \left(\dfrac{2\pi}{3}\right) + 2k\pi \Rightarrow x = \left(\dfrac{\pi}{3}\right) + k\pi$

Resposta: $S = \{x \in \mathbb{R} \,/\, x = \dfrac{\pi}{6} + k\pi \vee x = \dfrac{\pi}{3} + k\pi, \, k \in \mathbb{Z}\}$

10.25.2 RESOLUÇÃO DA EQUAÇÃO cos x = a, PARA a ∈ [−1;1]

Como $a \in [-1; 1]$, existe $\alpha \in \mathbb{R}$ tal que $\cos \alpha = a$. Então, a equação passa a ser: $\cos x = \cos \alpha$. Os números x e α têm o mesmo cosseno quando suas imagens no ciclo trigonométrico coincidem ou são simétricas em relação ao eixo das abscissas. Assim,

$$\cos x = \cos \alpha \Leftrightarrow \begin{cases} x = \alpha + 2k\pi \\ \text{ou} \\ x = -\alpha + 2k\pi \end{cases}$$

onde $k \in \mathbb{Z}$.

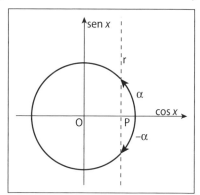

Exemplos:

E 10.41 Resolver a equação $\cos x = \dfrac{\sqrt{2}}{2}$.

Resolução:

$$\cos x = \cos\frac{\pi}{4} \Leftrightarrow \begin{cases} x = \dfrac{\pi}{4} + 2k\pi \\ \text{ou} \\ x = -\dfrac{\pi}{4} + 2k\pi \end{cases} \quad k \in \mathbb{Z}$$

Resposta: $S = \{x \in \mathbb{R} \,/\, x = \dfrac{\pi}{4} + 2k\pi \vee x = -\dfrac{\pi}{4} + 2k\pi, \, k \in \mathbb{Z}\}$.

E 10.42 Resolver a equação $\cos(2x - \pi) = -\dfrac{\sqrt{2}}{2}$.

Resolução:

$$\cos(2x - \pi) = \cos\frac{3\pi}{4} \Leftrightarrow \begin{cases} 2x - \pi = \dfrac{3\pi}{4} + 2k\pi \Rightarrow 2x = \dfrac{7\pi}{4} + 2k\pi \Rightarrow x = \dfrac{7\pi}{8} + k\pi \\ \text{ou} \\ 2x - \pi = -\dfrac{3\pi}{4} + 2k\pi \Rightarrow 2x = \dfrac{\pi}{4} + 2k\pi \Rightarrow x = \dfrac{\pi}{8} + k\pi \end{cases}$$

Resposta: S = $\{x \in \mathbb{R} \mid x = \frac{7\pi}{8} + k\pi \lor x = \frac{\pi}{8} + k\pi, \ k \in \mathbb{Z}\}$.

10.25.3 RESOLUÇÃO DA EQUAÇÃO tg $x = a$, PARA $a \in \mathbb{R}$

Como $a \in \mathbb{R}$, existe $\alpha \in \mathbb{R}$ tal que tg $\alpha = a$. Então, a equação passa a ser: tg x = tg α. Os números x e α têm a mesma tangente quando suas imagens no ciclo trigonométrico coincidem ou são diametralmente opostas, assim:

tg x = tg $\alpha \Leftrightarrow \begin{cases} x = \alpha + 2k\pi \\ \text{ou} \\ x = \pi + \alpha + 2k\pi \end{cases}$

Ou seja, tg x = tg $\alpha \Leftrightarrow x = \alpha + k\pi$ onde $k \in \mathbb{Z}$.

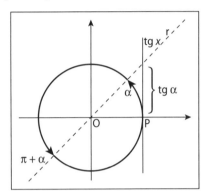

Exemplos:

E 10.43 Resolver a equação tg$(2x) + 1 = 0$.

Resolução:

tg$(2x) + 1 = 0$ tg$(2x) = -1 \Rightarrow$ tg$(2x) =$ tg$\left(\frac{-\pi}{4}\right) \Rightarrow 2x = \frac{-\pi}{4} + k\pi \Rightarrow x = \frac{-\pi}{8} + \frac{k\pi}{2}$

Resposta: S = $\{x \in \mathbb{R} \mid x = -\frac{\pi}{8} + \frac{k\pi}{2}, \ k \in \mathbb{Z}\}$.

E 10.44 Resolver a equação 3tg $x + \sqrt{3} = 0$.

Resolução:

3tg $x = -\sqrt{3} \Rightarrow$ tg $x = -\frac{\sqrt{3}}{3} \Rightarrow$ tg $x =$ tg$\left(\frac{-\pi}{6}\right) \Rightarrow x = \frac{-\pi}{6} + k\pi$

Resposta: S = $\{x \in \mathbb{R} \mid x = -\frac{\pi}{6} + k\pi, \ k \in \mathbb{Z}\}$.

10.26 EQUAÇÕES POLINOMIAIS TRIGONOMÉTRICAS

São equações da forma $ay + b = 0$, $ay^2 + by + c = 0$ ou $ay^3 + by^2 + cy + d = 0$, onde a, b, c e d são números reais conhecidos e y é a incógnita. Muitas equações trigonométricas recaem em equações polinomiais quando fazemos uma mudança de variável. As mais comuns são as equações polinomiais em sen x, cos x ou tg x.

Exemplos:

E 10.45 Resolver a equação 2sen $x - \sqrt{2} = 0$.

Resolução:

Façamos sen $x = y \Rightarrow 2y - \sqrt{2} = 0 \Rightarrow y = \frac{\sqrt{2}}{2} \Rightarrow$ sen $x = \frac{\sqrt{2}}{2}$

Neste caso, recaímos no estudo anterior:

$$\text{sen } x = \frac{\sqrt{2}}{2} \Rightarrow \text{sen } x = \text{sen}\frac{\pi}{4} \Rightarrow \begin{cases} x = \frac{\pi}{4} + 2k\pi \\ \quad \text{ou} \\ x = \left(\pi - \frac{\pi}{4}\right) + 2k\pi \end{cases}$$

Resposta: S = $\{x \in \mathbb{R} \,/\, x = \dfrac{\pi}{4} + 2k\pi \vee x = \dfrac{3\pi}{4} + 2k\pi, \; k \in \mathbb{Z}\}$

E 10.46 Resolver a equação $2\cos^2 x + \cos x - 1 = 0$.

Resolução:

Façamos $\cos x = y$, então a equação fica:

$$2y^2 + y - 1 = 0 \Rightarrow$$

$$y = \frac{-1 \pm \sqrt{1 - 4(2)(-1)}}{2(2)} = \frac{-1 \pm \sqrt{9}}{4} = \frac{-1 \pm 3}{4} = \begin{cases} y' = \dfrac{-4}{4} = -1 \\ \\ y'' = \dfrac{2}{4} = \dfrac{1}{2} \end{cases}$$

Neste caso, temos dois problemas: $\cos x = -1$ ou $\cos x = \dfrac{1}{2}$. Resolvendo cada uma das equações como anteriormente, segue o resultado.

Resposta: S = $\{x \in \mathbb{R} \,/\, x = \pi + 2k\pi \vee x = \pm\dfrac{\pi}{3} + 2k\pi, \; k \in \mathbb{Z}\}$.

10.26.1 EQUAÇÃO LINEAR EM sen x E cos x

Para resolver uma equação do tipo $a\text{sen } x + b\cos x = c$, onde a, b e c são números reais dados, fazemos $\text{sen } x = y$ e $\cos x = z$, obtendo, assim, uma equação polinomial a duas incógnitas $ay + bz = c$ e com a relação fundamental da trigonometria, $\text{sen}^2 x + \cos^2 x = 1$, formamos o seguinte sistema:

$\begin{cases} ay + bz = c \\ y^2 + z^2 = 1 \end{cases}$, calculamos y e z e, em seguida, calculamos os valores de x.

Exemplo:

E 10.47 Resolver a equação $\text{sen } x + \sqrt{3}\cos x = 1$.

Resolução:

Fazendo $\text{sen } x = y$ e $\cos x = z$, obtemos o seguinte sistema:

$$\begin{cases} y + \sqrt{3}z = 1 \;\; (1) \\ y^2 + z^2 = 1 \;\; (2) \end{cases}$$

De (1) temos: $y = 1 - \sqrt{3}z$, que vamos substituir em (2):

$$\left(1 - \sqrt{3}z\right)^2 + z^2 = 1 \Rightarrow 1 - 2\sqrt{3}z + \left(\sqrt{3}z\right)^2 + z^2 = 1 \Rightarrow 4z^2 - 2\sqrt{3}z = 0 \quad (\div 2)$$

$$2z^2 - \sqrt{3}z = 0 \Rightarrow z\left(2z - \sqrt{3}\right) = 0 \Rightarrow \begin{cases} z' = 0 \\ ou \\ z'' = \dfrac{\sqrt{3}}{2} \end{cases}$$

Para $z' = 0 \Rightarrow y' = 1 - \sqrt{3} \cdot 0 = 1 \Rightarrow \begin{cases} y' = \operatorname{sen} x = 1 \\ z' = \cos x = 0 \end{cases} \Rightarrow x = \dfrac{\pi}{2} + 2k\pi$

Para $z'' = \dfrac{\sqrt{3}}{2} \Rightarrow y'' = 1 - \sqrt{3} \cdot \dfrac{\sqrt{3}}{2} = \dfrac{-1}{2} \Rightarrow$

$$\begin{cases} y'' = \operatorname{sen} x = {-1}/{2} \\ z'' = \cos x = {\sqrt{3}}/{2} \end{cases} \Rightarrow x = -\dfrac{\pi}{6} + 2k\pi$$

Resposta: $S = \{x \in \mathbb{R} \,/\, x = -\dfrac{\pi}{6} + 2k\pi \vee x = \dfrac{\pi}{2} + 2k\pi,\ k \in \mathbb{Z}\}$.

10.26.2 EQUAÇÕES FATORÁVEIS

Utilizando recursos algébricos de fatoração e as fórmulas de transformação em produto, podemos resolver muitas equações colocando-as na forma produto igual a zero e aplicando a equivalência:

$$f(x) \cdot g(x) = 0 \Leftrightarrow f(x) = 0 \vee g(x) = 0$$

Exemplos:

E 10.48 Resolver a equação $\operatorname{sen}(6x) + \operatorname{sen}(2x) = 0$.

Resolução:

Aplicando a fórmula da soma dos senos:

$$\operatorname{sen}(6x) + \operatorname{sen}(2x) = 2 \cdot \operatorname{sen}\left(\dfrac{6x + 2x}{2}\right) \cdot \cos\left(\dfrac{6x - 2x}{2}\right) = 2 \cdot \operatorname{sen}(4x) \cdot \cos(2x)$$

A nossa equação passa a ser:

$$2 \cdot \operatorname{sen}(4x) \cdot \cos(2x) = 0 \Rightarrow \operatorname{sen}(4x) = 0 \ \text{ou} \cos(2x) = 0$$

$$\Rightarrow \begin{cases} \operatorname{sen}(4x) = 0 \ \Rightarrow \ 4x = k\pi \qquad x = \dfrac{k\pi}{4} \\ \qquad\qquad\quad ou \\ \cos(2x) = 0 \Rightarrow 2x = \dfrac{\pi}{2} + k\pi \Rightarrow x = \dfrac{\pi}{4} + \dfrac{k\pi}{2} \end{cases}$$

Resposta: $S = \{x \in \mathbb{R} \ / \ x = \dfrac{k\pi}{4} \vee x = \dfrac{\pi}{4} + \dfrac{k\pi}{2}, \ k \in \mathbb{Z}\}$.

E 10.49 Resolver a equação $\cos(8x) = \cos x$.

Resolução:

Aplicando a fórmula da diferença dos cossenos:

$$\cos(8x) - \cos x = -2 \cdot \text{sen}\left(\dfrac{8x - x}{2}\right) \cdot \text{sen}\left(\dfrac{8x + x}{2}\right) = -2 \cdot \text{sen}\left(\dfrac{7x}{2}\right) \cdot \text{sen}\left(\dfrac{9x}{2}\right)$$

A nossa equação passa a ser:

$$-2 \cdot \text{sen}\left(\dfrac{7x}{2}\right) \cdot \text{sen}\left(\dfrac{9x}{2}\right) = 0 \Rightarrow \text{sen}\left(\dfrac{7x}{2}\right) = 0 \text{ ou sen}\left(\dfrac{9x}{2}\right) = 0$$

$$\Rightarrow \begin{cases} \text{sen}\left(\dfrac{7x}{2}\right) = 0 \Rightarrow \dfrac{7x}{2} = k\pi \Rightarrow x = \dfrac{2k\pi}{7} \\[2mm] \text{ou} \\[2mm] \text{sen}\left(\dfrac{9x}{2}\right) = 0 \Rightarrow \dfrac{9x}{2} = k\pi \Rightarrow x = \dfrac{2k\pi}{9} \end{cases}$$

Resposta: $S = \{x \in \mathbb{R} \ / \ x = \dfrac{2k\pi}{7} \vee x = \dfrac{2k\pi}{9}, \ k \in \mathbb{Z}\}$.

10.27 INEQUAÇÕES TRIGONOMÉTRICAS

Inequações trigonométricas são desigualdades de funções circulares da incógnita ou de expressões contendo incógnita. Estudaremos apenas as inequações básicas das seguintes formas: sen $x > a$, sen $x < a$, cos $x > a$, cos $x < a$, tg $x > a$ e tg $x < a$, onde a é um número real dado. Para resolvê-las, primeiro, determinamos as soluções no intervalo $[0; 2\pi]$, fazendo x percorrer o ciclo trigonométrico de 0 a 2π no sentido anti-horário; em seguida, acrescentamos $2k\pi$ para incluir as soluções congruentes àquelas que estão no intervalo $[0; 2\pi]$.

10.27.1 INEQUAÇÃO SEN $X > a$ OU SEN $X < a$

Para qualquer $a \in [-1;1]$, traçamos a reta r paralela ao eixo das abscissas tal que todos os seus pontos têm ordenada igual a a. Verificamos quais pontos do ciclo trigonométrico têm ordenada maior ou menor que a e os destacamos.

Para dar a resposta, percorremos uma volta no ciclo trigonométrico no sentido anti-horário, partindo da origem do ciclo, anotamos os intervalos percorridos que fazem parte do conjunto solução e, finalmente, adicionamos $2k\pi$ aos extremos do intervalo.

Consideremos sen $x > a$. Vamos supor que uma solução da inequação sen $x > a$ seja α.

$$\text{sen } x > \text{sen } \alpha \Rightarrow \alpha < x < \pi - \alpha$$

no intervalo [0; 2π]. A solução geral é:

$$\alpha + 2k\pi < x < (\pi - \alpha) + 2k\pi$$

Para $k \in \mathbb{Z}$.

De modo semelhante, resolvemos as inequações sen $x < a$, cos $x > a$, cos $x < a$, tg $x > a$ e tg $x < a$.

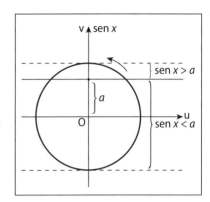

Exemplos:

E 10.50 Resolver a inequação sen $x > \dfrac{1}{2}$.

Resolução:

Resolvendo a igualdade no intervalo [0; 2π]:

$$\text{sen } x = \frac{1}{2} \Rightarrow \text{sen } x = \text{sen}\frac{\pi}{6} \Rightarrow \begin{cases} x = \dfrac{\pi}{6} + 2k\pi \\ \text{ou} \\ x = \left(\dfrac{5\pi}{6}\right) + 2k\pi \end{cases}$$

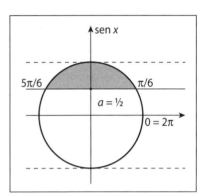

Resposta: $S = \{x \in \mathbb{R} \,/\, \dfrac{\pi}{6} + 2k\pi < x < \dfrac{5\pi}{6} + 2k\pi, \, k \in \mathbb{Z}\}$.

E 10.51 Resolver a inequação sen $x < \dfrac{\sqrt{2}}{2}$.

Resolução:

Resolvendo a igualdade no intervalo [0; 2π]:

$$\text{sen } x = \frac{\sqrt{2}}{2} \Rightarrow \text{sen } x = \text{sen}\frac{\pi}{4} \Rightarrow \begin{cases} x = \dfrac{\pi}{4} + 2k\pi \\ \text{ou} \\ x = \left(\dfrac{3\pi}{4}\right) + 2k\pi \end{cases}$$

A solução geral é:

$$2k\pi < x < \frac{\pi}{4} + 2k\pi \text{ ou}$$

$$\frac{3\pi}{4} + 2k\pi < x < 2\pi + 2k\pi, \, k \in \mathbb{Z}$$

Resposta:

$$S = \{x \in \mathbb{R} \,/\,$$
$$2k\pi < x < \frac{\pi}{4} + 2k\pi \vee \frac{3\pi}{4} + 2k\pi < x < 2\pi + 2k\pi, \, k \in \mathbb{Z}\}$$

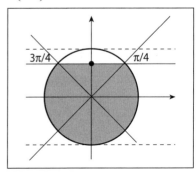

E 10.52 Resolver a inequação $\cos x > \dfrac{1}{2}$.

Resolução:

Resolvendo a igualdade no intervalo $[0; 2\pi]$:

$\cos x = \cos \dfrac{\pi}{3} \Leftrightarrow \begin{cases} x = \dfrac{\pi}{3} + 2k\pi \\ \text{ou} \\ x = \dfrac{5\pi}{3} + 2k\pi \end{cases} k \in \mathbb{Z}.$

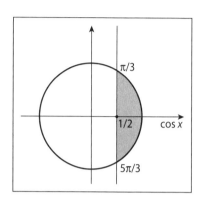

A solução geral é:

$2k\pi < x < \dfrac{\pi}{3} + 2k\pi$ ou

$\dfrac{5\pi}{3} + 2k\pi < x < 2\pi + 2k\pi, \, k \in \mathbb{Z}$

Resposta:

$S = \{x \in \mathbb{R} \, / \, 2k\pi < x < \dfrac{\pi}{3} + 2k\pi \lor \dfrac{5\pi}{3} + 2k\pi < x < 2\pi + 2k\pi, \, k \in \mathbb{Z}\}$

E 10.53 Resolver a inequação $2\cos^2 x - \cos x \le 0$, no intervalo $[0; 2\pi]$:

Resolução:

Façamos $\cos x = y$, e recaímos numa inequação polinomial do 2º grau:

$$2y^2 - y \le 0$$

Resolvendo a igualdade:

$2y(2y - 1) = 0 \Rightarrow \begin{cases} y' = 0 \\ 2y - 1 = 0 \Rightarrow y'' = \dfrac{1}{2} \end{cases}$

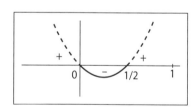

Neste caso, segue que $0 \le y \le \dfrac{1}{2}$, logo, $0 \le \cos x \le \dfrac{1}{2}$

Como a solução geral é no intervalo $[0; 2\pi]$:

$\dfrac{\pi}{3} \le x \le \dfrac{\pi}{2}$

ou

$\dfrac{3\pi}{2} \le x \le \dfrac{5\pi}{3}$

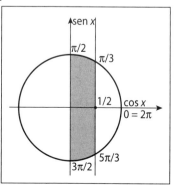

Resposta: $S = \{x \in \mathbb{R} \, / \, \dfrac{\pi}{3} \le x \le \dfrac{\pi}{2} \lor \dfrac{3\pi}{2} \le x \le \dfrac{5\pi}{3}\}$

E 10.54 Resolver a inequação $\tg x > \dfrac{\sqrt{3}}{3}$.

Resolução:

Para $x \in [0; 2\pi]$:

$$\tg x > \tg\left(\dfrac{\pi}{6}\right) \Rightarrow \dfrac{\pi}{6} < x < \dfrac{\pi}{2} \text{ ou } \dfrac{7\pi}{6} < x < \dfrac{3\pi}{2}$$

A solução geral é:

$$\dfrac{\pi}{6} + 2k\pi < x < \dfrac{\pi}{2} + 2k\pi \text{ ou } \dfrac{7\pi}{6} + 2k\pi < x < \dfrac{3\pi}{2} + 2k\pi$$

E esta solução pode ser resumida por

Resposta: $S = \{x \in \mathbb{R} \,/\, \dfrac{\pi}{6} + k\pi \leq x \leq \dfrac{\pi}{2} + k\pi,\, k \in \mathbb{Z}\}$

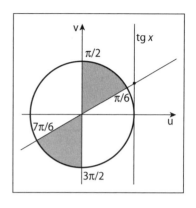

EXERCÍCIOS RESOLVIDOS

R 10.1 Na figura abaixo, calcule o valor de h e de $\tg \alpha$, sendo dada $\tg \beta = 0{,}5$.

Resolução:

Pela definição de tangente no triângulo retângulo ABC, temos:

$$\tg \beta = \dfrac{h}{2} \Rightarrow 0{,}5 = \dfrac{h}{2} \Rightarrow h = 2 \times 0{,}5 = 1\,\text{cm}$$

No triângulo retângulo DBC, temos:

$$\tg \alpha = \dfrac{h}{4} \Rightarrow \tg \alpha = \dfrac{1}{4} \Rightarrow 0{,}25$$

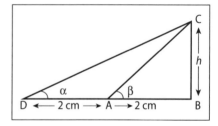

Resposta: $h = 1$ cm e $\tg \alpha = 0{,}25$

R 10.2 Transforme a medida de um arco de 15° (ou ângulo de 15°) em radianos.

Resolução:

Podemos estabelecer a regra de três simples:

$$\pi \text{ rad} \underline{\hspace{3cm}} 180°$$
$$x \underline{\hspace{3cm}} 15°$$

Ou seja,

$$\dfrac{\pi}{x} = \dfrac{180°}{15°} \Rightarrow x = \dfrac{15\pi}{180} = \dfrac{\pi}{12}\,\text{rad}$$

Resposta: $x = \dfrac{\pi}{12}$ rad.

R 10.3 Quanto mede, em graus, o arco $\overset{\frown}{AB}$ contido em uma circunferência de raio 3 cm, cujo comprimento é 4,5 cm?

Resolução:

Pela definição de arco em radianos, temos:

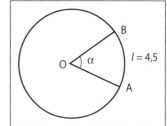

$$\alpha = \frac{l}{r} = \frac{4,5}{3} = 1,5\,\text{rad}$$

Resposta: $m(\overset{\frown}{AB}) = 1,5$ rad

R 10.4 Qual é o comprimento de um arco de 75° sobre uma circunferência de raio 8 cm?

Resolução:

Pela definição de arco em radianos, temos: $\alpha = \dfrac{l}{r}$.

Temos que reduzir 75° em radianos, pela regra de três simples:

$$\pi \text{ rad} \underline{\hspace{2cm}} 180°$$
$$\alpha \underline{\hspace{2cm}} 75°$$

Ou seja, $\dfrac{\pi}{\alpha} = \dfrac{180°}{75°} \Rightarrow \alpha = \dfrac{75\pi}{180} = \dfrac{5\pi}{12}\,\text{rad}$

Voltando à definição acima: $\alpha = \dfrac{5\pi}{12} = \dfrac{l}{8} \Rightarrow$

$l = \dfrac{5 \times 8\pi}{12} = \dfrac{10\pi}{3} = \dfrac{10 \times 3,14}{3} = \dfrac{31,4}{3} = 10,47$

Resposta: $l = 10,47$ cm

R 10.5 Determine os valores de x que satisfazem o sistema

$$\begin{cases} \text{sen}\, x = \dfrac{\sqrt{3}}{2} \\ \cos x = -\dfrac{1}{2} \end{cases}$$

Resolução:

De $\text{sen}\, x = \dfrac{\sqrt{3}}{2} \Rightarrow x = \begin{cases} x = \dfrac{\pi}{3} = 60° \\ x = \pi - \dfrac{\pi}{3} = \dfrac{2\pi}{3} = 120° \end{cases}$

$$\text{De } \cos x = -\frac{1}{2} \Rightarrow x = \begin{cases} x = \pi - \dfrac{\pi}{3} = 120° \\[3mm] x = -\dfrac{2\pi}{3} = -120° \end{cases}$$

Resposta: $x = \dfrac{2\pi}{3} + 2k\pi$, $k \in \mathbb{Z}$

R 10.6 Determine o valor máximo e o valor mínimo de $y = 1 - 2\operatorname{sen} x$.

Resolução:

Como $-1 \leq \operatorname{sen} x \leq 1$, o valor máximo de y ocorre quando $\operatorname{sen} x = -1$:

$$y = 1 - 2 \times (-1) = 3$$

E o valor mínimo ocorre quando $\operatorname{sen} x = 1$:

$$y = 1 - 2 \times 1 = -1$$

Resposta: $y_{\text{máx}} = 3$ e $y_{\text{mín}} = -1$

R 10.7 Simplifique a expressão $y = \dfrac{\operatorname{cotg} x + \operatorname{cossec} x}{\operatorname{sen} x}$.

Resolução:

Escrevendo cada uma das funções trigonométricas em função de $\operatorname{sen} x$ e $\cos x$:

$$y = \frac{\dfrac{\cos x}{\operatorname{sen} x} + \dfrac{1}{\operatorname{sen} x}}{\operatorname{sen} x} = \frac{\dfrac{\cos x + 1}{\operatorname{sen} x}}{\operatorname{sen} x} = \frac{\cos x + 1}{\operatorname{sen} x} \times \frac{1}{\operatorname{sen} x} =$$

$$\frac{\cos x + 1}{\operatorname{sen}^2 x} = \frac{\cos x + 1}{1 - \cos^2 x} = \frac{\cos x + 1}{(1 - \cos x) \cdot (1 + \cos x)} = \frac{1}{1 - \cos x}$$

Resposta: $y = \dfrac{1}{1 - \cos x}$

R 10.8 Calcule o valor de $\cos x$, dado $\cos\left(\dfrac{x}{2}\right) = \dfrac{\sqrt{2}}{4}$.

Resolução:

Utilizando a fórmula do arco metade, temos:

$$\cos^2\left(\frac{x}{2}\right) = \frac{1 + \cos x}{2} \Rightarrow \left(\frac{\sqrt{2}}{4}\right)^2 = \frac{1 + \cos x}{2} \Rightarrow \frac{2}{16} = \frac{1 + \cos x}{2}$$

$$1 + \cos x = 2 \times \frac{1}{8} \Rightarrow \cos x = \frac{1}{4} - 1 = -\frac{3}{4}$$

Resposta: $\cos x = -\dfrac{3}{4}$

Trigonometria   227

R 10.9   Resolva a equação $\sec^2 x = 1 + \operatorname{tg} x$.

Resolução:

Pela relação trigonométrica: $\sec^2 x = 1 + \operatorname{tg}^2 x$, substituindo na equação dada, temos:

$$1 + \operatorname{tg}^2 x = 1 + \operatorname{tg} x \Rightarrow \operatorname{tg}^2 x - \operatorname{tg} x = 0$$

Fatorando, segue:

$$\operatorname{tg} x(\operatorname{tg} x - 1) = 0 \Rightarrow \begin{cases} \operatorname{tg} x = 0 \Rightarrow x = 0 + k\pi \\[2ex] \operatorname{tg} x = 1 \Rightarrow x = \dfrac{\pi}{4} + k\pi \end{cases}$$

Resposta: $S = \{x \in \mathbb{R} \,/\, x = k\pi \vee x = \dfrac{\pi}{4} + k\pi, k \in \mathbb{Z}\}$

EXERCÍCIOS PROPOSTOS

P 10.1   Expresse em radianos:

a) 30°; b) 120°; c) 210°; d) 300°.

P 10.2   Determine o comprimento de um arco $\overset{\frown}{AB}$ definido em uma circunferência de raio 8 cm por ângulo central $A\hat{O}B$ de 120°.

P 10.3   Determine os valores que m pode assumir para que exista pelo menos um arco x satisfazendo a igualdade $\cos x = 3m - 5$.

P 10.4   Determine o domínio da função $f : x \to \operatorname{cossec}\left(\dfrac{\pi}{4} - x\right)$.

P 10.5   Determine o período da função $f(x) = a + b\operatorname{sen}(mx + n)$.

P 10.6   Determine os valores de x que satisfazem o sistema

$$\begin{cases} \operatorname{sen} x = \dfrac{1}{2} \\[2ex] \cos x = \dfrac{\sqrt{3}}{2} \end{cases}.$$

Matemática com aplicações tecnológicas – Volume 1

P 10.7 Determine o valor máximo e o valor mínimo da função $y = -10 \cdot \text{sen } x$.

P 10.8 Dado $\text{sen } x = \dfrac{\sqrt{2}}{2}$, calcule o valor da expressão $A = \dfrac{\sec^2 x - 1}{\text{tg}^2 x + 1}$.

P 10.9 Calcule $\text{sen}\left(\dfrac{x}{2}\right)$ e $\cos\left(\dfrac{x}{2}\right)$, dado $\text{sen } x = \dfrac{12}{13}$ e $0 < x < \dfrac{\pi}{2}$.

P 10.10 Resolva a equação $\text{sen}^2 x = 1 + \cos x$.

RESPOSTAS DOS EXERCÍCIOS PROPOSTOS

P 10.1 a) $\dfrac{\pi}{6}$; b) $\dfrac{2\pi}{3}$; c) $\dfrac{7\pi}{6}$; d) $\dfrac{5\pi}{3}$.

P 10.2 m(AB) = 16,75 cm.

P 10.3 S = [4/3; 2].

P 10.4 D = $\{x \in \mathbb{R} \, / \, x \neq \dfrac{\pi}{4} - k\pi \, , \, k \in \mathbb{Z}\}$

P 10.5 p= $\dfrac{2\pi}{m}$.

P 10.6 $x = \dfrac{\pi}{6} + 2k\pi \, , \, k \in \mathbb{Z}$.

P 10.7 $y_{\text{máx}} = 10$ e $y_{\text{mín}} = -10$.

P 10.8 A = $\dfrac{1}{2}$.

P 10.9 $\text{sen}\left(\dfrac{x}{2}\right) = \dfrac{2\sqrt{13}}{13}$ e $\cos\left(\dfrac{x}{2}\right) = \dfrac{3\sqrt{13}}{13}$.

P 10.10 S = $\{x \in \mathbb{R} \, / \, x = \dfrac{\pi}{2} + k\pi \vee x = \pi + 2k\pi \, , \, k \in \mathbb{Z}\}$

CONJUNTO DOS NÚMEROS COMPLEXOS

11.1 INTRODUÇÃO

Quando resolvemos uma equação do 2º grau como $x^2 + 4x + 5 = 0$, utilizando a fórmula de Bháskara, encontramos:

$$x = \frac{-4 \pm \sqrt{4^2 - 4 \cdot 1 \cdot 5}}{2} = \frac{-4 \pm \sqrt{-4}}{2}$$

Em $\mathbb{R}$ é impossível a solução, pois não existe m $\in \mathbb{R}$ tal que m = $\sqrt{-4}$, ou ainda, que m^2 = –4. A necessidade de obter uma solução para esse tipo de problema levou os matemáticos a procurarem novos conjuntos.

No início do século XVI, era pensamento comum entre os matemáticos que não existia raiz quadrada de número negativo, porque um número negativo não é quadrado de nenhum número. Um primeiro passo importante foi dado por Girolamo Cardano(1501-1576), trabalhando com os radicais negativos, como se fossem números.

Seguindo o raciocínio de Cardano, vamos verificar que $x' = \dfrac{-4 + \sqrt{-4}}{2}$ e $x'' = \dfrac{-4 - \sqrt{-4}}{2}$ são soluções da equação $x^2 + 4x + 5 = 0$ do exemplo dado. Esses números, quando manipulados de acordo com as operações usuais da álgebra, levaram os matemáticos a resultados corretos que, às vezes, não podiam ser obtidos de outra maneira.

Verifiquemos para a solução $x' = \dfrac{-4 + \sqrt{-4}}{2}$, substituindo x por x',

$$x^2 + 4x + 5 = \left(\frac{-4+\sqrt{-4}}{2}\right)^2 + 4\cdot\left(\frac{-4+\sqrt{-4}}{2}\right) + 5 = \frac{(-4)^2 + 2\cdot(-4)\cdot\sqrt{-4} + \left(\sqrt{-4}\right)^2}{4}$$

$$+2\left(-4+\sqrt{-4}\right)+5 = \frac{16 - 8\sqrt{-4} - 4}{4} - 8 + 2\cdot\sqrt{-4} + 5 = 4 - 2\cdot\sqrt{-4} - 1 - 8 + 2\cdot\sqrt{-4} + 5$$

$$= 3 - 2\cdot\sqrt{-4} - 3 + 2\cdot\sqrt{-4} = 0$$

Da mesma forma, verifica-se para x''. Assim, Cardano mostrou que x' e x'' são **soluções da equação dada**.

Os números desse tipo podem ser escritos na forma $a + b\sqrt{-1}$, onde a e b são **números reais**. Assim podemos escrever:

É universalmente considerado o maior matemático do século XIX. Nasceu em Brunswick, Alemanha, em 1777. Há uma história segundo a qual o professor de Gauss na escola pública, quando ele tinha dez anos de idade, teria passado à classe, para mantê-la ocupada, a tarefa de adicionar os números de 1 a 100. Quase imediatamente Gauss apresentou a resposta ao irritado professor que posteriormente ficou surpreso ao verificar que tinha sido o único a acertar a resposta correta, 5.050. Gauss havia calculado, mentalmente, a soma da progressão aritmética 1 + 2 + 3 + ... + 98 + 99 + 100, observando que 100 + 1 = 101, 99 + 2 = 101, 98 + 3 = 101, e assim por diante, com cinquenta pares, sendo, portanto, 50 × 101 = 5.050. Verifica-se pela fórmula da soma dos n primeiros números naturais.

CARL FRIEDRICH GAUSS
(1777-1855)

$$S_{100} = 1 + 2 + 3 + ... + 98 + 99 + 100 = \frac{(a_1 + a_n)\cdot n}{2} = \frac{(1+100)\cdot 100}{2} = 5.050$$

É famosa a afirmação de Gauss de que "a Matemática é a rainha das ciências e a teoria dos números é a rainha da Matemática". Gauss morreu em sua casa no Observatório de Göttingen em 23 de fevereiro de 1855 e logo depois o rei de Hanover ordenou que se preparasse uma medalha comemorativa em sua homenagem. Nela figura a inscrição: "*Georgius V rex Hanoverge Mathematicorum príncipe*" (Jorge V rei de Hanover ao Príncipe dos Matemáticos). Desde então Gauss é conhecido como o "Príncipe dos Matemáticos". Caper Wessel(1745-1818), Jean Robert Argand(1768-1822) e Gauss foram os primeiros a fazer a associação entre os números complexos e os pontos reais do plano. Wessel e Argand não eram professores de matemática. Wessel era um agrimensor nascido em Josrud, Noruega e Argand era um guarda-livros, nascido em Genebra, Suíça. Foto: http://pt.wikipedia.org/wiki/Carl_Friedrich_Gauss

Conjunto dos números complexos

$$x' = \frac{-4 + \sqrt{-4}}{2} = \frac{-4 + \sqrt{4 \times (-1)}}{2} = \frac{-4 + \sqrt{4} \cdot \sqrt{-1}}{2} = \frac{-4 + 2\sqrt{-1}}{2} = -2 + 1\sqrt{-1}$$

Neste caso, $a = -2$ e $b = 1$.

O reconhecimento de números dessa natureza na Matemática só ganhou impulso e legitimação a partir de 1831, quando Gauss publicou um trabalho, dando uma interpretação geométrica para esses símbolos, chamando-os de "números complexos". Sua ideia consiste em considerar os números a e b, do símbolo $a + b\sqrt{-1}$, como coordenadas cartesianas de um ponto do plano e associar o cada símbolo um ponto P do plano cartesiano e vice-versa.

11.2 CONJUNTO DOS NÚMEROS COMPLEXOS

Vamos seguir a ideia de Gauss para apresentar a definição formal de número complexo. Antes, vamos designar $i = \sqrt{-1}$. O símbolo i conserva o nome histórico: unidade imaginária. Assim, $a + b\sqrt{-1}$, será representado por $a + bi$. Mas, em vez de usar esta representação, vamos escrever somente (a, b) que é um par ordenado de números reais e definir a adição e a multiplicação desses pares, de modo que eles se comportem como os antigos símbolos. Então, para a adição temos:

$$a + bi = (a, b) \text{ e } c + di = (c, d)$$

Então,

$$(a + bi) + (c + di) = (a + c) + (b + d)i$$

Donde,

$$(a,b) + (c,d) = (a + bi) + (c + di) = (a + c) + (b + d)i = (a + c, b + d)$$

11.2.1 DEFINIÇÃO DA OPERAÇÃO DE ADIÇÃO

$$(a,b) + (c,d) = (a + c, b + d)$$

E para a multiplicação, temos:

$$(a + bi) \cdot (c + di) = a \cdot c + a \cdot di + b \cdot ci + b \cdot d \cdot i^2$$

$$= a \cdot c + b \cdot d\left(\sqrt{-1}\right)^2 + (ad + bc)i = (ac - bd) + (ad + bc)i$$

Segue que,

$$(a,b) \cdot (c,d) = (a + bi) \cdot (c + di) = (ac - bd) + (ad + bc)i = (ac - bd, ad + bc)$$

11.2.2 DEFINIÇÃO DA OPERAÇÃO DE MULTIPLICAÇÃO

$$(a, b) \cdot (c, d) = (ac - bd, ad + bc)$$

Seja $\mathbb{R}^2$ o conjunto dos pares ordenados de números reais, definimos sobre $\mathbb{R}^2$ as operações adição e multiplicação da seguinte maneira:

$$(a, b) + (c, d) = (a + c, b + d)$$

$$(a, b) \cdot (c, d) = (ac - bd, ad + bc)$$

O conjunto $\mathbb{R}^2$, munido dessas duas operações, recebe o nome de Conjunto dos Números Complexos e é representado pela letra $\mathbb{C}$. Os seus elementos são chamados **números complexos**.

11.2.3 DEFINIÇÃO DE IGUALDADE DE NÚMEROS COMPLEXOS

$$(a, b) = (c, d) \Leftrightarrow a = c \wedge b = d$$

11.2.4 REPRESENTAÇÃO CARTESIANA DE UM NÚMERO COMPLEXO

Um número complexo é caracterizado por um par ordenado de números reais, cada número complexo pode ser representado por um ponto em um plano cartesiano. Há uma nomenclatura associada a essa ideia: o ponto $P = (a, b)$ chama-se afixo do número complexo e o plano cartesiano, nessa situação é denominado de "plano de Argand-Gauss" ou plano complexo.

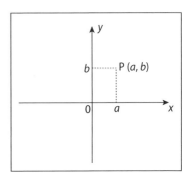

11.3 PROPRIEDADES DAS OPERAÇÕES ADIÇÃO E MULTIPLICAÇÃO EM $\mathbb{C}$

Em $\mathbb{C}$, temos as seguintes propriedades das operações adição e multiplicação. Dados $u, z, w \in \mathbb{C}$.

ADIÇÃO	MULTIPLICAÇÃO
A.1 Comutativa: $u + z = z + u$	**M.1 Comutativa:** $u \cdot z = z \cdot u$
A.2 Associativa: $(u + z) + w = u + (z + w)$	**M.2 Associativa:** $(u \cdot z) \cdot w = u \cdot (z \cdot w)$
A.3 Elemento Neutro: $\exists z_0 \in \mathbb{C}$ tal que $z + z_0 = z_0 + z = z$, $z_0 = (0, 0)$	**M.3 Elemento Neutro:** $\exists z_1 \in \mathbb{C}$ tal que $z \cdot z_1 = z_1 \cdot z = z$, $z_1 = (1, 0)$
A.4 Elemento Oposto: $\exists z' \in \mathbb{C}$ tal que $z' + z = z + z' = (0, 0)$, $\forall z \in \mathbb{C}$	**M.4 Elemento Inverso:** $\exists z' \in \mathbb{C}$ tal que $z' \cdot z = z \cdot z' = (1, 0)$, $\forall z \in \mathbb{C}, z \neq (0, 0)$.
5 Distributiva da multiplicação em relação à adição $z \cdot (u + w) = z \cdot u + z \cdot w$	

Conjunto dos números complexos

Exemplos:

E 11.1 Dados $u = (1, 2)$, $v = (2, 3)$, $w = (2, 1)$. Verificar que:

a) $u \cdot v = v \cdot u$:

Resolução:

$$u \cdot v = (1, 2) \cdot (2, 3) = (1 \cdot 2 - 2 \cdot 3, 1 \cdot 3 + 2 \cdot 2) = (-4, 7)$$
$$v \cdot u = (2, 3) \cdot (1, 2) = (2 \cdot 1 - 3 \cdot 2, 2 \cdot 2 + 3 \cdot 1) = (-4, 7)$$

b) $u \cdot (v + w) = u \cdot v + u \cdot w$:

Resolução:

$$u \cdot (v + w) = (1, 2) \cdot ((2, 3) + (2, 1)) = (1, 2) \cdot (4, 4) = (1.4 - 2 \cdot 4, 1 \cdot 4 + 2 \cdot 4) = (-4, 12)$$
$$u \cdot v + u \cdot w = (1, 2) \cdot (2, 3) + (1, 2) \cdot (2, 1) = (1 \cdot 2 - 2 \cdot 3, 1 \cdot 3 + 2 \cdot 2) +$$
$$(1 \cdot 2 - 2 \cdot 1, 1 \cdot 1 + 2 \cdot 2) = (-4, 7) + (0, 5) = (-4, 12)$$

E 11.2 Sendo $z_1 = (2, 1)$ e $z_2 = (1, -3)$, calcule $z_1 + z_2$ e $z_1 \cdot z_2$:

Resolução:

Aplicando a definição, temos:

$$z_1 + z_2 = (2, 1) + (1, -3) = (2 + 1, 1 + (-3)) = (3, -2)$$
$$z_1 \cdot z_2 = (2, 1) \cdot (1, -3) = (2 \cdot 1 - (1 \cdot (-3), 2 \cdot (-3) + 1 \cdot 1) = (5, -5)$$

E 11.3 Determine x e y reais, sabendo que $(x + 3, 4) = (2, y - 2)$:

Resolução:

$$(x + 3, 4) = (2, y - 2) \Leftrightarrow \begin{cases} x + 3 = 2 \Rightarrow x = -1 \\ y - 2 = 4 \Rightarrow y = 6 \end{cases}$$

Resposta: $x = -1$ e $y = 6$.

EXERCÍCIOS PROPOSTOS

P 11.1 Dados $z_1 = (2, 1)$ e $z_2 = (1, -3)$, calcule $z_1 + z_2^2$:

P 11.2 Resolver a equação: $(x, y)^2 + (1, 0) = (0, 0)$

P.11.3 Sendo $z_1 = (4, -1)$, $z_2 = (3, 0)$ e $z_3 = (-2, 1)$, efetue:

a) $z_1 + z_3$ b) $(z_1 + z_2) \cdot z_3$

11.4 FORMA ALGÉBRICA DOS NÚMEROS COMPLEXOS

O número complexo é um par ordenado de números reais e, portanto, não é um número real. Mas, os pares ordenados $(a, 0)$, $a \in \mathbb{R}$, se comportam como os números reais. De fato, pela definição:

$$(a, 0) + (b, 0) = (a + b, 0 + 0) = (a + b, 0) \text{ e}$$

$$(a, 0) \cdot (b, 0) = (a \cdot b - 0, 0 + 0) = (a \cdot b, 0)$$

Por isso, é costume identificar o número complexo $(a, 0)$ com o número real a e dizemos que "$\mathbb{R}$ é um subconjunto de $\mathbb{C}$". No plano cartesiano, os afixos dos números complexos $(a, 0)$ estão todos sobre o eixo Ox, que é denominado "eixo real" para designar o eixo das abscissas.

O símbolo $\sqrt{-1}$ corresponde ao par $(0, 1)$ e, como já vimos, é designado pelo símbolo i, que é a unidade imaginária. Veja o comportamento do i na multiplicação:

$$i^2 = i \cdot i = (0,1) \cdot (0,1) = (0-1, 0+0) = (-1, 0) = -1$$

Consideremos agora o complexo $z = (a, b)$, que se pode escrever:

$z = (a, b) = (a, 0) + (0, b)$, pois $(a, 0) = a$ e utilizando a definição da multiplicação de números complexos, podemos escrever $(0, b) = (b, 0) \cdot (0, 1)$. Logo,

$$z = (a, b) = (a, 0) + (b, 0) \cdot (0, 1) = a + bi$$

que é a forma algébrica do complexo z. Então, o conjunto dos números complexos $\mathbb{C}$ é tal que:

$$\mathbb{C} = \{z \, / \, z = a + bi, a \in \mathbb{R} \land b \in \mathbb{R}, i \text{ é a unidade imaginária}\}$$

Em $z = a + bi$:

a é a parte real de z e indica-se: $a = \text{Re}(z)$

b é a parte imaginária de z e indica-se: $b = \text{Im}(z)$.

Então:

$(a, 0) = a + 0i = a$ é um número real;

$(0, b) = 0 + bi = bi$ é um imaginário puro

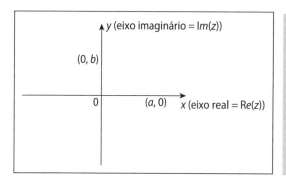

Observação

Embora se possa dizer que o subconjunto dos complexos do tipo $(a, 0)$ seja ordenado, pois são identificados com os reais, nada se pode dizer sobre a ordem em $\mathbb{C}$, isto é, dados $z_1 = a + bi$ e $z_2 = c + di$, **não está definido em $\mathbb{C}$ a relação de ordem**, ou seja, não podemos comparar z_1 e z_2 e dizer se $z_1 < z_2$ ou ao contrário.

Conjunto dos números complexos

É indiferente representarmos um número complexo pelo par ordenado (a, b) ou pela forma algébrica $a + bi$; porém, esta última facilita as operações.

Exemplo:

E 11.4 Representando os complexos abaixo na forma algébrica:

a) $(1, 3) = 1 + 3i$

b) $(-3, 5) = -3 + 5i$

c) $(7, 0) = 7 + 0i = 7$ (real)

d) $(0, 2) = 0 + 2i = 2i$ (imaginário puro)

EXERCÍCIO RESOLVIDO

R 11.1 Calcular o valor de $x \in \mathbb{R}$ em cada caso;

a) $z_1 = \left(\dfrac{1}{3} + 2x\right) + 3i$ para que o complexo seja um imaginário puro;

b) $z_2 = 15 + (3x - 12)i$ para que o complexo seja um número real;

c) $z_3 = (2x - 3) + (3x^2 - 27)i$ para que o complexo seja um imaginário puro.

Resolução:

a) $\mathrm{Re}(z_1) = 0 \Rightarrow \dfrac{1}{3} + 2x = 0 \Rightarrow x = -\dfrac{1}{3} : 2 \Rightarrow x = -\dfrac{1}{3} \cdot \dfrac{1}{2} = -\dfrac{1}{6}$

   Resposta: $x = -1/6$.

b) $\mathrm{Im}(z_2) = 0 \Rightarrow 3x - 12 = 0 \Rightarrow x = \dfrac{12}{3} = 4$

   Resposta: $x = 4$.

c) $\mathrm{Re}(z_3) = 0$ e $\mathrm{Im}(z_2) \neq 0 \Rightarrow \begin{cases} 2x - 3 = 0 & \Rightarrow x = \dfrac{3}{2} \\ 3x^2 - 27 \neq 0 \Rightarrow x^2 \neq 9 \Rightarrow x \neq \pm 3 \end{cases}$

   Resposta: $x = 3/2$.

EXERCÍCIOS PROPOSTOS

P 11.4 Exprima na forma algébrica os seguintes complexos:

   a) $(3, 2)$; b) $(0, -1)$; c) $(x + 2y, x - y)$

P 11.5 Determine $x \in \mathbb{R}$ para que:

   a) $(9x - 6) + (x + 4)i$ seja real;

b) $(4x^2 - 9x) + 5i$ seja imaginário puro;

c) $(x^2 - 3x + 2) + (2x - 1)i$ seja real.

11.5 POTÊNCIAS DA UNIDADE IMAGINÁRIA i

Seja i a unidade imaginária. Vamos calcular i^n, para alguns valores naturais de n. Temos:

$i^0 = 1$ $i^4 = i^2 \cdot i^2 = (-1) \cdot (-1) = 1$

$i^1 = i$ $i^5 = i^4 \cdot i = 1 \cdot i = i$

$i^2 = -1$ $i^6 = i^5 \cdot i = i \cdot i = -1$

$i^3 = i^2 \cdot i = (-1) \cdot i = -i$ $i^7 = i^6 \cdot i = (-1) \cdot i = -i$

Como vemos, os resultados de i^n, $n \in \mathbb{N}$, com expoente n variando, repetem-se de quatro em quatro unidades. Então, se $z = i$, z^n pode assumir quatro valores distintos, isto é, $z \in \{1, i, -1, -i\}$, $\forall\, n \in \mathbb{Z}$. Notemos que para $n \in \mathbb{N}$,

1°) $i^{4n} = (i^4)^n = (1)^n = 1$, o expoente 4n representa os números que são divisíveis por 4.

2°) desta forma, para calcular i^n basta calcular i^r, onde r é o resto da divisão de n por 4.

Exemplo:

E 11.5 Vamos calcular:

a) i^{32}, dividindo 32 por 4, temos: 32:4 = 8, resto r = zero. Logo, $i^{32} = i^0 = 1 \Rightarrow i^{32} = 1$

b) i^{121}, dividindo 121 por 4, temos: 121:4 = 30, resto r = 1. Logo, $i^{121} = i^1 = i$

c) $(2i)^6 = 2^6 \cdot i^6$, dividindo 6 por 4, temos: 6:4 = 1, resto r = 2, $(2i)^6 = 64 \cdot i^2 = 64 \cdot (-1)$
   $= -64$.

EXERCÍCIO PROPOSTO

P 11.6 Efetue:

a) i^{63};   b) $(-i)^{78}$;   c) $(-2i)^{11}$.

11.6 OPERAÇÕES COM NÚMEROS COMPLEXOS NA FORMA ALGÉBRICA

Ao realizarmos as operações com os números complexos na forma algébrica, podemos proceder como na álgebra dos números reais, trocando i^2 por -1, quando isto ocorrer. Dados $z_1 = a + bi$ e $z_2 = c + di$, temos:

a) **Igualdade:**

$$a + bi = c + di \Leftrightarrow a = c \text{ e } b = d$$

b) Adição:
$$(a + bi) + (c + di) = a + bi + c + di = (a + c) + (b + d)i$$

c) Subtração:
$$(a + bi) - (c + di) = a + bi - c - di = (a - c) + (b - d)i$$

d) Multiplicação:
$$(a + bi) \cdot (c + di) = ac + adi + bci + bdi^2$$
$$= ac + adi + bci + bd(-1) = (ac - bd) + (ad + bc)i$$

EXERCÍCIOS RESOLVIDOS

R 11.2 Efetue as seguintes operações:

a) $(4 + 7i) - (-2 - 3i)$

Resolução:

$$(4 + 7i) - (-2 - 3i) = (4 + 7i) + 2 + 3i = (4 + 2) + (7 + 3)i = 6 + 10i$$

Resposta: $6 + 10i$

b) $(1 - 3i)^2 + (-1 - i) \cdot (2 + 4i)$

Resolução:

$$(1 - 6i + (3i)^2) + (-2 - 4i - 2i - 4i^2) = 1 - 6i + 9(-1) - 2 - 6i - 4(-1) =$$
$$(1 - 9 - 2 + 4) - 6i - 6i = -6 - 12i$$

Resposta: $-6 - 12i$.

R 11.3 Determinar x e y, números reais, de modo que $(2x + 4yi) - (x - yi) = 7 + 10i$.

Resolução:

$$(2x + 4yi) - (x - yi) = 7 + 10i$$
$$2x - x + 4yi + yi = 7 + 10i$$
$$x + 5yi = 7 + 10i \Rightarrow x = 7 \wedge 5y = 10 \Rightarrow y = 2$$

Resposta: $x = 7$ e $y = 2$.

EXERCÍCIO PROPOSTO

P 11.7 Calcule as seguintes adições e subtrações:

a) $(2 + 3i) - (5 - 2i)$

b) $(1/2 + i) - (1/2 - i)$

c) $(1/3 + i) + (3/2 - 2i) + i - i^2$

11.7 CONJUGADO DE UM NÚMERO COMPLEXO

Seja $z = a + bi$ um número complexo. Chama-se conjugado do complexo z ao número complexo $a - bi$ que se indica $\bar{z}$. Assim temos:

Se $z = a + bi$, então $\bar{z} = a - bi$ e se $z = a - bi$, então $\bar{z} = a + bi$.

Exemplos:

E 11.6

a) Se $z = 3 + 5i$, então $\bar{z} = 3 - 5i$;

b) Se $z = 2 - 7i$, então $\bar{z} = 2 + 7i$;

c) Se $z = -4 - 3i$, então $\bar{z} = -4 + 3i$;

d) Se $z = 9i$, então $\bar{z} = -9i$;

e) Se $z = 6$, então $\bar{z} = 6$.

Verifica-se que:

1º) Se $z = \bar{z}$, então z é real;

2º) Se $z = a + bi$, então $z \cdot \bar{z} = a^2 + b^2$

De fato,

1º) Seja $z = a + bi$ e $\bar{z} = a - bi$.

Se $z = \bar{z} \Rightarrow a + bi = a - bi \Rightarrow \begin{cases} a = a \\ bi = -bi \end{cases} \Rightarrow$

$bi + bi = 0 \Rightarrow 2bi = 0 \Rightarrow b = 0.$ Logo $z = a + 0i \Rightarrow z = a \in \mathbb{R}$.

2º) Seja $z = a + bi$ e $\bar{z} = a - bi$. Logo,

$$z \cdot \bar{z} = \left(a + bi\right) \cdot \left(a - bi\right) = a^2 - (bi)^2 = a^2 - b^2 \left(i\right)^2 =$$
$$a^2 - b^2 \left(-1\right) = a^2 + b^2.$$

Portanto, $z \cdot \bar{z} = a^2 + b^2$ e este resultado é muito utilizado na determinação do quociente de dois números complexos.

E 11.7 Coloque na forma a $+ bi$ o número $\dfrac{2 + i}{3 - 2i}$:

Resolução:

Multiplicando o numerador e o denominador pelo conjugado do denominador, temos:

$$\frac{\left(2 + i\right) \cdot (3 + 2i)}{\left(3 - 2i\right) \cdot (3 + 2i)} = \frac{6 + 4i + 3i + 2i^2}{3^2 - (2i)^2} = \frac{4 + 7i}{9 + 4} = \frac{4}{13} + \frac{7}{13}i$$

11.8 DIVISÃO DE NÚMEROS COMPLEXOS

Dados $z_1 = a + bi$ e $z_2 = c + di$, com $z_2 \neq 0$, para fazer a divisão de z_1 por z_2, multiplicamos o quociente pelo conjugado de z_2, ou seja:

$$\frac{z_1}{z_2} = \frac{a+bi}{c+di} \cdot \frac{c-di}{c-di} = \frac{ac-adi+bci-bdi^2}{c^2-d^2i^2} =$$

$$\frac{ac-adi+bci-bd(-1)}{c^2-d^2(-1)} = \frac{(ac+bd)+(bc-ad)i}{c^2+d^2}$$

Portanto, $\dfrac{z_1}{z_2} = \dfrac{ac+bd}{c^2+d^2} + \dfrac{bc-ad}{c^2+d^2}\,i.$

Este artifício de cálculo torna o denominador do quociente $\dfrac{z_1}{z_2}$ um número real e possibilita colocá-lo na forma algébrica $a + bi$.

EXERCÍCIOS RESOLVIDOS

R 11.4 Reduza à forma $a + bi$ a expressão $z = \dfrac{1+i}{i} + \dfrac{i}{1+i}$

Resolução:

Multiplicando os termos de cada fração pelos conjugados dos denominadores, temos:

$$z = \frac{(1+i)(-i)}{i(-i)} + \frac{i(1-i)}{(1+i)(1-i)} = \frac{-i-i^2}{-i^2} + \frac{i-i^2}{1-i^2} =$$

$$\frac{-i+1}{1} + \frac{i+1}{1+1} = \frac{2-2i+1+i}{2} = \frac{3-i}{2}$$

Resposta: $z = \dfrac{3}{2} - \dfrac{1}{2}i$.

R 11.5 Dado $z = a + bi$, $z \neq 0$, determine o inverso de z:

Resolução:

$$\frac{1}{z} = \frac{1}{z} \cdot \frac{\overline{z}}{\overline{z}} = \frac{\overline{z}}{z.\overline{z}} = \frac{a-bi}{a^2+b^2} = \frac{a}{a^2+b^2} - \frac{b}{a^2+b^2}i$$

Resposta: $\dfrac{1}{z} = \dfrac{a}{a^2+b^2} - \dfrac{b}{a^2+b^2}i.$

R 11.6 Determine as raízes quadradas do número complexo $z = -5 + 12i$:

Resolução:

Vamos escrever $\sqrt{z} = x + yi$ e vamos calcular os valores de x e y.

$$\sqrt{z} = x+yi \Rightarrow \left(\sqrt{z}\right)^2 = \left(x+yi\right)^2$$

$$z = x^2 + 2xyi + y^2 i^2$$

$$z = x^2 + 2xyi + y^2(-1)$$

$$z = (x^2 - y^2) + 2xyi$$

Comparando, $-5 + 12i = (x^2 - y^2) + 2xyi \Rightarrow$

$$\begin{cases} x^2 - y^2 = -5 & (1) \\ 2xy = 12 \Rightarrow xy = 6 \Rightarrow y = \dfrac{6}{x} & (2) \end{cases}$$

Substituindo (2) em (1), temos:

$$x^2 - \left(\frac{6}{x}\right)^2 = -5 \Rightarrow x^2 - \frac{36}{x^2} = -5 \ (x^2) \Rightarrow$$

$$x^4 - 36 = -5x^2 \Rightarrow x^4 + 5x^2 - 36 = 0.$$

Fazendo $x^2 = t$ (3), $t \geq 0$, temos:

$$t^2 + 5t - 36 = 0 \Rightarrow t = \frac{-5 \pm \sqrt{25 + 144}}{2}$$

Portanto, $t = \dfrac{-5 \pm 13}{2} = \begin{cases} t' = \dfrac{8}{2} = 4 \\ t'' = \dfrac{-18}{2} = -9 \ (\text{não convém}) \end{cases}$

Voltando à igualdade (3),

$$x^2 = 4 \begin{cases} x = 2 \Rightarrow \text{voltando em} (2) \ y = \dfrac{6}{2} = 3 \\ x = -2 \Rightarrow \text{voltando em} (2) \ y = -\dfrac{6}{2} = -3 \end{cases}$$

Resposta: $\sqrt{z} = 2 + 3i \ \vee \ \sqrt{z} = -2 - 3i$.

EXERCÍCIOS PROPOSTOS

P 11.8 Calcular os seguintes produtos:

a) $(8 + 3i) \cdot (2 - 2i)$

b) $(1 + i)^2$

c) $(7 - 8i) \cdot (1 + i)$

d) $(1 - i)^3$

P 11.9 Determinar x e y, números reais, de modo que:

a) $x + yi = 5 - 3i$

b) $x - 15yi = -5i$

c) $(3 + 2i) + 5 \cdot (-i) = x + 2yi$

d) $3i(4 - 2i) = x + yi$

P 11.10 Dados $z_1 = 3 + 2i, z_2 = 4 - i, z_3 = i$ e $z_4 = 5$, efetue:

a) $z_1 : z_2$

b) $3z_1 : 2\overline{z}_2$

c) $(z_1 + z_2) : (z_3 - z_4)$

d) $(3z_1 + \overline{z}_1) : (z_3 - z_1)$

11.9 NORMA, MÓDULO E ARGUMENTO DE UM NÚMERO COMPLEXO

Norma do número complexo $z = (a, b)$ ou $z = a + bi$ é o número real não negativo $a^2 + b^2$. Indica-se:

$$N(z) = a^2 + b^2$$

Módulo do número complexo $z = (a, b)$ ou $z = a + bi$ é a raiz quadrada não negativa da norma. Indica-se:

$$|z| = \sqrt{a^2 + b^2}$$

ou

$$|a + bi| = \sqrt{a^2 + b^2}$$

Geometricamente, fixado um sistema de coordenadas, o módulo de um número complexo dá a distância do seu afixo P(a, b) à origem do sistema.

No triângulo retângulo OAP, temos $(OP)^2 = (OA)^2 + (AP)^2$, ou seja, $\rho^2 = a^2 + b^2$, donde, $\rho = \sqrt{a^2 + b^2}$. Então, a distância OP, representada por ρ é o módulo do complexo $z = a + bi$, ou seja, $|z| = \sqrt{a^2 + b^2}$. Ainda, no $\triangle$OAP:

$$\cos \theta = \frac{a}{\rho} = \frac{a}{|z|} \quad \text{e} \quad \sin \theta = \frac{b}{\rho} = \frac{b}{|z|}$$

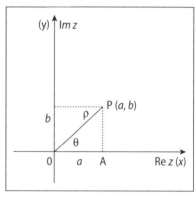

Argumento

Chama-se argumento de um número complexo $z = a + bi$, não nulo, ao ângulo $\theta, 0 \leq \theta < 2\pi$, formado por $\overrightarrow{OP}$ e o eixo real com a orientação positiva.

Exemplos:

E 11.8 Calcular a norma e o módulo dos seguintes complexos:

a) $z = 2 + 3i$; b) $z = 3 - 4i$; c) $z = 8i$; d) $z = -5$.

Resolução:

a) $N(z) = (2)^2 + (3)^2 = 4 + 9 = 13$ $|z| = \sqrt{2^2 + 3^2} = \sqrt{13}$

b) $N(z) = (3)^2 + (-4)^2 = 9 + 16 = 25$ $|z| = \sqrt{3^2 + (-4)^2} = \sqrt{25} = 5$

c) $N(z) = (0)^2 + (8)^2 = 64$ $|z| = \sqrt{64} = 8$

d) $N(z) = \left(-5\right)^2 + \left(0\right)^2 = 25$ $\qquad$ $|z| = \sqrt{(-5)^2} = \sqrt{25} = 5$

E11.9 Determinar o módulo e o argumento dos seguintes números complexos:

a) $z = 1 + i$; b) $z = 2i$; c) $z = 3$.

Resolução:

a) $\rho = |z| = \sqrt{1^2 + 1^2} = \sqrt{2}$ = módulo de z

$$\left.\begin{array}{l} \cos\theta = \dfrac{a}{\rho} = \dfrac{1}{\sqrt{2}} \\[3mm] sen\,\theta = \dfrac{b}{\rho} = \dfrac{1}{\sqrt{2}} \end{array}\right\} \theta = \dfrac{\pi}{4} \text{ = argumento de } z$$

b) $\rho = |z| = \sqrt{0^2 + 2^2} = 2$ = módulo de z

$$\left.\begin{array}{l} \cos\theta = \dfrac{a}{\rho} = \dfrac{0}{2} = 0 \\[3mm] sen\,\theta = \dfrac{b}{\rho} = \dfrac{2}{2} = 1 \end{array}\right\} \theta = \dfrac{\pi}{2} \text{ = argumento de } z$$

c) $\rho = |z| = \sqrt{3^2 + 0^2} = 3$ = módulo de z

$$\left.\begin{array}{l} \cos\theta = \dfrac{a}{\rho} = \dfrac{3}{3} = 1 \\[3mm] sen\,\theta = \dfrac{b}{\rho} = \dfrac{0}{3} = 0 \end{array}\right\} \theta = 0 \text{ = argumento de } z$$

EXERCÍCIOS PROPOSTOS

P 11.11 Calcule o módulo e o argumento dos seguintes números complexos:

a) $z = 1 + \sqrt{3}i$; b) $z = -3i$; c) $z = \sqrt{3} - i$.

P 11.12 Calcule o módulo de cada um dos seguintes números complexos:

a) $z = 6 - 8i$; b) $z = -3 + \sqrt{7}\,i$; c) $z = -9i$.

11.10 FORMA TRIGONOMÉTRICA OU FORMA POLAR DE UM NÚMERO COMPLEXO

Consideremos o número complexo $z = a + bi$, com $z \neq 0$. Como já vimos:

$$\rho = |z| = \sqrt{a^2 + b^2}$$

$$\cos\theta = \frac{a}{\rho} \Leftrightarrow a = \rho\cdot\cos\theta\,(1) \quad \text{e} \quad \text{sen}\,\theta = \frac{b}{\rho} \Leftrightarrow b = \rho\,\text{sen}\,\theta\,(2)$$

Substituindo (1) e (2) em $z = a + bi$, temos:

$$z = \rho\cos\theta + \rho\,\text{sen}\,\theta\, i$$

Esta é chamada forma trigonométrica ou forma polar do número complexo z.

Exemplo

E 11.10 Escrever na forma trigonométrica os seguintes números complexos:

a) $z = 1 + i$; b) $z = -\sqrt{3} + i$

Resolução:

a) $z = 1 + i \Rightarrow \rho = \sqrt{1^2 + 1^2} = \sqrt{2}$

$$\left.\begin{array}{l}\cos\theta = \dfrac{a}{\rho} = \dfrac{1}{\sqrt{2}} \\[6pt] \text{sen}\,\theta = \dfrac{b}{\rho} = \dfrac{1}{\sqrt{2}}\end{array}\right\} \theta = \frac{\pi}{4} \Rightarrow z = \sqrt{2}\left[\cos\left(\frac{\pi}{4}\right) + i\,\text{sen}\left(\frac{\pi}{4}\right)\right]$$

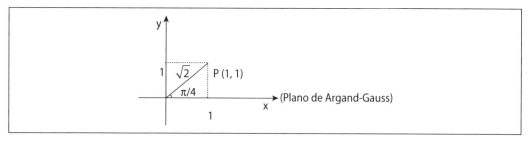

b) $z = -\sqrt{3} + i \Rightarrow \rho = \sqrt{3+1} = \sqrt{4} = 2$

$$\left.\begin{array}{l}\cos\theta = \dfrac{a}{\rho} = \dfrac{-\sqrt{3}}{2} \\[6pt] \text{sen}\,\theta = \dfrac{b}{\rho} = \dfrac{1}{2}\end{array}\right\} \theta = \pi - \frac{\pi}{6} = \frac{6\pi - \pi}{6} = \frac{5\pi}{6} \Rightarrow z = 2\left[\cos\left(\frac{5\pi}{6}\right) + i\,\text{sen}\left(\frac{5\pi}{6}\right)\right]$$

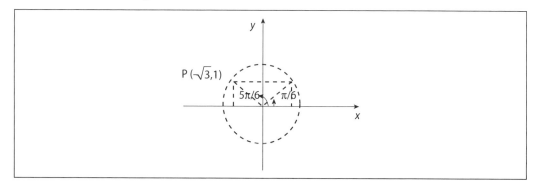

EXERCÍCIOS PROPOSTOS

P 11.13 Escreva na forma polar ou trigonométrica os seguintes números complexos:

a) $z_1 = \sqrt{3} + i$

b) $z_2 = 1 - i\sqrt{3}$

c) $z_3 = \dfrac{1}{2} + \dfrac{\sqrt{3}}{2}i$

d) $z_4 = \dfrac{-1}{2} + \dfrac{\sqrt{3}}{2}i$

P 11.14 Sabendo que o argumento de um número complexo z é $\dfrac{\pi}{6}$, determine o argumento de cada um dos seguintes números:

a) $-z$;

b) $\bar{z}$;

c) $-\bar{z}$.

11.11 MULTIPLICAÇÃO DE NÚMEROS COMPLEXOS NA FORMA TRIGONOMÉTRICA

Sejam $z_1 = \rho_1(\cos\theta_1 + i\,\text{sen}\,\theta_1)$ e $z_2 = \rho_2(\cos\theta_2 + i\,\text{sen}\,\theta_2)$. Vamos calcular o produto $z_1 \cdot z_2$:

$$z_1 \cdot z_2 = \left[\rho_1(\cos\theta_1 + i\,\text{sen}\,\theta_1)\cdot\rho_2(\cos\theta_2 + i\,\text{sen}\,\theta_2)\right]$$

$$= \rho_1 \cdot \rho_2\left[\cos\theta_1\cos\theta_2 + i\cos\theta_1\,\text{sen}\,\theta_2 + i\,\text{sen}\,\theta_1\cos\theta_2 - \text{sen}\,\theta_1\,\text{sen}\,\theta_2\right]$$

$$= \rho_1 \cdot \rho_2\left[(\cos\theta_1\cos\theta_2 - \text{sen}\,\theta_1\,\text{sen}\,\theta_2) + i(\cos\theta_1\,\text{sen}\,\theta_2 + \text{sen}\,\theta_1\cos\theta_2)\right]$$

$$= \rho_1 \cdot \rho_2\left[\cos(\theta_1 + \theta_2) + i\,\text{sen}(\theta_1 + \theta_2)\right]$$

Donde,

$$z_1 \cdot z_2 = \rho_1 \cdot \rho_2\left[\cos(\theta_1 + \theta_2) + i\,\text{sen}(\theta_1 + \theta_2)\right] \quad 0 \le \theta_1 + \theta_2 < 2\pi$$

Conclusão

O produto de dois números complexos é um número complexo cujo módulo é o produto dos módulos e cujo argumento é a soma dos argumentos dos números complexos dados.

Exemplos:

E 11.11 Dados os números complexos abaixo, calcular $z_1 \cdot z_2$

$$z_1 = 3(\cos 15° + i\,\text{sen}\,15°) \text{ e } z_2 = 4(\cos 45° + i\,\text{sen}\,45°)$$

Resolução:

$$z_1 \cdot z_2 = 3 \cdot 4\left[\cos(15° + 45°) + i\,\text{sen}(15° + 45°)\right] = 12(\cos 60° + i\,\text{sen}\,60°)$$

$$= 12\left(\frac{1}{2} + i\frac{\sqrt{3}}{2}\right) = 6 + i6\sqrt{3}$$

E 11.12 Dados dos números complexos abaixo, calcular $z_1 \cdot z_2$

$$z_1 = 2\left[\cos\left(\frac{\pi}{4}\right) + i \operatorname{sen}\left(\frac{\pi}{4}\right)\right] \text{ e } z_2 = 3\left[\cos\left(\frac{\pi}{2}\right) + i \operatorname{sen}\left(\frac{\pi}{2}\right)\right]$$

Resolução:

$$z_1 \cdot z_2 = 2 \cdot 3\left[\cos\left(\frac{\pi}{4} + \frac{\pi}{2}\right) + i \operatorname{sen}\left(\frac{\pi}{4} + \frac{\pi}{2}\right)\right] = 6 \cdot \left[\cos\left(\frac{3\pi}{4}\right) + i \operatorname{sen}\left(\frac{3\pi}{4}\right)\right]$$

EXERCÍCIOS PROPOSTOS

P 11.15 Dados os números complexos a seguir, obtenha a forma algébrica do número complexo $z_1 \cdot z_2$:

$$z_1 = 2\left[\cos\left(\frac{3\pi}{8}\right) + i \operatorname{sen}\left(\frac{3\pi}{8}\right)\right] \text{ e } z_2 = \sqrt{2}\left[\cos\left(\frac{11\pi}{8}\right) + i \operatorname{sen}\left(\frac{11\pi}{8}\right)\right]$$

P 11.16 Considere os números complexos a seguir e calcule $z_1 \cdot z_2$:

$$z_1 = 3\left[\cos\left(\frac{7\pi}{10}\right) + i \operatorname{sen}\left(\frac{7\pi}{10}\right)\right] \text{ e } z_2 = \left[\cos\left(\frac{\pi}{5}\right) + i \operatorname{sen}\left(\frac{\pi}{5}\right)\right]$$

11.12 DIVISÃO DE NÚMEROS COMPLEXOS NA FORMA TRIGONOMÉTRICA

Sejam $z_1 = \rho_1(\cos\theta_1 + i \operatorname{sen}\theta_1)$ e $z_2 = \rho_2(\cos\theta_2 + i \operatorname{sen}\theta_2)$. Vamos calcular o quociente $\frac{z_1}{z_2}$ e, para isso, devemos multiplicar o numerador e o denominador do quociente pelo conjugado do número complexo z_2:

$$\frac{z_1}{z_2} = \frac{\rho_1(\cos\theta_1 + i \operatorname{sen}\theta_1)}{\rho_2(\cos\theta_2 + i \operatorname{sen}\theta_2)} = \frac{\rho_1(\cos\theta_1 + i \operatorname{sen}\theta_1) \cdot \rho_2(\cos\theta_2 - i \operatorname{sen}\theta_2)}{\rho_2(\cos\theta_2 + i \operatorname{sen}\theta_2) \cdot \rho_2(\cos\theta_2 - i \operatorname{sen}\theta_2)}$$

$$= \frac{\rho_1\rho_2(\cos\theta_1 + i \operatorname{sen}\theta_1)(\cos\theta_2 + i \operatorname{sen}(-\theta_2))}{\rho_2^2(\cos\theta_2 + i \operatorname{sen}\theta_2) \cdot (\cos\theta_2 - i \operatorname{sen}\theta_2)}$$

Lembrando que $-\operatorname{sen}\theta_2 = \operatorname{sen}(-\theta_2)$ e que $\cos\theta_2 = \cos(-\theta_2)$.

De acordo com a regra do produto de números complexos na forma polar, concluímos que:

$$\frac{z_1}{z_2} = \frac{\rho_1\rho_2\left(\cos(\theta_1 - \theta_2) + i \operatorname{sen}(\theta_1 - \theta_2)\right)}{\rho_2^2\left(\cos^2\theta_2 - i^2 \operatorname{sen}^2\theta_2\right)} = \frac{\rho_1\rho_2\left(\cos(\theta_1 - \theta_2) + i \operatorname{sen}(\theta_1 - \theta_2)\right)}{\rho_2^2\left(\underbrace{\cos^2\theta_2 + \operatorname{sen}^2\theta_2}_{1}\right)}$$

Donde,

$$\frac{z_1}{z_2} = \frac{\rho_1}{\rho_2}\left(\cos\left(\theta_1 - \theta_2\right) + i\,\mathrm{sen}\left(\theta_1 - \theta_2\right)\right)$$

Conclusão

O quociente de dois números complexos é um número complexo cujo módulo é o quociente dos módulos e cujo argumento é a diferença dos argumentos dos números complexos dados.

Exemplo:

E 11.13 Dados dos números complexos a seguir, calcular $\dfrac{z_1}{z_2}$:

$$z_1 = 3\left(\cos 15° + i\,\mathrm{sen}\ 15°\right) \ \text{e} \ z_2 = 4\left(\cos 45° + i\,\mathrm{sen}\ 45°\right)$$

Resolução:

$$\frac{z_1}{z_2} = \frac{3}{4}\left[\cos\left(15° - 45°\right) + i\,\mathrm{sen}\left(15° - 45°\right)\right] = \frac{3}{4}\left(\cos(-30°) + i\,\mathrm{sen}(-30°)\right)$$

$$= \frac{3}{4}\left(\cos 30° - i\,\mathrm{sen}\ 30°\right) = \frac{3}{4}\left(\frac{\sqrt{3}}{2} - i\frac{1}{2}\right)$$

Resposta: $\dfrac{z_1}{z_2} = \dfrac{3\sqrt{3}}{8} - \dfrac{3}{8}i$.

11.13 POTENCIAÇÃO DE NÚMEROS COMPLEXOS – PRIMEIRA FÓRMULA DE *DE MOIVRE*

Seja $z = \rho(\cos\theta + i\,\mathrm{sen}\ \theta)$. Pelo produto de números complexos, podemos escrever:

$$z^2 = z \cdot z = \rho^2\left[\cos(\theta + \theta) + i\,\mathrm{sen}(\theta + \theta)\right] = \rho^2\left(\cos 2\theta + i\,\mathrm{sen}\ 2\theta\right)$$

$$z^3 = z^2 \cdot z = \rho^3\left(\cos(2\theta + \theta) + i\,\mathrm{sen}(2\theta + \theta)\right) = \rho^3\left(\cos 3\theta + i\,\mathrm{sen}\ 3\theta\right)$$

Generalizando, temos que para n número inteiro:

$$z^n = \rho^n\left(\cos n\theta + i\,\mathrm{sen}\ n\theta\right)$$

E é chamada de primeira fórmula de De Moivre.

Para provarmos que a relação vale para todo $n \in \mathbb{N}$, basta usarmos o princípio da indução finita[3]:

a) A relação vale para $n = 0$:

$$z^0 = \rho^0(\cos 0 + i\,\mathrm{sen}\ 0), \text{ ou seja, } 1 = 1(1 + i \cdot 0) = 1 \text{ (verdadeiro).}$$

---

[3] Método usado para demonstrar a validade de relações cujo domínio das variáveis é um subconjunto do conjunto dos números naturais.

ABRAHAM DE MOIVRE (1667-1754)

Matemático francês, protestante que buscou abrigo em Londres. Ganhava a vida como professor particular e tornou-se amigo íntimo de Isaac Newton e as suas fórmulas se tornaram a chave da trigonometria analítica.
Fonte: Eves,H. p.467. Foto:http://pt.wikipedia.org/wiki/Abraham_de_Moivre

b) Vamos admitir que a fórmula vale para $n-1$ e vamos provar que vale para n:

$$z^{n-1} = \rho^{n-1}\left[\cos(n-1)\theta + i\,\text{sen}(n-1)\theta\right],$$

multiplicando membro a membro por $z = \rho(\cos\theta + i\,\text{sen}\,\theta)$:

$$z^{n-1} \cdot z = \rho^{n-1}\rho\left[\cos(n-1)\theta + i\,\text{sen}(n-1)\theta\right](\cos\theta + i\,\text{sen}\,\theta)$$

$$z^n = \rho^n\left[\cos(n-1)\theta\cos\theta + i\cos(n-1)\theta\,\text{sen}\,\theta + i\,\text{sen}(n-1)\theta\cos\theta - \text{sen}(n-1)\theta\,\text{sen}\,\theta\right]$$

$$z^n = \rho^n\left[\cos(n\theta - \theta + \theta) + i\,\text{sen}(n\theta - \theta + \theta)\right]$$

$$z^n = \rho^n\left[\cos(n\theta) + i\,\text{sen}(n\theta)\right]$$

Exemplo:

E 11.14 Dado $z = 1 - i$, calcular z^8:

Resolução:

Escrevendo z na forma trigonométrica, temos que $z = 1-i \in 4°$ quadrante, então:

$$|z| = \rho = \sqrt{1^2 + 1^2} = \sqrt{2}$$

$$\left.\begin{array}{l}\cos\theta = \dfrac{a}{\rho} = \dfrac{1}{\sqrt{2}} \\ \text{sen}\,\theta = \dfrac{b}{\rho} = \dfrac{-1}{\sqrt{2}}\end{array}\right\} \theta = 2\pi - \dfrac{\pi}{4} = \dfrac{8\pi - \pi}{4} = \dfrac{7\pi}{4} \Rightarrow z = \sqrt{2}\left[\cos\left(\dfrac{7\pi}{4}\right) + i\,\text{sen}\left(\dfrac{7\pi}{4}\right)\right]$$

Utilizando a primeira fórmula de De Moivre, segue:

$$z^8 = \left(\sqrt{2}\right)^8\left[\cos(8\cdot\dfrac{7\pi}{4}) + i\,\text{sen}(8\cdot\dfrac{7\pi}{4})\right] = 2^4\left[\cos(14\pi) + i\,\text{sen}(14\pi)\right]$$

$$= 16\left[\cos(7\cdot 2\pi) + i\,\text{sen}(7\cdot 2\pi)\right] = 16(1 + i\cdot 0) = 16$$

Resposta: $z^8 = 16$.

EXERCÍCIOS PROPOSTOS

P 11.17 Dado $z = 2\left[\cos\left(\dfrac{\pi}{3}\right) + i\,\text{sen}\left(\dfrac{\pi}{3}\right)\right]$, calcular z^6.

P 11.18 Utilizando a primeira fórmula de De Moivre, calcular $\left(1 + i\sqrt{3}\right)^3$.

P 11.19 Achar o número complexo z^2, onde $z = a(\cos\theta + i\,\text{sen}\,\theta)$, para $a = 2$ e $\theta = \pi/8$.

P 11.20 Obter o valor de $\left(\dfrac{1}{2} + \dfrac{1}{2}i\right)^{12}$.

11.14 RAÍZES DE NÚMEROS COMPLEXOS – SEGUNDA FÓRMULA DE *DE MOIVRE*

Seja $z = \rho(\cos\theta + i\,\text{sen}\,\theta)$, calculemos as raízes enésimas de z, isto é, os números complexos do tipo $u = r(\cos\alpha + i\,\text{sen}\,\alpha)$ (I), de modo que:

$$\sqrt[n]{z} = u \Leftrightarrow u^n = z, \text{ para } n \geq 2.$$

De $u^n = z$, temos $\left[r(\cos\alpha + i\,\text{sen}\,\alpha)\right]^n = \rho(\cos\theta + i\,\text{sen}\,\theta)$. Pela primeira fórmula de De Moivre aplicada ao primeiro membro, temos:

$$r^n(\cos n\alpha + i\,\text{sen}\,n\alpha) = \rho(\cos\theta + i\,\text{sen}\,\theta).$$

Fazendo a identificação da igualdade acima, temos:

$$\begin{cases} r^n = \rho \\ \cos n\alpha = \cos\theta \\ \text{sen}\,n\alpha = \text{sen}\,\theta \end{cases} n\alpha = \theta + 2k\pi, k \in \mathbb{Z}$$

daí segue que, $r = \sqrt[n]{\rho}$ e $\alpha = \dfrac{\theta + 2k\pi}{n}, k \in \mathbb{Z}$.

Substituindo esse valores em (I), para cada valor de k,

$$u_k = \sqrt[n]{\rho}\left[\cos\left(\frac{\theta + 2k\pi}{n}\right) + i\,\text{sen}\left(\frac{\theta + 2k\pi}{n}\right)\right]$$

E esta é a segunda fórmula de De Moivre.

> **Observação**
>
> Teremos exatamente n raízes quando $k = 0, 1, 2, \ldots, (n\text{-}1)$, pois após isso, os valores das raízes irão se repetir.

Exemplos:

E 11.15 Resolver em $\mathbb{C}$ a equação $x^4 - 1 = 0$.

Resolução:

$x^4 - 1 = 0 \Rightarrow x^4 = 1$, passando para a forma polar, $x^4 = 1 + 0i$, $|x| = \sqrt{1^2 + 0^2} = 1$ e $\theta = 0$, ou seja, $x^4 = 1(\cos 0 + i\,\text{sen}\,0)$. Aplicando a segunda fórmula de De Moivre,

$$x_k = \sqrt[4]{1}\left[\cos\left(\frac{0 + 2k\pi}{4}\right) + i\,\text{sen}\left(\frac{0 + 2k\pi}{4}\right)\right], \text{ para } k = 0, 1, 2, 3.$$

Conjunto dos números complexos

Então:

$$x_0 = \sqrt[4]{1}\left[\cos(0) + i\,\text{sen}(0)\right] = 1$$

$$x_1 = \sqrt[4]{1}\left[\cos\left(\frac{\pi}{2}\right) + i\,\text{sen}\left(\frac{\pi}{2}\right)\right] = i$$

$$x_2 = \sqrt[4]{1}\left[\cos(\pi) + i\,\text{sen}(\pi)\right] = -1$$

$$x_3 = \sqrt[4]{1}\left[\cos\left(\frac{3\pi}{2}\right) + i\,\text{sen}\left(\frac{3\pi}{2}\right)\right] = -i$$

Resposta: S = {1, i, –1, –i}.

Interpretação geométrica das raízes:

$P_0 = (1, 0) = 1$

$P_1 = (0, 1) = i$

$P_2 = (-1, 0) = -1$

$P_3 = (0, -1) = -i$

Façamos a verificação em $\mathbb{C}$:

$x^4 - 1 = 0$, fazendo uma mudança de variável, chamando $t = x^2$, (I) temos:

$$\left(x^2\right)^2 = 1 \Rightarrow t^2 = 1 \Rightarrow t = \pm 1 \begin{cases} t' = 1 \\ t'' = -1 \end{cases}$$

Substituindo em (I), segue que:

$$t' = 1 \Rightarrow x^2 = 1 \Rightarrow \begin{cases} x_1 = 1 \Leftrightarrow (1)^2 = 1 \\ x_2 = -1 \Leftrightarrow (-1)^2 = 1 \end{cases}$$

$$t'' = -1 \Rightarrow x^2 = -1 \Rightarrow \begin{cases} x_3 = i \Leftrightarrow (i)^2 = -1 \\ x_4 = -i \Leftrightarrow (-i)^2 = -1 \end{cases}$$

Logo, S = {1, i, –1, –i}.

Concluímos, geometricamente, que as imagens das raízes são vértices de um quadrado inscrito num círculo de raio $\rho = 1$.

E 11.16 Calcular as raízes cúbicas de i, isto é, vamos resolver a equação $z^3 = i$.

Resolução:

Escrevendo $z = i$ na forma trigonométrica: $\rho = 1$ e $\theta = \pi/2$, portanto, $z = 1\left[\cos\left(\frac{\pi}{2}\right) + i\,\text{sen}\left(\frac{\pi}{2}\right)\right]$.

Pela segunda fórmula de De Moivre,

$$u_k = \sqrt[3]{1}\left[\cos\left(\frac{\frac{\pi}{2}+2k\pi}{3}\right) + i\,\text{sen}\left(\frac{\frac{\pi}{2}+2k\pi}{3}\right)\right]$$

para $k = 0, 1, 2$.

Para $k = 0 \Rightarrow u_0 = \sqrt[3]{1}\left[\cos\left(\frac{\pi}{6}\right) + i\,\text{sen}\left(\frac{\pi}{6}\right)\right] = \frac{\sqrt{3}}{2} + i\frac{1}{2}$

Para $k = 1 \Rightarrow u_1 = \sqrt[3]{1}\left[\cos\left(\frac{5\pi}{6}\right) + i\,\text{sen}\left(\frac{5\pi}{6}\right)\right] = -\frac{\sqrt{3}}{2} + i\frac{1}{2}$

Para $k = 2 \Rightarrow u_2 = \sqrt[3]{1}\left[\cos\left(\frac{9\pi}{6}\right) + i\,\text{sen}\left(\frac{9\pi}{6}\right)\right] = 0 + i(-1) = -i$

Resposta: S = $\{\frac{\sqrt{3}}{2} + i\frac{1}{2};\ -\frac{\sqrt{3}}{2} + i\frac{1}{2}; -i\}$.

Interpretação geométrica das raízes:

$P_0 = \frac{\sqrt{3}}{2} + i\frac{1}{2}$

$P_1 = -\frac{\sqrt{3}}{2} + i\frac{1}{2}$

$P_2 = -i$

Geometricamente, as imagens das raízes cúbicas são vértices de um triângulo equilátero inscrito em um círculo de raio $\rho = 1$.

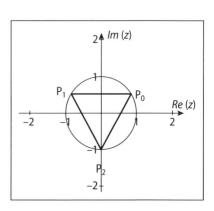

EXERCÍCIOS PROPOSTOS

P 11.21 Calcule as raízes quartas de $z = -4$.

P 11.22 Determine as raízes quadradas do número complexo $z = 5 - 12i$.

11.15 RAÍZES DA UNIDADE

Calculemos as raízes enésimas do número complexo $z = 1$. Passando para a forma polar, $z = 1 + 0i$, logo $\rho = 1$ e $\theta = 0$. Aplicando a segunda fórmula de De Moivre:

$$\sqrt[n]{1} = 1\left[\cos\left(\frac{0+2k\pi}{n}\right) + i\,\text{sen}\left(\frac{0+2k\pi}{n}\right)\right]$$

Para $k = 0, 1, 2, ..., (n-1)$.

Conclui-se que as raízes da unidade são todas de módulo $\rho = 1$, portanto estão sobre uma circunferência de <u>raio unitário</u> e centro na origem, do plano de Argand-Gauss; os argumentos são: $0, \dfrac{2\pi}{n}, \dfrac{4\pi}{n}, \ldots, \dfrac{2(n-1)\pi}{n}$, o que permite concluir que são múltiplos pares de $\dfrac{\pi}{n}$. Dssa forma, são vértices de um polígono regular de n lados. A determinação das raízes enésimas da unidade corresponde a divisão ideal da circunferência em n partes.

Exemplos:

E 11.17 Determinar as raízes cúbicas da unidade.

Resolução:

$$u_0 = 1[\cos 0 + i \operatorname{sen} 0] = 1$$

$$u_1 = 1\left[\cos\left(\dfrac{2\pi}{3}\right) + i \operatorname{sen}\left(\dfrac{2\pi}{3}\right)\right] = \dfrac{-1}{2} + i\dfrac{\sqrt{3}}{2}$$

$$u_2 = \sqrt[3]{1}\left[\cos\left(\dfrac{4\pi}{3}\right) + i \operatorname{sen}\left(\dfrac{4\pi}{3}\right)\right] = \dfrac{-1}{2} - i\dfrac{\sqrt{3}}{2}$$

Resposta: $S = \{1; \dfrac{-1}{2} + i\dfrac{\sqrt{3}}{2}; \dfrac{-1}{2} - i\dfrac{\sqrt{3}}{2}\}$

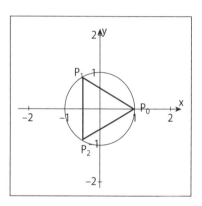

E 11.18 Determinar as raízes quartas da unidade.

Resolução:

$$u_0 = 1[\cos 0 + i \operatorname{sen} 0] = 1$$

$$u_1 = 1\left[\cos\left(\dfrac{\pi}{4}\right) + i \operatorname{sen}\left(\dfrac{\pi}{4}\right)\right] = i$$

$$u_2 = 1[\cos(\pi) + i \operatorname{sen}(\pi)] = -1$$

$$u_3 = 1\left[\cos\left(\dfrac{3\pi}{2}\right) + i \operatorname{sen}\left(\dfrac{3\pi}{2}\right)\right] = -i$$

Resposta: $S = \{1, i, -1, -i\}$

Teorema

Chamando-se de $u_0, u_1, \ldots, u_{n-1}$ as raízes enésimas da unidade e se w é uma raiz qualquer das raízes enésimas do número complexo z, então $wu_0, wu_1, \ldots, wu_{n-1}$ são as n raízes do número complexo z

Prova:

Seja w tal que $w^n = z$, qualquer um dos números complexos do tipo wu_i com $i \in \{0, 1, 2,..., (n\text{-}1)\}$ obedece à condição:

$\left(wu_i\right)^n = w^n \cdot u_i^n$. Como $u_i^n = 1$ (raiz da unidade), vem $\left(wu_i\right)^n = w^n = z$, o que justifica o teorema.

Exemplo:

E 11.19 Determinar as raízes quartas do número 16.

Resolução:

Como $2^4 = 16 \Rightarrow w_0 = 2$ é uma das raízes. Do exemplo E 11.20, $u_0 = 1$; $u_1 = i$; $u_2 = -1$ e $u_3 = -i$ e pelo teorema mencionado: $w_0 = 2$; $w_1 = 2i$; $w_2 = -2$ e $w_3 = -2i$.

Resposta: S = $\{2, 2i, -2, -2i\}$.

EXERCÍCIOS PROPOSTOS

P 11.23 Uma das raízes de ordem 6 de um número complexo é –2. Determine as outras raízes de ordem 6 desse número.

P 11.24 Obter as raízes quartas de 64.

11.16 EQUAÇÕES BINÔMIAS

Toda equação redutível à forma $ax^n + b = 0$, onde a e $b \in \mathbb{C}$, $a \neq 0$ e $n \in \mathbb{N}$ é chamada equação binômia.

A segunda fórmula de De Moivre permite a resolução de uma equação binômia, basta fazer:

$$ax^n + b = 0 \Leftrightarrow x^n = \frac{-b}{a}$$

Logo, as soluções da equação são as n raízes de $\dfrac{-b}{a}$.

Exemplo:

E 11.20 Resolver a equação $3x^4 + 12 = 0$.

Resolução:

$$3x^4 + 12 = 0 \Leftrightarrow x^4 = \frac{-12}{3} \Leftrightarrow x^4 = -4.$$

Escrevendo $z = -4$, na forma trigonométrica,

$$|z| = \rho = \sqrt{\left(-4\right)^2 + 0^2} = 4$$

Conjunto dos números complexos

$$\left.\begin{array}{l}\cos\theta=\dfrac{a}{\rho}=\dfrac{-4}{4}\\[3mm]\operatorname{sen}\theta=\dfrac{b}{\rho}=\dfrac{0}{4}\end{array}\right\}\theta=\pi\;\Rightarrow\;z=4\bigl(\cos\pi+\,i\operatorname{sen}\pi\bigr)$$

Aplicando a segunda fórmula de De Moivre, temos:

$$u_k=\sqrt[4]{4}\left[\cos\!\left(\frac{\pi+2k\pi}{4}\right)+i\operatorname{sen}\!\left(\frac{\pi+2k\pi}{4}\right)\right]$$

para k = 0, 1, 2 e 3.

$$u_0=\sqrt{2}\left[\cos\frac{\pi}{4}+i\operatorname{sen}\frac{\pi}{4}\right]=1+i$$

$$u_1=\sqrt{2}\left[\cos\!\left(\frac{3\pi}{4}\right)+i\operatorname{sen}\!\left(\frac{3\pi}{4}\right)\right]=-1+i$$

$$u_2=\sqrt{2}\left[\cos\!\left(\frac{5\pi}{4}\right)+i\operatorname{sen}\!\left(\frac{5\pi}{4}\right)\right]=-1-i$$

$$u_3=\sqrt{2}\left[\cos\!\left(\frac{7\pi}{4}\right)+i\operatorname{sen}\!\left(\frac{7\pi}{4}\right)\right]=1-i$$

Resposta: S = {1+ i,-1+ i, −1− i, 1 − i}

EXERCÍCIOS PROPOSTOS

P 11.25 Resolva as equações binômias:

a) $3x^4-48=0$.

b) $x^3+2i=0$.

11.17 EQUAÇÕES TRINÔMIAS

Toda equação redutível à forma $ax^{2n}+bx^n+c=0$, onde $a,\ b$ e $c\in\mathbb{C}$, $a\neq 0$ e $n\in\mathbb{N}$ é denominada equação trinômia.

Fazendo $x^n=y$, recaímos em uma equação do 2º grau $ay^2+by+c=0$, cujas raízes são y_1 e y_2. Em seguida, resolvemos as equações binômias:

$$x^n=y_1\text{ e }x^n=y_2$$

Exemplo:

E 11.21 Resolver a equação $x^4+3x^2+2=0$.

Resolução:

Fazendo $x^2=y$, temos $y^2+3y+2=0$, usando a fórmula de Bháskara:

$$y = \frac{-3 \pm \sqrt{9 - 4 \cdot 1 \cdot 2}}{2 \cdot 1} = \frac{-3 \pm 1}{2} = \begin{cases} y_1 = \dfrac{-2}{2} = -1 \\ y_2 = \dfrac{-4}{2} = -2 \end{cases}$$

Voltando para x, resolvemos as equações:

Para $y = -1$:

$$x^2 = -1 \begin{cases} \rho = 1 \\ \theta = \pi \end{cases} \Rightarrow x = 1(\cos \pi + i \operatorname{sen} \pi)$$

Pela segunda fórmula de De Moivre,

$$u_k = \sqrt{1}\left[\cos\left(\frac{\pi + 2k\pi}{2}\right) + i \operatorname{sen}\left(\frac{\pi + 2k\pi}{2}\right)\right]$$

para $k = 0$ e 1.

$$u_0 = 1\left[\cos\frac{\pi}{2} + i \operatorname{sen}\frac{\pi}{2}\right] = i$$

$$u_1 = 1\left[\cos\left(\frac{3\pi}{2}\right) + i \operatorname{sen}\left(\frac{3\pi}{2}\right)\right] = -i$$

Para $y = -2$:

$$x^2 = -2 \begin{cases} \rho = 2 \\ \theta = \pi \end{cases} \Rightarrow x = 2(\cos \pi + i \operatorname{sen} \pi)$$

E daí,

$$u_k = \sqrt{2}\left[\cos\left(\frac{\pi + 2k\pi}{2}\right) + i \operatorname{sen}\left(\frac{\pi + 2k\pi}{2}\right)\right]$$

para $k = 0$ e 1.

$$u_0 = \sqrt{2}\left[\cos\frac{\pi}{2} + i \operatorname{sen}\frac{\pi}{2}\right] = \sqrt{2}i$$

$$u_1 = \sqrt{2}\left[\cos\left(\frac{3\pi}{2}\right) + i \operatorname{sen}\left(\frac{3\pi}{2}\right)\right] = -\sqrt{2}i$$

Resposta: S = $\{i,\ -i,\ \sqrt{2}i, -\sqrt{2}i\}$

EXERCÍCIOS PROPOSTOS

P 11.26 Resolva as seguintes equações trinômias:

a) $z^2 - 4z + 53 = 0$.

b) $ix^2 - (2 + 2i)x + (2 - i) = 0$.

Conjunto dos números complexos

P 11.27 Mostre, por substituição, que $\dfrac{3}{4}+\dfrac{\sqrt{7}}{4}i$ é uma solução da equação $2z^2-3z+2=0$.

RESPOSTAS DOS EXERCÍCIOS PROPOSTOS

P 11.1 (-6, -5)

P 11.2 (0, 1) e (0, -1)

P 11.3 a) $(2, 0)$; b) $(-13, 9)$

P 11.4 a) $3 +2i$; b) $0 - 1i$; c) $x + 2y + (x-y)i$

P 11.5 a) -4; b) 0 ou 9/4; c) ½

P 11.6 a) $-i$;   b) -1;   c) $2.048i$.

P 11.7 a) $-3 + 5i$; b) $2i$; c) 17/6.

P 11.8 a) $22 - 10i$; b) $2i$; c) $15 - i$; d) $-2 -2i$.

P 11.9 a) $x = 5, y = -3$; b) $x = 0, y = \dfrac{1}{3}$; c) $x = 3, y = \dfrac{-3}{2}$; d) $x = 6, y = 12$.

P 11.10 a) $\dfrac{10}{17}+\dfrac{11}{17}i$; b) $\dfrac{21}{17}+\dfrac{15}{17}i$; c) $\dfrac{-17}{13}-\dfrac{6}{13}i$; d) -4.

P 11.11 a) $\rho = 2; \theta = \pi/3$; b) $\rho = 3; \theta = 3\pi/2$; c) $\rho = 2; \theta = 11\pi/6$.

P 11.12 a) 10; b) 4; c) 9.

P 11.13 a) $z_1 =2\left[\cos\left(\dfrac{\pi}{6}\right)+ i \operatorname{sen}\left(\dfrac{\pi}{6}\right)\right]$

b) $z_2 =2\left[\cos\left(\dfrac{5\pi}{3}\right)+ i \operatorname{sen}\left(\dfrac{5\pi}{3}\right)\right]$

c) $z_3 =1\left[\cos\left(\dfrac{\pi}{3}\right)+ i \operatorname{sen}\left(\dfrac{\pi}{3}\right)\right]$

d) $z_4 =1\left[\cos\left(\dfrac{2\pi}{3}\right)+ i \operatorname{sen}\left(\dfrac{2\pi}{3}\right)\right]$

P 11.14 a) $P(a, b) \in 3^\circ$ quadrante: $\pi+\dfrac{\pi}{6}=\dfrac{7\pi}{6}$

b) $P(a, b) \in 4^\circ$ quadrante: $2\pi -\dfrac{\pi}{6}=\dfrac{11\pi}{6}$

c) $P(a, b) \in 2^\circ$ quadrante: $\pi -\dfrac{\pi}{6}=\dfrac{5\pi}{6}$

P 11.15 $z_1 \cdot z_2 = 2-2i$

P 11.16 $z_1 \cdot z_2 = 3\left(\cos\dfrac{9\pi}{10} + i\,\text{sen}\,\dfrac{9\pi}{10}\right)$

P 11.17 $z^6 = 64$

P 11.18 -8

P 11.19 $z^2 = 2\sqrt{2} + 2\sqrt{2}i$

P 11.20 $z^{12} = -1/64$.

P 11.21 $S = \{1 + i; -1 + i; -1 - i; 1 - i\}$

P 11.22 $S = \{3 - 2i; -3 + 2i\}$

P 11.23 $S = \{-1 - \sqrt{3}i; 1 - \sqrt{3}i; 2; 1 + \sqrt{3}\,i; -1 + \sqrt{3}\,i\}$, -2 é raiz dada

P 11.24 $S = \{2\sqrt{2}; 2\sqrt{2}\,i; -2\sqrt{2}; -2\sqrt{2}\,i;\}$

P 11.25 a) $S = \{-2; 2; -2i; 2i\}$

  b) $S = \{\sqrt[3]{2}i; \sqrt[3]{2}(\dfrac{-\sqrt{3}}{2} - \dfrac{1}{2}i); \sqrt[3]{2}(\dfrac{\sqrt{3}}{2} - \dfrac{1}{2}i)\}$

P 11.26 a) $S = \{2 + 7i; 2 - 7i\}$

  b) $S = \{-i, 2 - i\}$

12.1 SEQUÊNCIAS

Chama-se sequência (ou sucessão) infinita, toda aplicação f de $\mathbb{N}^*$ em $\mathbb{R}$:
$$f = \{(1,a_1),(2,a_2),(3,a_3),\ldots,(n,a_n),\ldots\}$$

Indicamos uma sequência f anotando apenas a imagem de f:
$$f = (a_1, a_2, a_3,\ldots, a_n,\ldots)$$

Exemplos:

E 12.1 (0; 2; 4; 6; 8; 10;...) é a sequência infinita dos números naturais pares. Nesta sequência, temos:
$$a_1 = 0;\ a_2 = 2;\ a_3 = 4;\ a_4 = 6;\ \text{etc.}$$

E 12.2 (2; 6; 9; 2; 2; 5; 8; 4) é a sequência (finita) dos dígitos que compõem o número de telefone de um aluno. Logo:
$$a_1 = 2;\ a_2 = 6;\ a_3 = 4;\ a_4 = 6;\ a_5 = 2;\ a_6 = 5;\ a_7 = 8 \text{ e } a_8 = 4.$$

12.2 PROGRESSÃO ARITMÉTICA (P.A.)

Denominamos progressão aritmética (P.A.) a toda sequência onde adicionando uma mesma constante r a cada termo, a partir do segundo, obtemos o termo seguinte. Esta constante r é denominada razão da P.A.

Exemplo:

E 12.3 (4; 7; 10; 13;...) é uma P.A., onde o primeiro termo $a_1 = 4$ e a razão $r = 3$.

12.2.1 FÓRMULA DE RECORRÊNCIA

$$\begin{cases} a_1 = a & (1^{\circ}\text{termo}) \\ a_n = a_{n-1} + r, \forall\, n \in \mathbb{N}, n \geq 2 \end{cases}$$

12.2.2 FÓRMULA DO TERMO GERAL

Escrevendo o valor de cada termo de uma P.A. em função do primeiro termo a_1 e da razão r, temos:

$$\left(a_1; a_2; a_3; a_4; \ldots, a_n, \ldots\right)$$

$$\left(a_1; a_1 + r; a_1 + 2r; a_1 + 3r; \ldots, a_1 + (n-1)r, \ldots\right)$$

Observamos que:

O 2° termo é: $a_2 = a_1 + r$;

O 3° termo é: $a_3 = a_1 + 2r$;

O 4° termo é: $a_4 = a_1 + 3r$; etc. Logo, o termo geral a_n é dado por: $a_n = a_1 + (n-1)r$

> **Observação**
>
> Na expressão do termo geral da P.A. aparecem quatro variáveis. A maioria dos problemas de P.A. fornece o valor de três das quatro variáveis e pede o valor da quarta. Logo, pode ser resolvido pela aplicação direta da expressão de a_n.

Exemplos:

E 12.4 Dados $a_1 = 5$ e $r = 3$, determinar a expressão de a_n em função do número de termos, n.

Resolução:

$$a_n = a_1 + (n-1)r$$
$$a_n = 5 + (n-1)3$$
$$a_n = 5 + 3n - 3$$

Resposta: $a_n = 2 + 3n$

E 12.5 Calcular o 8° termo de uma P.A. cujo primeiro termo é 7 e a razão é 3.

Resolução:

$$a_n = a_1 + (n-1)r$$
$$a_8 = 7 + 7 \times 3$$
$$a_8 = 7 + 21$$

Resposta: $a_8 = 28$

> **Observação**
>
> Podemos, ainda, expressar um termo a_n da P.A. em função de um outro termo qualquer a_k e da razão r: $a_n = a_k + (n-k)r$

Progressões

Exemplos:

E 12.6 Escrever o $8°$ termo de uma P.A. qualquer em função do $2°$ termo.

Resolução:

$$a_8 = a_1 + (8-1)r \qquad a_8 = a_2 + (8-2)r \qquad a_8 = a_2 + 6r$$

E 12.7 Escrever o $15°$ termo de uma P.A. qualquer em função do $4°$ termo.

Resolução:

$$a_{15} = a_1 + (15-1)r \qquad a_{15} = a_4 + (15-4)r \qquad a_{15} = a_4 + 11r$$

12.2.3 CLASSIFICAÇÃO DA P.A.

$1°$) Dizemos que uma P.A. é crescente se $r > 0$.

$2°$) Dizemos que uma P.A. é decrescente se $r < 0$.

$3°$) Dizemos que uma P.A. é constante se $r = 0$.

Exemplo:

E 12.8 Dadas as sequências abaixo, classifique-as.

a) $a_1 = 1$ e $r = 2 \rightarrow$ P.A. $(1; 3; 5;...)$ – crescente

b) $a_1 = 10$ e $r = -2 \rightarrow$ P.A. $(10; 8; 6;...)$ – decrescente

c) $a_1 = \dfrac{2}{3}$ e $r = 0 \rightarrow$ P.A. $\left(\dfrac{2}{3}; \dfrac{2}{3}; \dfrac{2}{3};...\right)$ – constante

Notações Especiais:

1) Para 3 termos:

$$(x; x + r; x + 2r) \text{ ou } (x - r; x; x + r)$$

2) Para 4 termos:

$$(x; x + r; x + 2r; x + 3r) \text{ ou } (x - 3y; x - y; x + y; x + 3y),$$
$$\text{onde } r = (x + y) - (x - y) \text{ e } y = r/2.$$

3) Para 5 termos:

$$(x; x + r; x + 2r; x + 3r; x + 4r) \text{ ou } (x - 2r; x - r; x; x + r; x + 2r)$$

EXERCÍCIOS RESOLVIDOS

R 12.1 Determinar a P.A. dada pela sequência $(x + 5; x - 2; 3 - 2x)$.

Resolução:

Para determinarmos a razão, vamos comparar a diferença dos termos subsequentes:

$$a_2 - a_1 = a_3 - a_2$$

$$(x-2)-(x+5)=(3-2x)-(x-2)$$
$$\cancel{x}-2-\cancel{x}-5=3-2x-x+2$$
$$-7=5-3x$$
$$3x=5+7$$
$$3x=12 \Rightarrow x=4$$

Resposta: $(9;2;-5)$.

R 12.2 Obter uma P.A. de quatro termos tais que o produto dos extremos seja 45 e dos meios seja 77.

Resolução:

Seja P.A. dada por: $(x-3y; x-y; x+y; x+3y)$, com $y = r/2$.

Do problema, temos:

$$\begin{cases} (x-3y)(x+3y)=45 \Rightarrow x^2 - 9y^2 = 45 \quad (1) \\ (x-y)(x+y)=77 \Rightarrow x^2 - y^2 = 77 \quad (2) \end{cases}$$

Fazendo $(2) - (1)$:

$$9y^2 - y^2 = 32 \Rightarrow 8y^2 = 32 \Rightarrow y^2 = 4 \Rightarrow y = \pm 2$$

Substituindo em (2):

$$x^2 - 4 = 77 \Rightarrow x^2 = 81 \Rightarrow x = \pm 9$$

Resposta: Para $x = -9$ e $y = -2 \Rightarrow$ P.A. $= (-3;-7;-11;-15)$ e para $x = 9$ e $y = 2 \Rightarrow$ P.A. $= (3; 7; 11; 15)$.

R 12.3 Obter uma P.A. de cinco termos em que a soma de seus termos é 25 e o produto dos extremos é 9.

Resolução:

Seja P.A. dada por: $(x-2r; x-r; x; x+r; x+2r)$. Do problema, temos:

$$\begin{cases} (x-2r)+(x-r)+x+(x+r)+(x+2r)=25 \Rightarrow 5x = 25 \quad (1) \\ (x-2r)(x+2r)=9 \qquad \Rightarrow \qquad x^2 - 4r^2 = 9 \quad (2) \end{cases}$$

Substituindo (1) em (2):

$$5^2 - 4r^2 = 9 \Rightarrow 25 - 4r^2 = 9 \Rightarrow 4r^2 = 25 - 9 \Rightarrow 4r^2 = 16 \Rightarrow r^2 = 4 \Rightarrow r = \pm 2$$

Resposta: Para $x = 5$ e $r = -2 \Rightarrow$ P.A. $= (9; 7; 5; 3; 1)$ e para $x = 5$ e $r = 2 \Rightarrow$ P.A. $= (1; 3; 5; 7; 9)$.

EXERCÍCIOS PROPOSTOS

P 12.1 Determine três números em P.A. tais que sua soma seja 12 e seu produto 48.

P 12.2 Qual o 13º termo de P.A. de razão $\dfrac{3}{2}$, sendo 5 o primeiro termo?

P 12.3 Qual o primeiro termo da P.A. em que a razão é 6 e o décimo termo é 27?

P 12.4 Quantos termos tem a P.A. (1, 7, 13,..., 121)?

12.2.4 INTERPOLAÇÃO ARITMÉTICA

Interpolar, inserir ou intercalar k meios aritméticos entre a e b significa obter uma P.A. de extremos $a_1 = a$ e $a_n = b$, com $n = k + 2$ termos. Para determinar os meios dessa P.A., devemos calcular a razão r pela fórmula do termo geral:

$$a_n = a_1 + (n-1)r$$

$b = a + (k+2-1)r$, donde segue que: $r = \dfrac{b-a}{k+1}$

Exemplos:

E 12.9 Interpolar 5 meios aritméticos entre 3 e 6.

Resolução:

Do problema, tiramos que $a = 3$, $b = 6$ e $k = 5$, então: $r = \dfrac{6-3}{5+1} = \dfrac{3}{6} = \dfrac{1}{2} = 0,5$

Resposta: P.A. = (3; 3,5; 4; 4,5; 5; 5,5; 6).

E 12.10 Quantos meios aritméticos devem ser interpolados entre 12 e 34 para que a razão da interpolação seja 0,5?

Resolução:

Do problema, tiramos que $a = 12$, $b = 34$, $r = 0,5$, então:

$$0,5 = \frac{34-12}{k+1} \Rightarrow \frac{1}{2} = \frac{22}{k+1} \Rightarrow k+1 = 22 \times 2 \Rightarrow k = 44 - 1 \Rightarrow k = 43$$

Resposta: 43 meios aritméticos.

12.2.5 SOMA DOS TERMOS DE UMA P.A. FINITA

Determinemos a soma S_n dos n termos iniciais de uma P.A.. Consideremos a propriedade:

Numa P.A. finita, a soma de dois termos equidistantes dos extremos é igual à soma dos extremos.

De fato, seja a P.A. dada por: $\left(a_1; a_2; a_3; ...,a_k; a_{k+1}; ...; a_{n-k}; ...; a_n\right)$

Os termos a_{k+1} e a_{n-k} são equidistantes dos extremos a_1 e a_n, pois antes de a_{k+1} há k termos e depois de a_{n-k} há k termos na sequência. Calculando a soma desses dois termos, temos:

$$a_{k+1} + a_{n-k} = a_1 + \left(k+1-1\right).r + a_1 + \left(n-k-1\right).r =$$

$$a_1 + kr + a_1 + nr - kr - r = a_1 + \left[a_1 + \left(n-1\right)r\right] = a_1 + a_n$$

Portanto, $a_{k+1} + a_{n-k} = a_1 + a_n$.

Para calcular a soma S_n dos n termos desta P.A., podemos escrever, usando a propriedade comutativa da operação adição:

$$S_n = a_1 + \left(a_1 + r\right) + \left(a_1 + 2r\right) + ... + \left(a_n - 2r\right) + \left(a_n - r\right) + a_n \qquad (1)$$

ou

$$S_n = a_n + \left(a_n - r\right) + \left(a_n - 2r\right) + ... + \left(a_1 + 2r\right) + \left(a_1 + r\right) + a_1 \qquad (2)$$

Adicionando (1) e (2):

$$2S_n = \underbrace{\left(a_1 + a_n\right) + \left(a_1 + a_n\right) + ... + \left(a_1 + a_n\right) + \left(a_1 + a_n\right) + \left(a_1 + a_n\right)}$$

n parcelas iguais

$$2S_n = \left(a_1 + a_n\right) \cdot n$$

Donde segue que,

$$S_n = \frac{(a_1 + a_n).n}{2}$$

Fórmula com a qual calculamos a soma dos n termos de uma P.A. finita.

Exemplos:

E 12.11 Calcular a soma dos termos da P.A. (1; 3; 5;...; 19).

Resolução:

Dessa P.A., temos: $a_1 = 1; a_{10} = 19$ e $n = 10$. Então, $S_n = \dfrac{(1+19).10}{2} = \dfrac{20 \times 10}{2} = 100$

Resposta: A soma dos termos é 100.

Observação

Verifica-se que a soma dos n primeiros termos da sequência dos números ímpares positivos é calculada pela fórmula:

$$S_n = 1 + \underbrace{3 + 5 + ... + \left(2n-1\right)}_{n \text{ termos}} = n^2$$

E 12.12 Calcular a soma dos números naturais de 1 a 100.

Resolução:

$1+2+3+\ldots+100$ é a adição da sequência de números formando uma P.A., logo, pela fórmula:

$$S_n = \frac{(1+100).100}{2} = \frac{101 \times 100}{2} = 5.050$$

Resposta: A soma dos termos é 5.050.

> **Observação**
>
> Verifica-se que, para calcular a soma de naturais de 1 a n, basta utilizar a fórmula: $S_n = \dfrac{(1+n) \cdot n}{2}$

12.3 PROGRESSÃO GEOMÉTRICA (P.G.)

Denominamos progressão geométrica (P.G.) a toda sequência em que cada termo, a partir do segundo, é o produto do anterior por uma constante q dada. Esta constante q é denominada razão da P.G.

Exemplos:

E 12.13 $(1; 2; 4; 8; 16; 32; \ldots)$ é uma P.G. cujo primeiro termo $a_1 = 1$ e a razão $q = 2$.

E 12.14 $(27; 9; 3; \dfrac{1}{3}; \dfrac{1}{9}; \ldots)$ é uma P.G. cujo primeiro termo $a_1 = 27$ e a razão $q = \dfrac{1}{3}$.

12.3.1 FÓRMULA DE RECORRÊNCIA

$$\begin{cases} a_1 = a & (1^\circ\text{termo}) \\ a_n = a_{n-1} \cdot q, \forall\, n \in \mathbb{N}, n \geq 2 \end{cases}$$

onde a e q são números reais dados.

12.3.2 FÓRMULA DO TERMO GERAL

Dados $a_1 \neq 0$; $q \neq 0$ e o índice n de um termo desejado e utilizando a fórmula de recorrência da P.G. em função do primeiro termo a_1 e da razão q, temos:

$$\left(a_1; a_2; a_3; a_4; \ldots, a_n, \ldots\right)$$

Observamos que:

O 2° termo é: $a_2 = a_1.q$;

O 3° termo é: $a_3 = a_2.q$;

O 4° termo é: $a_4 = a_3.q$;

....

O n° termo é: $a_n = a_{n-1} \cdot q$.

Multiplicando membro a membro essas $(n-1)$ igualdades, temos:

$$a_2 \times a_3 \times a_4 \times \ldots \times a_n = a_1 \times a_2 \times a_3 \times \ldots \times a_{n-1} \times q^{n-1}$$

Cancelando os fatores comuns, segue a fórmula do termo geral: $a_n = a_1 \times q^{n-1}$

Observação

Podemos expressar um termo a_n da P.G. em função de um outro qualquer a_k e da razão q:
$a_n = a_k \times q^{n-k}$

Exemplos:

E 12.15 Determinar o 7º termo da P.G. (2; 4; 8;...).

Resolução:

Observamos que $a_1 = 2$; $q = 2$ e $n = 7$. Aplicando a fórmula do termo geral, temos:

$$a_7 = a_1 \times q^{7-1}$$
$$a_7 = 2 \times 2^6$$
$$a_7 = 2 \times 64 = 128$$

Resposta: O 7º termo é 128.

E 12.16 Determinar o primeiro termo de uma P.G. na qual $a_5 = 16$ e $q = 2$.

Resolução:

Observamos que $a_5 = 16$; $q = 2$ e $n = 5$. Aplicando a fórmula do termo geral, temos:

$$a_5 = a_1 \times q^{5-1}$$
$$16 = a_1 \times 2^4$$
$$a_1 = \frac{16}{16} = 1$$

Resposta: O primeiro termo é 1.

E 12.17 Determinar a expressão de a_{20} em função de a_5.

Resolução:

Pela fórmula já estudada, temos:

$$a_n = a_k \times q^{n-k}$$
$$a_{20} = a_5 \times q^{20-5}$$
$$a_{20} = a_5 \times q^{15}$$

Resposta: $a_{20} = a_5 \times q^{15}$.

12.3.3 CLASSIFICAÇÃO DA P.G.

As progressões geométricas podem ser classificadas em cinco categorias.

1ª) **Crescente**

a) P.G. de termos positivos:

Dizemos que a P.G. é crescente se para cada $n \in \mathbb{N}$, temos

$a_n > a_{n-1}$, ou ainda, se $\dfrac{a_n}{a_{n-1}} > 1$, ou seja, $|q| > 1$.

b) P.G. de termos negativos:

Dizemos que a P.G. é crescente se para cada $n \in \mathbb{N}$, temos

$a_n > a_{n-1}$, ou ainda, se $\dfrac{a_n}{a_{n-1}} < 1$, ou seja, $0 < |q| < 1$.

Exemplos:

E 12.18 A P.G. de termos positivos $(1; 2; 4; 8;...)$ é crescente, pois $q = 2 > 1$.

E 12.19 A P.G. de termos negativos $(-16; -8; -4;...)$ é crescente, pois $0 < q = \dfrac{1}{2} < 1$.

2ª) **Decrescente**

c) P.G. de termos positivos:

Dizemos que a P.G. é decrescente se para cada $n \in \mathbb{N}$, temos

$a_n < a_{n-1}$, ou ainda, se $\dfrac{a_n}{a_{n-1}} < 1$, ou seja, $0 < |q| < 1$.

d) P.G. de termos negativos:

Dizemos que a P.G. é decrescente se, para cada $n \in \mathbb{N}$, temos

$a_n < a_{n-1}$, ou ainda, se $\dfrac{a_n}{a_{n-1}} > 1$, ou seja, $|q| > 1$.

Exemplos:

E 12.20 A P.G. de termos positivos $(9; 3; 1; 1/3;...)$ é decrescente, pois $0 < q = \dfrac{1}{3} < 1$.

E 12.21 A P.G. de termos negativos $(-4; -8; -16;...)$ é decrescente, pois $q = 2 > 1$.

3ª) **Constante:**

a) P.G. com termos todos nulos:

Dizemos que a P.G. é constante se $a_1 = 0$.

b) P.G. com termos iguais e não nulos:

Dizemos que a P.G. é constante se $q = 1$.

Exemplos:

E 12.22 A P.G. de termos todos nulos (0; 0; 0; 0;...) é constante, pois $a_1 = 0$.

E 12.23 A P.G. de termos iguais (6; 6; 6;...) é constante, pois $q = 1$.

4ª) **Alternantes:**

Dizemos que uma P.G. é alternante se cada termo tem sinal contrário ao do termo anterior, ou seja, $q < 0$.

Exemplos:

E 12.24 A P.G. (2; -2; 2; -2;...) é alternante, pois $q = -1 < 0$.

E 12.25 A P.G. (-4; 2; -1; ½;...) é alternante, pois $q = -\dfrac{1}{2} < 0$.

5ª) **Estacionárias:**

Dizemos que uma P.G. é estacionária se $a_1 \neq 0$ e $q = 0$.

Exemplos:

E 12.26 A P.G. (4/5; 0; 0; 0;...) é estacionária, pois $a_1 = 4/5$ e $q = 0$.

E 12.27 A P.G. (-12; 0; 0; 0;...) é estacionária, pois $a_1 = 12$ e $q = 0$.

12.3.4 NOTAÇÕES ESPECIAIS DE P.G.

Para uma P.G. com 3, 4 ou 5 termos existem algumas notações que deixam o problema mais prático:

1) Para três termos:

$$\left(x; x \cdot q; x \cdot q^2\right) \text{ ou } \left(\frac{x}{q}; x; x \cdot q\right), \text{com razão } q, \text{ se } q \neq 0.$$

2) Para quatro termos:

$$\left(x; x \cdot q^2; x \cdot q^4; x \cdot q^6\right) \text{ ou } \left(\frac{x}{q^3}; \frac{x}{q}; x \cdot q; x \cdot q^3\right), \text{com razão } q^2, \text{ se } q \neq 0.$$

3) Para cinco termos:

$$\left(x; x \cdot q; x \cdot q^2; x \cdot q^3; x \cdot q^4\right) \text{ ou } \left(\frac{x}{q^2}; \frac{x}{q}; x; x \cdot q; x \cdot q^2\right), \text{com razão } q, \text{ se } q \neq 0.$$

Exemplos:

E 12.28 Determinar a P.G. de três termos, sabendo que o produto desses termos é 8 e que a soma do segundo com o terceiro é 3.

Resolução:

Representemos a P.G. por: $\left(\dfrac{x}{q}; x; x \cdot q\right)$, logo: $\begin{cases} \dfrac{x}{q}.x.x.q = 8 \quad (1) \\ x + x.q = 3 \quad (2) \end{cases}$

De (1) temos $x^3 = 8 \Rightarrow x = 2$, substituindo em (2), segue que:

$$2 + 2.q = 3$$
$$2.q = 3 - 2$$
$$q = \frac{1}{2}$$

Resposta: A P.G. é (4; 2; 1).

E 12.29 Obter uma P.G. de 5 termos, sabendo que seu produto é 32 e a soma do terceiro e do quarto termo é 6.

Resolução:

Representando a P.G. por: $\left(\dfrac{x}{q^2}; \dfrac{x}{q}; x; x \cdot q; x \cdot q^2\right)$, temos:

$$\begin{cases} \dfrac{x}{q^2} \cdot \dfrac{x}{q} \cdot x \cdot x \cdot q \cdot x \cdot q^2 = 32 \quad (1) \\ x + x \cdot q = 6 \quad\quad\quad\quad\quad (2) \end{cases}$$

De (1) temos $x^5 = 32 \Rightarrow x = 2$, substituindo o valor de x em (2), segue que:

$$2 + 2.q = 6$$
$$2.q = 6 - 2$$
$$q = \frac{4}{2} = 2$$

Resposta: A P.G. é (1/2; 1; 2; 4; 8).

12.3.5 INTERPOLAÇÃO GEOMÉTRICA

Interpolar, inserir ou intercalar meios geométricos entre os números a e b, significa obter uma P.G. de extremos $a_1 = a$ e $a_n = b$, com $n = k + 2$ termos. Para determinar os meios dessa P.G., devemos calcular a razão q pela fórmula do termo geral:

$$a_n = a_1 \times q^{n-1}$$

$$b = a \times q^{(k+2)-1} \Rightarrow q^{k+1} = \frac{b}{a} \text{ logo: } q = \sqrt[k+1]{\frac{b}{a}}$$

Exemplos:

E 12.30 Interpolar 5 meios geométricos positivos entre 3 e 192.

Resolução:

Do problema, temos que $a = 3$, $b = 192$ e $k = 5$. Utilizando a fórmula para calcular a razão, segue que:

$$q = \sqrt[5+1]{\frac{192}{3}} \Rightarrow q = \sqrt[6]{64} \Rightarrow q = \sqrt[6]{2^6} = 2$$

Resposta: A P.G. é dada por: (3; 6; 12; 24; 48; 96; 192).

E 12.31 Determinar o extremo b de uma P.G. de razão $q = 3$, sabendo-se que inserimos 4 termos entre $\dfrac{1}{27}$ e b nessa P.G.

Resolução:

Do problema, temos que $a = \dfrac{1}{27}$, $q = 3$ e $k = 4$. Utilizando a fórmula para calcular a razão, segue que:

$$3 = \sqrt[4+1]{\frac{b}{1/27}} \Rightarrow 3 = \sqrt[5]{27 \cdot b} \Rightarrow 27 \cdot b = 3^5 \Rightarrow b = \frac{3^5}{27} = \frac{3^5}{3^3} = 3^2 = 9$$

Resposta: O extremo $b = 9$.

12.3.6 SOMA DOS TERMOS DE UMA P.G. FINITA

Sendo dada uma P.G., isto é, conhecendo-se os valores de a_1 e q, calcular a soma S_n dos n termos iniciais da sequência.

Se $q = 1$, caso em que a P.G. é constante, temos $S_n = n \cdot a_1$.

Se $q \neq 1$, temos:

$$S_n = a_1 + a_1 \cdot q + a_1 \cdot q^2 + \ldots + a_1 \cdot q^{n-2} + a_1 \cdot q^{n-1} \quad (1)$$

Multiplicando ambos os membros por q, obtemos:

$$q.S_n = a_1 \cdot q + a_1 \cdot q^2 + a_1 \cdot q^3 + \ldots + a_1 \cdot q^{n-1} + a_1 \cdot q^n \quad (2)$$

Subtraindo (2) – (1):

$$q \cdot S_n - S_n = a_1 \cdot q^n - a_1 \Rightarrow S_n(q-1) = a_1(q^n - 1)$$

Logo:

$$S_n = \frac{a_1(q^n - 1)}{q - 1} \quad (I)$$

A partir de (I), poderemos obter uma fórmula equivalente:

$$S_n = \frac{a_1(q^n - 1)}{q - 1} = \frac{a_1 \cdot q^n - a_1}{q - 1} = \frac{a_1 \cdot q^{n-1} \cdot q - a_1}{q - 1}$$

Portanto:

$$S_n = \frac{a_n \cdot q - a_1}{q - 1} \quad (II)$$

Exemplos:

E 12.32 Obter a soma dos 5 termos iniciais da P.G. (3; 6; 12:...).

Resolução:

Do problema, temos que $a_1 = 3, q = \dfrac{6}{3} = 2$ e $n = 5$. Utilizando a fórmula para calcular a soma dos 5 primeiros termos:

$$S_5 = \frac{3(2^5 - 1)}{2-1} = \frac{3 \cdot (32-1)}{1} = 3 \times 31 = 93$$

Resposta: A soma dos 5 primeiros termos é 93.

E 12.33 Calcular a soma dos 10 termos iniciais da P.G. $(2; 4; 8; ...; 2^{10};...)$.

Resolução:

Do problema, temos que $a_1 = 2, q = \dfrac{4}{2} = 2$ e $a_{10} = 2^{10}$. Utilizando a fórmula (II) para calcular a soma dos 10 primeiros termos:

$$S_{10} = \frac{2^{10} \cdot 2 - 2}{2-1} = 2 \times \left(2^{10} - 1\right) = 2 \times \left(1.024 - 1\right) = 2 \times 1.023 = 2.046$$

Resposta: A soma dos 10 primeiros termos é 2.046.

12.3.7 SOMA DOS TERMOS DE UMA P.G. INFINITA

12.3.7.1 *Série geométrica*

Consideremos uma P.G. infinita $\left(a_1; a_2; a_3; a_4; ..., a_n, ...\right)$ cujos termos são números reais. A soma indicada dos termos dessa P.G. infinita $a_1 + a_2 + a_3 + ...$, é denominada série geométrica. Se a razão q da P.G. é tal que $-1 < q < 1 \Leftrightarrow |q| < 1$, dizemos que a série é convergente e que sua soma é:

$$S = \frac{a_1}{1-q}$$

Neste caso, indicamos,

$$a_1 + a_2 + a_3 + ... = \frac{a_1}{1-q}$$

Se a P.G. tem termos não nulos e razão $q \geq 1$ ou $q \leq -1$, dizemos que a série é divergente e não possui soma finita. De modo geral, toda P.G. de termos reais $\left(a_1; a_2; a_3; ...\right)$, com $-1 < q < 1$ apresenta os termos tendendo a zero: $a_n \to 0$. Neste caso, a soma S_n dos n primeiros termos tende ao número S dado por:

$$S = \frac{a_1}{1-q}$$

O número S é denominado limite da soma dos termos da P.G. e indicado também por $\lim\limits_{n \to \infty} S_n$ (lê-se: limite de S_n quando n tende a infinito)[4] ou S_∞. Portanto,

$$\lim_{n \to \infty} S_n = S_\infty = S = \frac{a_1}{1-q}$$

---

[4] O conceito de limite será estudado no Volume 2.

De fato, seja a P.G. $(a_1; a_2; a_3;...)$, cuja razão q é tal que $-1 < q < 1$, assim, q^n é um número cada vez mais próximo de zero, à medida que o expoente n aumenta. Logo, quando calculamos S_n para n suficientemente grande, pela fórmula (I), temos:

$$S_n = \frac{a_1(\cancel{q}^n - 1)}{q-1} \implies \frac{a_1(0-1)}{q-1} = \frac{-a_1}{q-1} = \frac{a_1}{1-q}$$

Exemplos:

E 12.34 Calcular a soma dos infinitos termos da P.G. $(\frac{1}{3}; \frac{1}{9}; \frac{1}{27};...)$.

Resolução:

Do problema temos que $a_1 = \frac{1}{3}$ e $q = \frac{1}{3} < 1$, portanto, pela fórmula da soma:

$$S_\infty = \frac{a_1}{1-q} = \frac{1/3}{1-1/3} = \frac{1/3}{2/3} = \frac{1}{2}$$

Resposta: A soma de todos os termos da P.G. é ½.

E 12.35 Determinar a fração geratriz da dízima 0,222....

Resolução:

Vamos escrever a dízima como uma soma infinita:

$$0,222... = 0,2 + 0,02 + 0,002 + ...$$

Observe, que a dízima é a soma de termos de uma P.G. infinita cujo 1° termo é $a_1 = 0,2$ e a razão $q = \frac{0,02}{0,2} = 0,1$. Portanto, usando a fórmula da soma:

$$S_\infty = \frac{a_1}{1-q} = \frac{0,2}{1-0,1} = \frac{0,2}{0,9} = \frac{2}{9}$$

Resposta: A fração geratriz vale $\frac{2}{9}$.

12.3.8 PRODUTO DOS TERMOS DE UMA P.G. FINITA

12.3.8.1 Propriedade 1

Em toda P.G. finita, o produto de dois termos equidistantes dos extremos é igual ao produto dos extremos, isto é:

$$a_{k+1} \times a_{n-k} = a_1 \times a_n, \quad \text{para} \quad k < n$$

12.3.8.2 Fórmula do produto

Seja a P.G. $(a_1; a_2; a_3;..., a_n)$ finita de n termos. Determinamos a fórmula para calcular o produto P_n dos n termos iniciais de uma P.G., da seguinte maneira:

$$P_n = a_1 \times a_2 \times a_3 \times \ldots \times a_{n-1} \times a_n \qquad (1),$$

pela propriedade comutativa dos fatores, podemos escrever:

$$P_n = a_n \times a_{n-1} \cdot \times \ldots a_3 \times a_2 \times a_1 \qquad (2),$$

multiplicando membro a membro as igualdades (1) e (2), temos:

$$P_n^{\,2} = (a_1 \times a_n) \cdot (a_2 \times a_{n-1}) \ldots (a_{n-1} \times a_2) \cdot (a_n \times a_1)$$

pela propriedade 1, esses n produtos são iguais, logo podemos escrever: $P_n^{\,2} = (a_1 \times a_n)^n$

Donde segue que,

$$\left| P_n \right| = \sqrt{(a_1 \times a_n)^n} \qquad (I)$$

Podemos, também, obter a fórmula transformada, substituindo a_n:

$$\left| P_n \right| = \sqrt{(a_1 \times a_n)^n} = \sqrt{(a_1 \cdot a_1 \cdot q^{n-1})^n} = \sqrt{(a_1^{\,2} \cdot q^{n-1})^n} = \left(a_1^{\,2} \cdot q^{n-1} \right)^{\frac{n}{2}} = a_1^{\,n} \cdot q^{\frac{n(n-1)}{2}}$$

Portanto,

$$\left| P_n \right| = a_1^{\,n} \cdot q^{\frac{n(n-1)}{2}} \qquad (II)$$

12.3.8.3 Sinal da P_n

1°) Se a P.G tem termos positivos, ou seja, $a_1 > 0$ e $q > 0$, então o produto $P_n > 0$;

2°) Se a P.G. tem termos negativos, ou seja, $a_1 < 0$ e $q > 0$ $(a_p < 0, \forall p \in \mathbb{N}^*)$, então:

- Se n é par, o produto $P_n > 0$;
- Se n é ímpar, o produto $P_n < 0$.

3°) Se a P.G. é alternante, ou seja, $a_1 \neq 0$ e $q < 0$, chamando de k é o número de termos negativos:

- Se k é par, o produto $P_n > 0$;
- Se k é ímpar, o produto $P_n < 0$.

    Regra prática para este caso:

    a) Dividimos n por 4 e obtemos o resto r;

    b) Se $r = 0$, o produto $P_n > 0$;

    c) Se $r \neq 0$, o sinal de P_n é o mesmo de P_r, onde $1 \leq r \leq 3$.

EXERCÍCIOS RESOLVIDOS

R 12.4 Obtenha o produto dos 17 primeiros termos da P.G. $(3^8; -3^7; \ldots; 3^{-8})$.

Resolução:

Pela fórmula (I) do produto, temos: $\left| P_{17} \right| = \sqrt{(3^8 \times 3^{-8})^{17}} = \sqrt{1^{17}} = 1$

Para definir o sinal, como é uma P.G. alternante, vamos dividir 17 por 4 e analisar o resto: $17 \div 4 = 4$, resto 1, portanto, o sinal de P_{17} é o mesmo de $P_1 > 0$.

Resposta: O produto $P_{17} = 1$.

R 12.5 Obtenha o produto dos 10 termos iniciais da P.G. $\left(\dfrac{1}{8};\dfrac{1}{4};\dfrac{1}{2};...\right)$.

Resolução:

Do problema temos que $a_1 = \dfrac{1}{8}$ e $q = 2$, portanto, pela fórmula (II) do produto, temos:

$$|P_{10}| = \left(\frac{1}{8}\right)^{10} \cdot 2^{\frac{10(10-1)}{2}} = \left(\frac{1}{8}\right)^{10} \cdot 2^{5 \times 9} = \frac{1}{2^{30}} \times 2^{45} = 2^{15}.$$

Como a P.G. é de termos positivos, o produto é positivo.

Resposta: O produto $P_{10} = 2^{15}$.

EXERCÍCIOS PROPOSTOS

P 12.5 Obtenha o primeiro termo da P.A. de razão 4, cujo 23º termo é 86.

P 12.6 Determine o valor de a, de modo que $(a; 2a + 1; 5a + 7)$ seja uma P.A.

P 12.7 Calcule a soma dos 10 termos iniciais da P.A. (1; 7; 13;...).

P 12.8 Obtenha o 10º termo da P.G. (1; 2; 4; 8;...).

P 12.9 Calcule o número de termos da P.G. em que a razão é ½, o primeiro termo é 6.144 e o último termo é 3.

P 12.10 Em uma P.G. de razão negativa tem-se $a_3 = 40$ e $a_6 = -320$. Determine a soma dos 8 primeiros termos.

P 12.11 Dada a P.G. $(1; \sqrt{2}; 2;...)$, calcule o produto dos 12 primeiros termos.

RESPOSTAS DOS EXERCÍCIOS PROPOSTOS

P 12.1 $(2, 4, 6)$ ou $(6, 4, 2)$

P 12.2 $a_{13} = 23$

P 12.3 $a_1 = -27$

P 12.4 $n = 21$

P 12.5 $a_1 = -2$

P 12.6 $a = -5/2$

P 12.7 $S_{10} = 280$

P 12.8 $a_{10} = 512$

P 12.9 $n = 12$

P 12.10 -850

P 12.11 $P_{12} = 2^{33}$

OBJETIVOS

1) Recapitular e fixar os conteúdos e conceitos estudados.
2) Possibilitar ao aluno a aprendizagem gradativa dos fundamentos da Matemática.
3) Enfatizar a aplicação correta das propriedades nas operações matemáticas.
4) Contribuir com um roteiro de aulas que auxilie e complemente o trabalho do professor.

CAPÍTULO 1 – NOÇÕES DE CONJUNTOS

R 13.1 Sejam os conjuntos:

A = {x / x é número primo compreendido entre 7 e 10}

B = {x / x é número primo positivo menor do que 3}

C = {x / x é número primo positivo menor do que 5}

Classifique como verdadeiro (V) ou falso (F) as seguintes proposições:

a) A é vazio   b) B é unitário   c) C é unitário

Resolução:

a) A é vazio (V), pois não existe número primo compreendido entre 7 e 10;

b) B é unitário (V), pois 2 é o único número primo positivo menor do que 3;

c) C é unitário (F), pois C possui dois elementos: 2 e 3.

R 13.2 Sejam A = {a}, B = {a, b}, C = {a, b, c} e D = {a, b, d}. Classifique como verdadeiro (V) ou falso (F):

a) $A \subset B$ c) $B \subset C$ e) $B \subset D$

b) $B \subset A$ d) $C \subset D$ f) $D \subset A$

Resolução:

a) (V), pois $a \in A$ e $a \in B$, então $A \subset B$;

b) (F), pois $b \in B$ e $b \notin A$, então $B \not\subset A$;

c) (V), pois $a \in B$, $b \in B$ e também $a \in C$, $b \in C$, então $B \subset C$;

d) (F), pois $c \in C$ e $c \notin D$, então $C \not\subset D$;

e) (V), pois $a, b \in B$ e $a, b \in D$, então $B \subset D$;

f) (F), pois existem elementos de D que não pertencem a A, então $D \not\subset A$.

P 13.3 Sendo A = {1, 2, 3}, B = {2, 4, 6} e C = {1, 2, 3, 4, 5, 6, 7}, classifique como verdadeiro (V) ou falso (F):

a) $A \subset B$ c) $C \subset A$ e) $A \not\supset C$

b) $B \subset C$ d) $A \not\subset C$ f) $B \not\subset A$

R 13.4 Reescreva as seguintes proposições, usando a notação de conjunto:

a) x não pertence a A;

b) o conjunto R contém o conjunto S;

c) d é um elemento do conjunto E;

d) F não é um subconjunto de G;

e) H não contém o conjunto D.

Resolução:

a) $x \notin A$;   c) $d \in E$;   e) $H \not\supset D$.

b) $R \supset S$;   d) $F \not\subset G$;

P 13.5 Seja M = $\{r, s, t\}$. Classifique como verdadeiro (V) ou falso (F):

a) $r \in M$

b) $r \subset M$

c) $\{r\} \in M$

d) $\{r\} \subset M$

R 13.6 Seja A = $\{x / 3x = 15\}$ e $b = 5$. Então podemos concluir que A = b?

Resolução:

De $3x = 15 \Rightarrow x = 5 \Rightarrow A = \{5\}$, então $5 \in A$, porém não é igual ao conjunto A, isto é, A $\neq b$.

Observação

x é um elemento e $\{x\}$ é um conjunto, portanto $x \neq \{x\}$.

P 13.7 Sejam U = $\{a, b, c, d, e\}$, A = $\{a, b, d\}$ e B = $\{b, d, e\}$. Determinar:

a) $A \cup B$

b) $B \cap A$

c) B'

d) $B - A$

e) $A' \cap B$

f) $A \cup B'$

g) $A' \cap B'$

h) $B' - A'$

i) $(A \cap B)'$

j) $(A \cup B)'$

R 13.8 Verifique que B – A é um subconjunto de A'.

Resolução:

Seja $x \in (B - A) \Rightarrow (x \in B \wedge x \notin A) \Rightarrow x \in A'$, $(B - A) \subset A'$.

P 13.9 Verifique que: B – A' = B $\cap$ A.

R 13.10 Dados A = $\{0, 1, 2\}$ e B = $\{1, 2, 3, 4\}$, determine o conjunto X tal que:

$$A \cap X = \{0, 1\}, B \cap X = \{1, 4\} \text{ e } A \cup B \cup X = \{0, 1, 2, 3, 4, 5, 6\}.$$

Resolução:

Das definições dos conjuntos A e B, tiramos as seguintes conclusões:

1) Se $A \cap X = \{0, 1\}$, então $\begin{cases} 0 \in X \\ 1 \in X \\ 2 \notin X \end{cases}$

2) Se $B \cap X = \{1, 4\}$, então $\begin{cases} 1 \in X \\ 4 \in X \\ 2 \notin X \\ 3 \notin X \end{cases}$

3) Se $A \cup B \cup X = \{0, 1, 2, 3, 4, 5, 6\}$, então de (1) e (2), segue que $\begin{cases} 5 \in X \\ 6 \in X \end{cases}$

Resposta: $X = \{0, 1, 4, 5, 6\}$.

R 13.11 Os sócios dos clubes A e B perfazem o total de 150. Qual é o número de sócios de A, se B tem 60 e há 40 indivíduos que pertencem aos dois clubes?

Resolução:

Utilizando a fórmula de número de elementos da união:

$$n(A \cup B) = n(A) + n(B) - n(A \cap B), \text{ temos:}$$

$$150 = n(A) + 60 - 40$$

$$n(A) = 150 - 20$$

$$n(A) = 130$$

Poderíamos resolver, também, pelo diagrama de Venn:

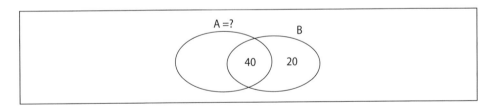

Resposta: O clube A tem 130 sócios.

R 13.12 Em uma escola de 517 alunos, 290 estudam Matemática, 210 estudam Física e 112 não estudam nem Matemática e nem Física. Calcule:

a) o número de alunos que estudam Matemática ou Física;

b) o número de alunos que estudam Matemática e Física;

c) o número de alunos que estudam Matemática e não estudam Física.

Roteiro de aula e estudo com exercícios resolvidos e exercícios propostos

Resolução:

Vamos chamar de:

n(M) = número de alunos que estudam Matemática;

n(F) = número de alunos que estudam Física;

n(M $\cup$ F) = número de alunos que estudam Matemática ou Física;

n(M $\cap$ F) = número de alunos que estudam Matemática e Física;

n[(M $\cup$ F)'] = número de alunos que não estudam Matemática nem Física.

Do problema, temos:

n(U) = 517, n(M) = 290, n(F) = 210 e n[(M $\cup$ F)'] = 112. Então:

a) n(M $\cup$ F) = n(U) - n[(M $\cup$ F)'] = 517 – 112 = 405;

b) n(M $\cap$ F) = n(M) + n(F) – n(M $\cup$ F) = 290 + 210 – 405 = 95;

c) n(M –F) = n(M) – n(M $\cap$ F) = 290 – 95 = 195.

Resposta: a) 405 alunos, b) 95 alunos e c) 195 alunos.

P 13.13 Se o conjunto A tem 15 elementos e o conjunto B tem 12, determine o número de elementos que pertencem a A ou B, sabendo que os elementos pertencentes a A e B são 5.

RESPOSTAS DOS EXERCÍCIOS PROPOSTOS

P 13.3 a) (F); b) (V); c) (F); d) (F); e) (V); f) (V)

P 13.5 a) (V); b) (F); c) (F); d) (V).

P 13.7 a) A $\cup$ B = {a, b, d, e}; b) B $\cap$ A={b, d}; c) B'= U – B = {a, c}; d) B – A = {e}; e) A $\cup$ B'= {a, b, c, d}; f) A' $\cap$ B'= {c}; g) B' – A'={a}; h) (A $\cap$ B)'={a, c, e}; i) (A $\cup$ B)'={c}.

P 13.13 n(A $\cup$ B) = 22 elementos.

CAPÍTULO 2 – CONJUNTOS NUMÉRICOS

R 13.14 Determine as frações geratrizes das dízimas periódicas:

a)   simples: $0,777... = 0,\overline{7}$

b)   composta: $0,5333... = 0,5\overline{3}$

Resolução:

a)   Seja a dízima $g = 0,\overline{7}$ (1)

Fazemos: $10g = 10 \times 0,\overline{7}$ $\Rightarrow$ $10g = 7,\overline{7}$ (2)

Proposição: se $a = b$ então $a \cdot c = b \cdot c$, propriedade da multiplicação na igualdade.

Subtraindo membro a membro (1) de (2), temos:

$$10g - g = 7,\overline{7} - 0,\overline{7}$$

$$9g = 7 \Rightarrow g = \frac{7}{9}$$

> Veja Capítulo 2, seção 2.3.5: Regra prática para determinação da fração geratriz.

b) Seja a dízima $g = 0,5\overline{3}$ (1)

Fazemos: $10g = 10 \times 0,5\overline{3} \Rightarrow 10g = 5,\overline{3}$ (2)

$$100g = 100 \times 0,5\overline{3} \Rightarrow 100g = 53,\overline{3} \text{ (3)}$$

Subtraindo membro a membro (2) de (3), temos:

$$100g - 10g = 53,\overline{3} - 5,\overline{3}$$

$$90g = 48 \Rightarrow g = \frac{48}{90}$$

Respostas: $0,\overline{7} = \dfrac{7}{9}$ e $0,5\overline{3} = \dfrac{48}{90}$

P 13.15 Determine as frações geratrizes das dízimas periódicas:

a) simples: $0,232323... = 0,\overline{23}$

b) composta: $2,41212... = 2,4\overline{12}$

R 13.16 Se a é um número inteiro, justifique:

a) se a for ímpar, então a^2 também será ímpar;

b) se a^2 é par, então a também será par.

Resolução:

a) Como a é ímpar, a é da forma $a = 2 \cdot k + 1$, para $k \in \mathbb{Z}$. Então:
$a^2 = (2k+1)^2 = 4k^2 + 4k + 1 = 2(2k^2 + 2k) + 1$, como $2k^2 + 2k$ é um número inteiro, $2(2k^2 + 2k)$ é um número par, portanto, $2(2k^2 + 2k) + 1$ é um número ímpar. Logo, a^2 é um número ímpar.

b) Por hipótese a^2 é par; se a fosse ímpar, pelo item (a), teríamos a^2 também ímpar, o que contraria a hipótese, logo a só pode ser par.

R 13.17 Justifique que $\sqrt{2} = 1,4142135...$ não é um número racional, isto é, não existem números inteiros a e b tais que $\sqrt{2} = \dfrac{a}{b}$.

Resolução:

Suponhamos por absurdo que $\sqrt{2} \in \mathbb{Q}$, isto é, $\sqrt{2} = \dfrac{a}{b}$, para $a \in \mathbb{Z}$ e $b \in \mathbb{Z}^*$.
Vamos supor, ainda, que $\dfrac{a}{b}$ seja fração irredutível, ou seja, mdc$(a, b) = 1$.
Elevando ao quadrado ambos os membros de (1), temos:

$$\left(\sqrt{2}\right)^2 = \left(\dfrac{a}{b}\right)^2 \Rightarrow 2 = \dfrac{a^2}{b^2} \Rightarrow a^2 = 2 \cdot b^2 \quad (3)$$

Como $2 \cdot b^2$ é par, então a^2 é par e pelo R.16, a é par.
Substituindo $a = 2k$, $k \in \mathbb{Z}$ em (3), temos:
$(2k)^2 = 2 \cdot b^2 \Rightarrow 4k^2 = 2 \cdot b^2$ (dividindo a equação por 2)
$2k^2 = b^2$ o que implica que b^2 é par. Novamente, pelo R.16, concluímos que b é par. Então a e b são pares e, neste caso, a fração $\dfrac{a}{b}$ não é irredutível, o que contraria a hipótese (2). Logo, $\sqrt{2}$ é um número irracional.

P 13.18 Justifique que $\sqrt{3} = 1{,}7320508\ldots$ é um número irracional.

R 13.19 Represente na reta real $\mathbb{R}$ os números:

a) $\dfrac{11}{4}$ c) $-0{,}5$ e) $-2{,}\overline{3}$

b) $-\sqrt{2}$ d) $\sqrt{2}$ f) $-\pi$

Resolução:
a) $\dfrac{11}{4} = 2\dfrac{3}{4} = 2 + \dfrac{3}{4}$
b) Vamos usar o teorema de Pitágoras: $\sqrt{2} = \sqrt{1^2 + 1^2}$.
c) $-0{,}5 = -\dfrac{1}{2}$
e) $-2{,}\overline{3} = -\left(2 + \dfrac{3}{9}\right) = -\left(2 + \dfrac{1}{3}\right)$
f) $-\pi = -3{,}1415\ldots$

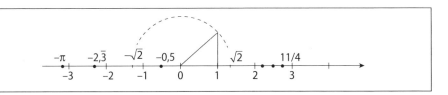

P 13.20 Represente na reta real $\mathbb{R}$ os números:
a) $\dfrac{5}{2}$ c) 0   e) $3,\overline{3}$
b) $\pm\sqrt{3}$ d) $\dfrac{10}{3}$ f) $\dfrac{-3}{4}$

R 13.21 Utilizando a classificação dos intervalos dos números reais:
1) Intervalo fechado: $[a; b] = \{x \in \mathbb{R} \mid a \leq x \leq b\}$
2) Intervalo aberto: $]a; b[= \{x \in \mathbb{R} \mid a < x < b\}$
3) Intervalo fechado à esquerda e aberto à direita: $[a; b[= \{x \in \mathbb{R} \mid a \leq x < b\}$
4) Intervalo aberto à esquerda e fechado à direita: $]a; b] = \{x \in \mathbb{R} \mid a < x \leq b\}$
5) Intervalos infinitos:
   a) $[a; \infty[= \{x \in \mathbb{R} \mid x \geq a\}$ c) $]-\infty; a] = \{x \in \mathbb{R} \mid x \leq a\}$
   b) $]a; \infty[= \{x \in \mathbb{R} \mid x > a\}$ d) $]-\infty; a[= \{x \in \mathbb{R} \mid x < a\}$,

Dados os intervalos A = [–3; 5[e B =]2; 8], utilizando o gráfico da reta real, calcule:
a) $A \cup B$ b) $A \cap B$ c) $A - B$

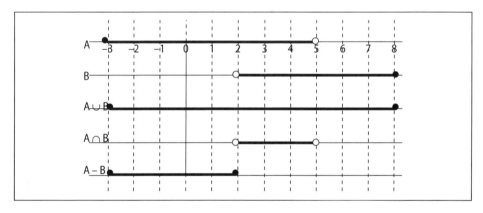

Resposta:
a) $A \cup B = [-3, 8]$ b) $A \cap B =]2, 5[$ c) $A - B = [-3, 2]$

P 13.22 Dados A=]-1; 4]; B = [2; 5[e C = [-2; 3[, determine $(A \cap B) - C$.

RESPOSTA DOS EXERCÍCIOS PROPOSTOS

P 13.15 a) $0,\overline{23} = \dfrac{23}{99}$; b) $2,4\overline{12} = 2\dfrac{408}{990}$

P 13.22 $(A \cap B) - C = [3; 4]$

CAPÍTULO 3 – POTENCIAÇÃO, RADICIAÇÃO E PRODUTOS NOTÁVEIS

R 13.23 Calcule o valor das seguintes expressões numéricas:

a) $2 - \left(\dfrac{1}{5} + \dfrac{1}{4}\right) : \left(1 - \dfrac{1}{6}\right)^{-1}$

c) $\left(\dfrac{1}{2}\right)^{2} + \left(\dfrac{1}{2}\right)^{3} - \dfrac{2}{3}$

b) $\left(\dfrac{2}{3} \times \dfrac{3}{5} - \dfrac{1}{4}\right) : \dfrac{3}{10}$

d) $\left(1\dfrac{1}{2} : \dfrac{9}{4} + \dfrac{1}{8}\right) : \left(\dfrac{13}{15} \times \dfrac{5}{13} - \dfrac{1}{6}\right)$

Veja Capítulo 2: seção 2.3.3 Operações com números fracionários.

Resolução:

a) $2 - \left(\dfrac{1}{5} + \dfrac{1}{4}\right) : \left(1 - \dfrac{1}{6}\right)^{-1} = 2 - \left(\dfrac{4+5}{20}\right) : \left(\dfrac{6-1}{6}\right)^{-1}$

$= 2 - \dfrac{9}{20} : \left(\dfrac{5}{6}\right)^{-1} = 2 - \dfrac{9}{20} : \dfrac{6}{5} = 2 - \dfrac{9}{20} \times \dfrac{5}{6} = 2 - \dfrac{3}{8} = \dfrac{16-3}{8} = \dfrac{13}{8}$

b) $\left(\dfrac{2}{3} \times \dfrac{3}{5} - \dfrac{1}{4}\right) : \dfrac{3}{10} = \left(\dfrac{2}{5} - \dfrac{1}{4}\right) \times \dfrac{10}{3} = \left(\dfrac{8-5}{20}\right) \times \dfrac{10}{3} = \dfrac{3}{20} \times \dfrac{10}{3} = \dfrac{1}{2}$

c) $\left(\dfrac{1}{2}\right)^{2} + \left(\dfrac{1}{2}\right)^{3} - \dfrac{2}{3} = \dfrac{1}{4} + \dfrac{1}{8} - \dfrac{2}{3} = \dfrac{6+3-16}{24} = \dfrac{-7}{24}$

d) $\left(1\dfrac{1}{2} : \dfrac{9}{4} + \dfrac{1}{8}\right) : \left(\dfrac{13}{15} \times \dfrac{5}{13} - \dfrac{1}{6}\right) = \left(\dfrac{3}{2} \times \dfrac{4}{9} + \dfrac{1}{8}\right) : \left(\dfrac{1}{3} - \dfrac{1}{6}\right)$

$= \left(\dfrac{2}{3} + \dfrac{1}{8}\right) : \left(\dfrac{2-1}{6}\right) = \left(\dfrac{16+3}{24}\right) \times \dfrac{6}{1} = \dfrac{19}{24} \times \dfrac{6}{1} = \dfrac{19}{4}.$

Resposta: a) $\dfrac{13}{8}$; b) $\dfrac{1}{2}$; c) $\dfrac{-7}{24}$; d) $\dfrac{19}{4}$

P 13.24 Calcule o valor das seguintes expressões numéricas:

a) $2 + \left(\dfrac{1}{5} + \dfrac{1}{4}\right) : \left(1 - \dfrac{1}{6}\right)$

b) $\left(1\dfrac{1}{2} + 3\dfrac{1}{3}\right) \times \left(1 + \dfrac{1}{5}\right)$

c) $\left(1 - \dfrac{2}{3}\right)^{3} : \dfrac{1}{9} + \left(\dfrac{1}{2} + \dfrac{1}{3}\right)^{2}$

284   Matemática com aplicações tecnológicas – Volume 1

R 13.25 Aplique as propriedades das potências e simplifique as expressões:

a) $\left[\left(\dfrac{1}{3}\right)^{-3}\right]^{-2} \times \left(\dfrac{1}{3}\right)^{-5}$

b) $\dfrac{2^n + 2^{n+1} + 2^{n+2}}{2^n \cdot 2^3 + 2^n \cdot 2^4}$

> Veja, no Capítulo 3, seção 3.1 – Potenciação.

Resolução:

a) $\left[\left(\dfrac{1}{3}\right)^{-3}\right]^{-2} \times \left(\dfrac{1}{3}\right)^{-5} = \left(\dfrac{1}{3}\right)^{6} \times \left(\dfrac{1}{3}\right)^{-5} = \left(\dfrac{1}{3}\right)^{1} = \dfrac{1}{3}$

b) $\dfrac{2^n + 2^{n+1} + 2^{n+2}}{2^n \cdot 2^3 + 2^n \cdot 2^4} = \dfrac{2^n \left(1 + 2^1 + 2^2\right)}{2^n \left(2^3 + 2^4\right)} = \dfrac{1+2+4}{8+16} = \dfrac{7}{24}$

Respostas: a) $\dfrac{1}{3}$; b) $\dfrac{7}{24}$.

P 13.26 Aplique as propriedades das potências e simplifique as expressões:

a) $\left(3 \cdot 2\right)^{-1} \times \left(3^{-1} + 2^{-1}\right)^{-1}$

b) $\dfrac{2^{-2} + 4^{-2}}{2^{-1} + 4^{-1}}$

c) $\left(0{,}4\right)^{2} + 2 \cdot \left(1{,}2\right)^{2}$

R 13.27 Simplifique as expressões:

a) $\left(\dfrac{a^{-3}}{a^{-2} \cdot b^{2}}\right)^{-1}$

b) $\left(\dfrac{a^{2}b}{c}\right)^{3} \times \left(\dfrac{c}{a^{3}}\right)^{2} \times \left(\dfrac{1}{b}\right)^{-2}$

c) $\dfrac{32 : 2^3}{16^2}$

Resolução:

a) $\left(\dfrac{a^{-3}}{a^{-2} \cdot b^{2}}\right)^{-1} = \dfrac{a^{3}}{a^{2} \cdot b^{-2}} = a \cdot b^{2}$

b) $\left(\dfrac{a^{2}b}{c}\right)^{3} \times \left(\dfrac{c}{a^{3}}\right)^{2} \times \left(\dfrac{1}{b}\right)^{-2} = \dfrac{a^{6}b^{3}c^{2}}{c^{3}a^{6}} \times b^{2} = \dfrac{b^{5}}{c}$

c) $\dfrac{32 : 2^3}{16^2} = \dfrac{2^5 : 2^3}{2^4} = \dfrac{2^2}{2^4} = \dfrac{1}{2^2} = \dfrac{1}{4}$

Respostas: a) $a \cdot b^{2}$; b) $\dfrac{b^{5}}{c}$; c) $\dfrac{1}{4}$.

P 13.28 Calcule:

a) $\left(9 - 7{,}5\right)^{2}$

b) $\left(2^{2} - 2^{-2}\right)^{2}$

c) $\dfrac{10^{2} \times \left(0{,}2\right)^{3}}{\left(0{,}4\right)^{2}}$

R 13.29 Simplifique as seguintes expressões:

a) $\dfrac{2}{\sqrt{2}}+\sqrt{8}-\dfrac{\sqrt{32}}{2}$

b) $\dfrac{3a}{\sqrt{5a}-\sqrt{2a}}+\dfrac{2a}{\sqrt{2a}}-\sqrt{18a^3}+\sqrt{125a}$

> Veja, no Capítulo 3, na Seção 3.2 – Radiciação, o item Propriedades.

Resolução:

a) 1°) Racionalização do denominador:

$$\dfrac{2}{\sqrt{2}}=\dfrac{2.\sqrt{2}}{\sqrt{2}.\sqrt{2}}=\dfrac{2\sqrt{2}}{\sqrt{4}}=\dfrac{2\sqrt{2}}{2}=\sqrt{2}$$

2°) Fatoração dos radicandos:

$$\sqrt{8}=\sqrt{4\times2}=\sqrt{4}\times\sqrt{2}=2\sqrt{2}$$

$$\sqrt{32}=\sqrt{16\times2}=\sqrt{16}\times\sqrt{2}=4\sqrt{2}$$

Logo,

$$\dfrac{2}{\sqrt{2}}+\sqrt{8}-\dfrac{\sqrt{32}}{2}=\sqrt{2}+2\sqrt{2}-\dfrac{4\sqrt{2}}{2}=\sqrt{2}$$

b) Racionalizando os denominadores e fatorando os radicandos, temos:

$$\dfrac{3a}{\sqrt{5a}-\sqrt{2a}}=\dfrac{3a(\sqrt{5a}+\sqrt{2a})}{\left(\sqrt{5a}-\sqrt{2a}\right)(\sqrt{5a}+\sqrt{2a})}=\dfrac{3a(\sqrt{5a}+\sqrt{2a})}{5a-2a}=\sqrt{5a}+\sqrt{2a}$$

$$\dfrac{2a}{\sqrt{2a}}=\dfrac{2a\sqrt{2a}}{\sqrt{2a}\times\sqrt{2a}}=\dfrac{2a\sqrt{2a}}{2a}=\sqrt{2a}$$

$$\sqrt{18a^3}=\sqrt{9\times2a^2a}=3a\sqrt{2a}$$

$$\sqrt{125a}=\sqrt{5^3a}=\sqrt{5^25a}=5\sqrt{5a}$$

Logo,

$$\dfrac{3a}{\sqrt{5a}-\sqrt{2a}}+\dfrac{2a}{\sqrt{2a}}-\sqrt{18a^3}+\sqrt{125a}=\sqrt{5a}+\sqrt{2a}+\sqrt{2a}-3a\sqrt{2a}+5\sqrt{5a}$$

$$=\left(1+5\right)\sqrt{5a}+\left(2-3a\right)\sqrt{2a}=6\sqrt{5a}+\left(2-3a\right)\sqrt{2a}$$

Respostas: a) $\sqrt{2}$; b) $6\sqrt{5a}+\left(2-3a\right)\sqrt{2a}$.

P 13.30 Simplifique as seguintes expressões:

a) $\dfrac{2x}{\sqrt{2x-x}}$

b) $\dfrac{5m}{\sqrt{7m}+\sqrt{2m}}+\dfrac{2m}{\sqrt{2m}}$

R 13.31 Determine o conjunto solução das seguintes equações:

a) $4\left(\dfrac{2x+3}{4}+1\right)=x+\dfrac{1}{2}$

b) $\dfrac{1}{2}\left(x-\dfrac{1}{3}\right)-\dfrac{1}{4}\left(x-\dfrac{2}{3}\right)=\dfrac{x-1}{3}$

Resolução:

a) $4\left(\dfrac{2x+3}{4}+\dfrac{4}{4}\right)=x+\dfrac{1}{2}$

$2x+3+4=x+\dfrac{1}{2}$

$2x-x=\dfrac{1}{2}-7$

$x=\dfrac{1-14}{2}=\dfrac{-13}{2}$

b) $\dfrac{1}{2}x-\dfrac{1}{6}-\dfrac{1}{4}x+\dfrac{1}{6}=\dfrac{x-1}{3}$ multiplicando a equação por 12

$6x-2-3x+2=4x-4$

$3x-4x=-4$

$-x=-4 \Rightarrow x=4$

Respostas: a) S= $\{\dfrac{-13}{2}\}$; b) S = {4}.

P 13.32 Determine o conjunto solução das seguintes expressões:

a) $3x+\dfrac{2-5x}{6}=6+\dfrac{4x-1}{5}$

b) $\dfrac{2}{3}\left(3x-\dfrac{1}{2}\right)=\dfrac{3}{2}\left(x-\dfrac{1}{3}\right)$

R 13.33 Determine o conjunto solução das seguintes inequações:

a) $3(2x-1)-4(1-3x)<11$

b) $x-\dfrac{(1-3x)}{4}\geq 2-\dfrac{(3x+2)}{2}$

Resolução:

a) $6x-3-4+12x<11$

$$18x<11+7$$

$$x<\dfrac{18}{18} \Rightarrow x<1$$

b) $x-\dfrac{(1-3x)}{4}\geq 2-\dfrac{(3x+2)}{2}$ multiplicando a inequação por 4:

$$4x-(1-3x)\geq 4\times 2-2(3x+2)$$

Roteiro de aula e estudo com exercícios resolvidos e exercícios propostos   287

$$4x - 1 + 3x \geq 8 - 6x - 4$$

$$7x + 6x \geq 4 + 1$$

$$13x \geq 5 \Rightarrow x \geq \frac{5}{13}$$

Respostas: a) $S = \{x \in \mathbb{R} \, / \, x < 1\}$; b) $S = \{x \in \mathbb{R} \, / \, x \geq 5/13\}$

P 13.34 Determine o conjunto solução das seguintes inequações:

a) $\dfrac{x}{3} - \dfrac{3 - x}{2} \leq \dfrac{x - 1}{3} - \dfrac{4x - 3}{6}$

b) $\dfrac{2x}{5} - \dfrac{3}{10}(x - 2) > \dfrac{6x}{5} - \dfrac{1}{2}$

R 13.35 Desenvolva e simplifique os seguintes binômios:

a) $\left(\sqrt{3} - \dfrac{\sqrt{2}}{2} \right)^2$

b) $\left(3x + \dfrac{1}{3x} \right)^3$

> Veja, no Capítulo 3, a Seção 3.3 "Produtos notáveis".

Resolução:

a) Utilizando $(a \pm b)^2 = a^2 \pm 2ab + b^2$, temos:

$$\left(\sqrt{3} - \frac{\sqrt{2}}{2} \right)^2 = \left(\sqrt{3} \right)^2 - 2\sqrt{3} \cdot \frac{\sqrt{2}}{2} + \left(\frac{\sqrt{2}}{2} \right)^2$$

$$= 3 - \sqrt{6} + \frac{2}{4} = 3 + \frac{1}{2} - \sqrt{6} = 3\frac{1}{2} - \sqrt{6}$$

b) Utilizando $(a + b)^3 = a^3 + 3a^2 b + 3ab^2 + b^3$, temos:

$$\left(3x + \frac{1}{3x} \right)^3 = (3x)^3 + 3(3x)^2 \cdot \frac{1}{3x} + 3 \cdot (3x) \cdot \left(\frac{1}{3x} \right)^2 + \left(\frac{1}{3x} \right)^3$$

$$= 27x^3 + 9x^2 \cdot \frac{1}{x} + 9x \cdot \frac{1}{9x^2} + \frac{1}{27x^3} = 27x^3 + 9x + \frac{1}{x} + \frac{1}{27x^3}$$

Respostas: a) $3\dfrac{1}{2} - \sqrt{6}$; b) $27x^3 + 9x + \dfrac{1}{x} + \dfrac{1}{27x^3}$

R 13.36 Efetue:

a) $\left(x + \dfrac{1}{2} \right)\left(x - \dfrac{2}{3} \right)$

b) $(2x - 1)(4x^2 - 2x + 1)$

Resolução:

a) Utilizando o produto de Stevin:

$(x+a)(x+b) = x^2 + (a+b)x + ab$, temos:

$$\left(x+\frac{1}{2}\right)\left(x-\frac{2}{3}\right) = x^2 + \left(\frac{1}{2}-\frac{2}{3}\right)x + \left(\frac{1}{2}\right)\left(-\frac{2}{3}\right)$$

$$= x^2 + \left(\frac{3-4}{6}\right)x - \frac{1}{3} = x^2 - \frac{1}{6}x - \frac{1}{3}$$

b) Utilizando a propriedade distributiva, temos:

$$(2x-1)(4x^2-2x+1) = 8x^3 + 4x^2 + 2x - 4x^2 - 2x - 1 = 8x^3 - 1$$

> Observemos que é a aplicação do produto notável: $(a-b)(a^2+ab+b^2) = a^3 - b^3$

Respostas: a) $x^2 - \frac{1}{6}x - \frac{1}{3}$; b) $8x^3 - 1$.

P 13.37 Desenvolva e simplifique os seguintes binômios:

a) $\left(3a^2 - 2b^3\right)^2$;

b) $\left(a - \frac{3}{4}\right)(a+3)$;

c) $\left(2c + \frac{1}{2}d\right)^3$.

R 13.38 Fatore as seguintes expressões:

a) $3by - 3bx - 2ay + 2ax$

b) $a^2x^2 + abxy + \frac{1}{4}b^2y^2$

c) $24a^4b^2 - 6b^2$

Resolução:

a) Usando a fatoração por agrupamento $x(a+b) + y(a+b) = (a+b)(x+y)$, temos:

$$3by - 3bx - 2ay + 2ax = 3b(y-x) - 2a(y-x) = 2a(x-y) - 3b(x-y)$$
$$= (x-y)(2a-3b)$$

b) Aplicando o trinômio quadrado perfeito $a^2 + 2ab + b^2$
$= (a+b)^2$, temos:

$$a^2x^2 + abxy + \frac{1}{4}b^2y^2 = \left(ax + \frac{by}{2}\right)^2 \text{ pois:}$$

$\sqrt{a^2x^2} = ax$ e $\sqrt{\dfrac{1}{4}b^2y^2} = \dfrac{by}{2}$ confirmando, o termo do meio deve ser:

$2ax.\dfrac{by}{2} = abxy$, logo segue o resultado.

c) Colocando o termo comum em evidência:

$$24a^4b^2 - 6b^2 = 6b^2(4a^4 - 1)$$

Utilizando a diferença de quadrados $a^2 - b^2 = (a+b)(a-b)$:

$$6b^2(4a^4 - 1) = 6b^2(2a^2 + 1)(2a^2 - 1)$$

Aplicando a diferença de quadrados no último parênteses:

$$6b^2(2a^2 + 1)(2a^2 - 1) = 6b^2(2a^2 + 1)(\sqrt{2}a + 1)(\sqrt{2}a - 1)$$

R 13.39 Fatore as seguintes expressões:

a) $x^6 - \dfrac{1}{8}$

b) $2y^3 + \dfrac{1}{125}$

Resolução:

a) Utilizando $(a-b)(a^2 + ab + b^2) = a^3 - b^3$, temos:

$$x^6 - \dfrac{1}{8} = \left(x^2 - \dfrac{1}{2}\right)\left[(x^2)^2 + (x^2)\left(\dfrac{1}{2}\right) + \left(\dfrac{1}{2}\right)^2\right] = \left(x^2 - \dfrac{1}{2}\right)\left(x^4 + \dfrac{1}{2}x^2 + \dfrac{1}{4}\right)$$

b) Aplicando $(a+b)(a^2 - ab + b^2) = a^3 + b^3$, temos:

$$2y^3 + \dfrac{1}{125} = \left(\sqrt[3]{2}y + \dfrac{1}{5}\right)\left[(\sqrt[3]{2}y)^2 - \dfrac{\sqrt[3]{2}}{5}y + \left(\dfrac{1}{5}\right)^2\right] = \left(\sqrt[3]{2}y + \dfrac{1}{5}\right)\left(\sqrt[3]{4}y^2 - \dfrac{\sqrt[3]{2}}{5}y + \dfrac{1}{25}\right)$$

Respostas: a) $\left(x^2 - \dfrac{1}{2}\right)\left(x^4 + \dfrac{1}{2}x^2 + \dfrac{1}{4}\right)$

b) $\left(\sqrt[3]{2}y + \dfrac{1}{5}\right)\left(\sqrt[3]{4}y^2 - \dfrac{\sqrt[3]{2}}{5}y + \dfrac{1}{25}\right)$

P 13.40 Fatore as seguintes expressões:

a) $5x^3y - x^2y$

b) $\dfrac{2}{3}a^2b^5 + \dfrac{4}{3}a^3b^4 - \dfrac{2}{3}a^5b^3$

c) $15a^4 + a^2b - 15a^3b - ab^2$

d) $p^{2m} - 2p^mq^n + q^{2n}$

290 — Matemática com aplicações tecnológicas – Volume 1

R 13.41 Simplifique as seguintes frações:

a) $\dfrac{18a^2x^3y^4z}{6ax^2yz}$

b) $\dfrac{2x^2+10x+12}{2x^2+8x+8}$

c) $\dfrac{x^3-1}{x^2-1}$

Resolução:

a) Aplicando a propriedade fundamental dos números racionais, temos:

$$\frac{18a^2x^3y^4z}{6ax^2yz}=\frac{3axy^3}{1}=3axy^3$$

b) Primeiro, vamos pôr o fator comum em evidência:

$$\frac{2x^2+10x+12}{2x^2+8x+8}=\frac{2(x^2+5x+6)}{2(x^2+4x+4)}=\frac{x^2+5x+6}{x^2+4x+4}$$

Agora, vamos fatorar pelo produto de Stevin:

$$\frac{x^2+5x+6}{x^2+4x+4}=\frac{\left(x+3\right)\left(x+2\right)}{\left(x+2\right)\left(x+2\right)}=\frac{x+3}{x+2}$$

c) Fatorando pela diferença de quadrados o denominado e pela diferença dos cubos o numerador, temos:

$$\frac{x^3-1}{x^2-1}=\frac{\left(x-1\right)(x^2-x.1+1^2)}{\left(x-1\right)(x+1)}=\frac{x^2-x+1}{x+1}$$

P 13.42 Simplifique as seguintes expressões:

a) $\dfrac{3a}{4}:\dfrac{9b}{7}$

b) $\dfrac{x^2+2x}{3x^2}\cdot\dfrac{3x-3}{5x+10}$

c) $\dfrac{x^2-4}{9x^2-16}:\dfrac{2x+4}{3x+4}$

d) $\left(\dfrac{x+y}{x}-\dfrac{x-y}{y}-2\right):\left(\dfrac{1}{x^2}-\dfrac{1}{y^2}\right)$

RESPOSTAS DOS EXERCÍCIOS PROPOSTOS

P 13.24 a) $\dfrac{127}{50}$; b) $\dfrac{29}{5}$; c) $\dfrac{37}{36}$.

P 13.26 a) $\dfrac{1}{5}$; b) $\dfrac{5}{12}$; c) 3,04.

P 13.28 a) 2,25; b) $14\dfrac{1}{16}$; c) 5.

P 13.30 a) $2\sqrt{x}$; b) $\sqrt{7m}$.

Roteiro de aula e estudo com exercícios resolvidos e exercícios propostos

P 13.32 a) S ={4}; b) S = { $\dfrac{-1}{3}$ }.

P 13.34 a) S = $\{x \in \mathbb{R} \, / \, x \leq 10/7\}$; b) S = $\{x \in \mathbb{R} \, / \, x \leq 1\}$

P 13.37 a) $9a^4 - 12a^2b^3 + 4b^6$; b) $a^2 + \dfrac{9}{4}a - \dfrac{9}{4}$;

c) $8c^3 + 6c^2d + \dfrac{3}{2}cd^2 + \dfrac{1}{8}d^3$.

P 13.40 a) $x^2y(5x - 1)$; b) $\dfrac{2}{3}a^2b^3\left(b^2 + 2ab - a^3\right)$;

c) $a(a - b)(15a^2 + b)$; d) $\left(p^m - q^n\right)^2$.

P 13.42 a) $\dfrac{7a}{12b}$; b) $\dfrac{x-1}{5x}$; c) $\dfrac{(x-2)}{2(3x-4)}$; d) xy.

CAPÍTULO 4 – RAZÕES, PROPORÇÕES E REGRA DE TRÊS

R 13.43 Aplicando a propriedade fundamental das proporções, calcule o valor de x nas seguintes proporções:

a) $\dfrac{x+2}{6} = \dfrac{2x}{9}$

b) $\left(x + \dfrac{1}{2}\right) : \left(2 + \dfrac{1}{4}\right) = x : \dfrac{3}{8}$

> Veja, no Capítulo 4, a Seção 4.2.3 "Propriedades das proporções".

Resolução:

Lembrando que a propriedade fundamental das proporções é:

$\dfrac{a}{b} = \dfrac{c}{d} \Rightarrow ad = bc$.

a) $\dfrac{x+2}{6} = \dfrac{2x}{9} \Rightarrow (x+2) \cdot 9 = 6(2x)$

Aplicando a propriedade distributiva:

$9x + 18 = 12x$

$12x - 9x = 18$

$3x = 18 \Rightarrow x = 6$

Fazendo a verificação para $x = 6$:

$\dfrac{x+2}{6} = \dfrac{2x}{9} \Rightarrow \dfrac{6+2}{6} = \dfrac{2 \cdot 6}{9} \Leftrightarrow \dfrac{8}{6} = \dfrac{12}{9}$, o que é verdadeiro.

b) Reduzindo ao mesmo denominador:

$$\left(\dfrac{2x+1}{2}\right) : \left(\dfrac{8+1}{4}\right) = x : \dfrac{3}{8}$$

$$\left(\frac{2x+1}{2}\right) \times \left(\frac{4}{9}\right) = x \times \frac{8}{3}$$

$$\left(\frac{2x+1}{9}\right) \cdot 2 = \frac{8x}{3} \Rightarrow 9 \cdot 8x = 2 \cdot 3(2x+1)$$

Aplicando a propriedade distributiva:

$$9.8x = 12x + 6 \text{ , dividindo a igualdade por 3:}$$

$$3 \cdot 8x = 4x + 2 \Rightarrow 24x - 4x = 2 \Rightarrow 20x = 2 \Rightarrow x = \frac{1}{10}$$

Respostas: a) $x = 6$; b) $x = \frac{1}{10}$.

P 13.44 Calcule o valor de x nas seguintes proporções:

a) $\dfrac{x}{2-x} = \dfrac{7}{5}$
b) $\left(6 - \dfrac{1}{5}\right) : \left(5 - \dfrac{1}{6}\right) = \left(\dfrac{1}{5} + \dfrac{3}{5}\right) : x$

R 13.45 Em um exame havia 180 candidatos, tendo sido aprovados 60. Calcule a razão entre o número de aprovados e o número de reprovados.

Resolução:

Total de candidatos = 180

Número de aprovados = 60

Número de reprovados = 180 − 60 = 120.

Logo, $\dfrac{60}{120} = \dfrac{1}{2}$

Resposta: A razão pedida é $\dfrac{1}{2}$.

R 13.46 Tenho 36 DVD's gravados da seguinte maneira: para cada 2 DVD's de música brasileira, tenho 1 DVD de música estrangeira. Quantos DVD's de cada tipo de música eu tenho?

Resolução:

Vamos chamar de:

x = número de DVD's de música brasileira

y = número de DVD's de música estrangeira

Então temos a seguinte proporção:

$$\begin{cases} \dfrac{x}{y} = \dfrac{2}{1} & (1) \\ x + y = 36 & (2) \end{cases}$$

De (1), temos $x = 2y$, substituindo em (2):

$$2y + y = 36 \Rightarrow 3y = 36 \Rightarrow y = 12$$

Voltando à igualdade anterior: $x = 2 \cdot 12 = 24$

Resposta: Tenho 24 DVD's de música brasileira e 12 DVD's de música estrangeira.

P 13.47 Um segmento de 30 cm de comprimento é dividido em duas partes, na razão $\dfrac{1}{4}$. Qual o comprimento de cada parte?

P 13.48 As áreas de dois quadrados estão entre si assim como 3 está para 4. Calcule a área de cada quadrado, sabendo-se que a soma delas é de 56 m^2.

P 13.49 Em um jogo Corinthians × Palmeiras, chegou-se à conclusão de que, para cada 3 torcedores, 1 era palmeirense. Sabendo-se que havia 36 mil torcedores no estádio, calcular o número de palmeirenses.

R 13.50 Em uma venda de R$ 300.000,00, um corretor deve receber 6% de comissão. Determinar o seu ganho.

> Veja, no Capítulo 4, as seções: 4.5 "Regra de três simples", 4.6 "Porcentagens" e 4.8 "Juros simples".

Resolução:

Utilizando a regra de três simples e direta:

$$\begin{array}{ll} 300.000,00 & 100\% \\ x & 6\% \end{array}$$

$$\frac{300.000}{x} = \frac{100}{6} \Rightarrow x = \frac{300.000 \times 6}{100} = 18.000$$

Resposta: O ganho do corretor é de R$ 18.000,00.

R 13.51 Determine os juros que R$ 15.000,00 rendem quando aplicados à taxa de 24% a.a., durante 7 meses de aplicação.

Resolução:

Lembrando da fórmula de juros simples: $j = \dfrac{C \cdot i \cdot t}{100}$, onde:

$C = 15.000$

$i = 24\ \%$ a.a $= 24{:}12 = 2\%$ a.m.

$t = 7$ meses

Então:

$$j = \frac{15.000 \times 2 \times 7}{100} = \frac{300 \times 7}{1} = 2.100$$

Resposta: Os juros importam em R\$ 2.100,00.

P 13.52 Calcule o juro produzido por R\$ 50.000,00 aplicados à taxa de 3% ao mês, ao fim de 1 ano e 6 meses.

RESPOSTAS DOS EXERCÍCIOS PROPOSTOS

P 13.44 a) $x = \dfrac{7}{6}$; b) $x = \dfrac{2}{3}$.

P 13.47 A primeira parte tem 6 cm e a segunda parte tem 24 cm.

P 13.48 As áreas são 24 m^2 e 32 m^2.

P 13.49 Havia 12 mil palmeirenses.

P 13.52 Os juros são de R\$ 27.000,00.

CAPÍTULO 5 – FUNÇÕES DO 1º E 2º GRAUS

R 13.53 Discuta a variação de sinal da função $f\colon \mathbb{R} \to \mathbb{R}$ definida por $f(x) = 2x + 4$.

Resolução:

1º) Determinação de dois pontos principais da reta $y = 2x + 4$:

Para $x = 0 \Rightarrow y = 2 \cdot (0) + 4 = 4 \Rightarrow P(0,4)$ é o ponto de interseção da reta com o eixo Oy, $b = 4$ é o coeficiente linear.

Para $y = 0 \Rightarrow 0 = 2x + 4 \Rightarrow x = -2 \Rightarrow Q(-2,0)$ é o ponto de interseção da reta com o eixo Ox, $x = -2$ é a raiz da função.

2º) Gráfico de $f(x) = 2x + 4$:

Como $a = 2 = \operatorname{tg}\alpha > 0$, temos que f é crescente.

Veja, no Capítulo 5, a Seção 5.8 "Função afim ou função polinomial do 1º grau".

Pelo gráfico, concluímos que:

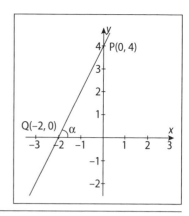

$\forall\, x \in \mathbb{R}\,/\, x < -2 \Rightarrow y < 0$

$x = -2 \Rightarrow y = 0$

$\forall\, x \in \mathbb{R}\,/\, x > -2 \Rightarrow y > 0$

P 13.54 Estudar a variação de sinal da função $f: \mathbb{R} \to \mathbb{R}$ definida por $f(x) = \dfrac{-3}{2}x + 3$.

P 13.55 Estudar a variação de sinal das funções:

a) $f(x) = \dfrac{1}{2}x + 3$ b) $f(x) = \dfrac{4x - 8}{3}$ c) $f(x) = \dfrac{-4}{5}x + \dfrac{2}{5}$

R 13.56 Calcule os valores de x para os quais $f(x) = 2x^2 - 5x + 3$ se anula.

Resolução:

Quando fazemos $f(x) = 0$, obtemos uma equação completa do 2° grau:
$2x^2 - 5x + 3 = 0$

Utilizando a fórmula de Báskhara:

> Veja, no Capítulo 5, a Seção 5.11 "Função quadrática ou polinomial do 2° grau".

$x = \dfrac{-(-5) \pm \sqrt{(-5)^2 - 4(2)(3)}}{2(2)} = \dfrac{5 \pm \sqrt{25 - 24}}{4} = \dfrac{5 \pm \sqrt{1}}{4} = \begin{cases} x_1 = 1 \\ x_2 = \dfrac{3}{2} \end{cases}$

Resposta: S = {1; 3/2}.

R 13.57 Determine o valor de p de modo que o valor máximo da função do 2° grau $f(x) = px^2 + (p-1)x + (p+2)$ seja 2.

Resolução:

Para que a função do 2° grau tenha máximo, ela deve ter a concavidade para baixo e o seu valor máximo é o y do vértice. Lembrando que $y_V = -\dfrac{\Delta}{4a}$, onde $\Delta = b^2 - 4ac$. Comparando com a função acima, temos:

$$a = p$$
$$b = p - 1$$
$$c = p + 2$$

Então,

$$y_V = \frac{-\left[(p-1)^2 - 4 \times p \times (p+2)\right]}{4p} = 2 \Rightarrow 8p = -\left[p^2 - 2p + 1 - 4p^2 - 8p\right]$$

$$8p = -p^2 + 2p - 1 + 4p^2 + 8p$$

$$3p^2 + 2p - 1 = 0$$

Aplicando a fórmula de Bháskara para determinar o valor de p:

$$p = \frac{-2 \pm \sqrt{2^2 - 4(3)(-1)}}{2(3)} = \frac{-2 \pm 4}{6} = \begin{cases} p_1 = -1 \\ p_2 = \dfrac{1}{3} \end{cases}$$

Como a concavidade deve estar para baixo, ou seja, $p < 0$, logo, $p = -1$.

Resposta: O valor de $p = -1$.

R 13.58 Estude a variação de sinal da função:

a) $f(x) = x^2 - 4x + 3$
b) $f(x) = -5x^2 + 4x + 1$

Resolução:

a) Como $a = 1$, a função apresenta concavidade para cima. Vamos determinar as raízes da função:

$$x^2 - 4x + 3 = 0 \Rightarrow x = \frac{-(-4) \pm \sqrt{(-4)^2 - 4 \cdot 1 \cdot 3}}{2 \cdot 1} = \frac{4 \pm \sqrt{16 - 12}}{2} = \frac{4 \pm 2}{2} = \begin{cases} x_1 = 1 \\ x_2 = 3 \end{cases}$$

Representando graficamente:

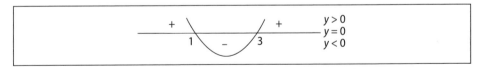

b) Como $a = -5$, a função apresenta concavidade para baixo. Vamos determinar as raízes da função:

$$-5x^2 + 4x + 1 = 0 \Rightarrow x = \frac{-(4) \pm \sqrt{(4)^2 - 4 \cdot (-5)1}}{2 \cdot (-5)} = \frac{-4 \pm \sqrt{16 + 20}}{-10} = \frac{4 \pm 6}{10} = \begin{cases} x_1 = -\dfrac{1}{5} \\ x_2 = 1 \end{cases}$$

Representando graficamente:

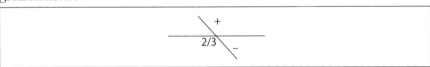

Respostas: a) $\forall x \in \mathbb{R} / x < 1 \lor x > 3 \Rightarrow y > 0$ e $\forall x \in \mathbb{R} / 1 < x < 3 \Rightarrow y < 0$;

b) $\forall x \in \mathbb{R} / x < -1/5 \lor x > 1 \Rightarrow y < 0$ e $\forall x \in \mathbb{R} / -1/5 < x < 1 \Rightarrow y > 0$.

R 13.59 Resolva a inequação $\dfrac{2-3x}{2x^2+3x-2} > 0$:

Resolução:

Resolver $\dfrac{2-3x}{2x^2+3x-2} > 0$ é equivalente a resolver $\dfrac{y_1}{y_2} > 0$.

1°) Estudemos a variação de sinal das funções y_1 e y_2 separadamente:

$y_1 = 2 - 3x = -3x + 2$ como $a = -3 < 0$, a função é decrescente, determinando sua raiz:

$$2 - 3x = 0 \Rightarrow -3x = -2 \Rightarrow x = \dfrac{2}{3};$$

graficamente:

$y_2 = 2x^2 + 3x - 2$ como $a = 2 > 0$, a função tem concavidade para cima, determinando suas raízes:

$$2x^2 + 3x - 2 = 0 \Rightarrow x = \dfrac{-3 \pm \sqrt{3^2 - 4(2)(-2)}}{2(2)} = \dfrac{-3 \pm \sqrt{25}}{4} = \dfrac{-3 \pm 5}{4} = \begin{cases} x_1 = -2 \\ x_2 = \dfrac{1}{2} \end{cases}$$

e graficamente:

2°) Variação de sinal de $\dfrac{y_1}{y_2}$ pelo quadro de sinais:

Observação: Faça a verificação na inequação dada.

		-2	1/2	2/3	
y_1	+		+	+	−
y_2	+		−	−	+
$\dfrac{y_1}{y_2}$	+		−	−	−

Resposta: $S = \{x \in \mathbb{R} \,/\, x < -2\}$

R 13.60 Determine o domínio da função definida por:

$$f(x) = \sqrt{\dfrac{-x^2 + 3x - 2}{x^2 - 4}}.$$

Resolução:

Para que exista a função, devemos impor que o radicando seja não negativo, então determinar o domínio da função é equivalente a resolver a inequação: $\dfrac{-x^2 + 3x - 2}{x^2 - 4} \geq 0$, vamos chamar o numerador de y_1 e o denominador de y_2.

1º) Estudemos a variação de sinal das funções y_1 e y_2 separadamente:

$y_1 = -x^2 + 3x - 2$ como $a = -1 < 0$, a função tem concavidade para baixo, determinando suas raízes:

$$-x^2 + 3x - 2 = 0 \;\Rightarrow\; x = \dfrac{-3 \pm \sqrt{3^2 - 4(-1)(-2)}}{2(-1)} = \dfrac{-3 \pm \sqrt{9-8}}{-2} = \dfrac{3 \pm 1}{2} = \begin{cases} x_1 = 1 \\ x_2 = 2 \end{cases}$$

e graficamente:

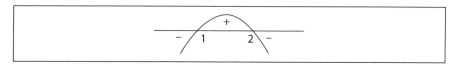

$y_2 = x^2 - 4$ como $a = 1 > 0$, a função tem concavidade para cima, determinando suas raízes:

$$x^2 - 4 = 0 \Rightarrow x^2 = 4 \Rightarrow x = \pm 2,$$

graficamente:

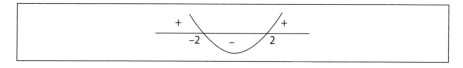

2º) Estudo de sinal de $\dfrac{y_1}{y_2}$ pelo quadro de sinais:

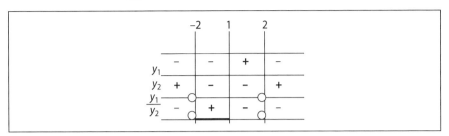

Resposta: $D(f) = \{ x \in \mathbb{R} \mid -2 < x \leq 1 \}$.

P 13.61 Resolva as inequações:

a) $\dfrac{(2-5x)(x+1)}{(-x+3)} \leq 0$

b) $\dfrac{x^2-1}{x+2} > 0$

RESPOSTAS DOS EXERCÍCIOS PROPOSTOS

P 13.54 $\forall x \in \mathbb{R} / x < 2 \Rightarrow y > 0$ e $\forall x \in \mathbb{R} / x > 2 \Rightarrow y < 0$

P 13.55 a) $\forall x \in \mathbb{R} / x < -6 \Rightarrow y < 0$ e $\forall x \in \mathbb{R} / x > -6 \Rightarrow y > 0$

b) $\forall x \in \mathbb{R} / x < 2 \Rightarrow y < 0$ e $\forall x \in \mathbb{R} / x > 2 \Rightarrow y > 0$

c) $\forall x \in \mathbb{R} / x < \dfrac{1}{2} \Rightarrow y > 0$ e $\forall x \in \mathbb{R} / x > \dfrac{1}{2} \Rightarrow y < 0$

P 13.61 a) $S = \{ x \in \mathbb{R} / x < -1 \vee 2/5 \leq x < 3 \}$; b) $S = \{ x \in \mathbb{R} / -2 < x < 1 \vee x > 1 \}$

CAPÍTULO 7 – FUNÇÃO MODULAR

R 13.62 Resolver em $\mathbb{R}$ as seguintes equações:

a) $\left| x - \dfrac{1}{2} \right| = 4$

b) $|3x - 5| = 2x + 1$

c) $x^2 - |x| - 12 = 0$

d) $|2x - 3| - |x - 1| = 0$

Veja, no Capítulo 7, a Seção 7.4 "Equações Modulares".

Resolução:

a) Utilizando a propriedade: $|f(x)| = a \Leftrightarrow f(x) = a \vee f(x) = -a$, para $a > 0$, temos:

$$x - \dfrac{1}{2} = 4 \quad \vee \quad x - \dfrac{1}{2} = -4$$

$$x = 4 + \frac{1}{2} \quad \vee \quad x = -4 + \frac{1}{2}$$

$$x = 4\frac{1}{2} = \frac{9}{2} \quad \vee \quad x = \frac{1-8}{2} = -\frac{7}{2}$$

b) Utilizando a propriedade: $|f(x)| = g(x) \Leftrightarrow f(x) = g(x) \vee f(x) = -g(x)$, para $g(x) \geq 0$, temos:

Condição:	1°) $f(x) = g(x)$	2°) $f(x) = -g(x)$
$g(x) \geq 0$	$3x - 5 = 2x + 1$	$3x - 5 = -(2x + 1)$
$2x - 1 \geq 0 \Rightarrow x \geq \dfrac{1}{2}$	$3x - 2x = 1 + 5$	$3x + 2x = -1 + 5$
$D = [1/2; \infty[$ (1)	$x = 6$ (2)	$5x = 4 \Rightarrow x = \dfrac{4}{5}$ (3)

De (1), (2) e (3), segue que $S = \{4/5; 6\}$

c) Utilizando a propriedade: $|x|^2 = x^2$, temos:

$|x|^2 - |x| - 12 = 0$, fazendo $|x| = y$, $y \geq 0$, segue que:

$y^2 - y - 12 = 0$, aplicando a fórmula de Bháskara:

$$y = \frac{-(-1) \pm \sqrt{1^2 - 4 \cdot 1 \cdot (-12)}}{2 \cdot 1} = \frac{1 \pm \sqrt{1 + 48}}{2} = \frac{1 \pm 7}{2} = \begin{cases} y_1 = -3 \\ y_2 = 4 \end{cases}$$

Como $y \geq 0$, $y_1 = -3$ não convém, logo $|x| = 4 \Rightarrow x = 4 \vee x = -4$.
$S = \{-4; 4\}$

d) $|2x - 3| - |x - 1| = 0 \Leftrightarrow |2x - 3| = |x - 1|$

Utilizando a propriedade: $|f(x)| = |g(x)| \Leftrightarrow f(x) = g(x) \vee f(x) = -g(x)$, temos:

1°) $f(x) = g(x)$

$2x - 3 = x - 1$

$2x - x = 3 - 1 \Rightarrow x = 2$

2°) $f(x) = -g(x)$

$2x - 3 = -(x - 1)$

$2x + x = 1 + 3$

$3x = 4 \Rightarrow x = \dfrac{4}{3}$

Respostas: a) $S = \left\{-\dfrac{7}{2}; \dfrac{9}{2}\right\}$; b) $S = \left\{\dfrac{4}{5}; 6\right\}$; c) $S = \{-4; 4\}$; d) $S = \left\{\dfrac{4}{3}; 2\right\}$.

R 13.63 Resolver em $\mathbb{R}$ as seguintes inequações modulares:
a) $1 < |x-1| \leq 5$
b) $|3x+2| - |2x-1| > x+1$

Resolução:

a) Vamos dividir a inequações em duas partes, calcular as soluções S_1 e S_2 e em seguida, vamos efetuar $S_1 \cap S_2$:

$S_1: 1 < |x-1| \Rightarrow |x-1| > 1$, pela propriedade $|f(x)| > a \Leftrightarrow f(x) > a \vee f(x) < -a$, para $a > 0$, temos:

$$x - 1 < -1 \quad \vee \quad x - 1 > 1$$
$$x < 1 - 1 \quad \vee \quad x > 1 + 1$$
$$x < 0 \quad \vee \quad x > 2$$

$S_1 = \{x \in \mathbb{R} / x < 0 \vee x > 2\}$

$S_2: |x-1| \leq 5$, pela propriedade $|f(x)| < a \Leftrightarrow -a < f(x) < a$, para $a > 0$, temos:

$$|x-1| \leq 5 \Leftrightarrow -5 \leq x - 1 \leq 5$$
$$-5 + 1 \leq x \leq 5 + 1$$
$$-4 \leq x \leq 6$$

$S_2 = \{x \in \mathbb{R} / -4 \leq x \leq 6\}$

Então,

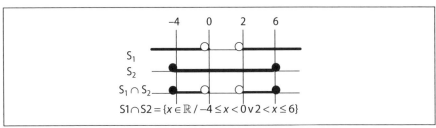

$S_1 \cap S_2 = \{x \in \mathbb{R} / -4 \leq x < 0 \vee 2 < x \leq 6\}$

b) Vamos utilizar a definição de módulo de um número real, para cada módulo:

$$|3x+2| = \begin{cases} 3x+2, \text{ se } 3x+2 \geq 0 \Rightarrow x \geq -\dfrac{2}{3} \\ -3x-2, \text{ se } 3x+2 < 0 \Rightarrow x < -\dfrac{2}{3} \end{cases}$$

$$|2x-1| = \begin{cases} 2x-1, \text{ se } 2x-1 \geq 0 \Rightarrow x \geq \dfrac{1}{2} \\ -2x+1, \text{ se } 2x-1 < 0 \Rightarrow x < \dfrac{1}{2} \end{cases}$$

Arrumando os resultados acima em uma tabela:

	$-3x-2$	$3x+2$	$3x+2$
$\|3x+2\|$	$-3x-2$	$3x+2$	$3x+2$
$\|2x-1\|$	$-2x+1$	$-2x+1$	$2x-1$
$\|3x+2\|-\|2x-1\|$	$-x-3$	$5x+1$	$x+3$

Com os pontos $-2/3$ e $1/2$ delimitando S_1, S_2, S_3.

Retornando à inequação:

Em S_1:
$$|3x+2|-|2x-1| > x+1 \Rightarrow -x-3 > x+1 \Rightarrow -2x > 4 : (-2)$$
$$x < -2 \wedge x < -\frac{2}{3}$$

Em S_2:
$$|3x+2|-|2x-1| > x+1 \Rightarrow 5x+1 > x+1 \Rightarrow 4x > 0 \ x > 0$$
$$x > 0 \wedge -\frac{2}{3} \leq x < \frac{1}{2}$$

Em S_3:
$$|3x+2|-|2x-1| > x+1 \Rightarrow x+3 > x+1 \Rightarrow 0x > -2, \forall x \in \mathbb{R}$$
$$x \geq \frac{1}{2}$$

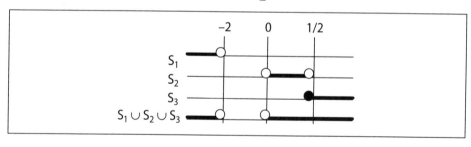

Respostas: a) $S = \{x \in \mathbb{R} / \ -4 \leq x < 0 \vee 2 < x \leq 6\}$;
b) $S = \{x \in \mathbb{R} / \ x < -2 \vee x > 0\}$

P 13.64 Resolver em $\mathbb{R}$ as seguintes equações modulares:
a) $|2x+7| = 3$
b) $|x^2-5| = 4$
c) $|2x+1| = x-3$
d) $|x-1| = |3x+2|$

P 13.65 Resolver em $\mathbb{R}$ as seguintes inequações modulares:
a) $|7x-1| > 5$
b) $|x^2-3x-4| \leq 6$

Roteiro de aula e estudo com exercícios resolvidos e exercícios propostos

RESPOSTAS DOS EXERCÍCIOS PROPOSTOS

P 13.64 a) S = {–5; –2}; b) S = {–3; –1; 1;3};
c) S = $\varnothing$; d) S ={-3/2; –1/4}.

P 13.65 a) S = { $x \in \mathbb{R}$ / $x < -4/7 \vee x > 6/7$};
b) S= { $x \in \mathbb{R}$ / $-2 \leq x \leq 1 \vee 2 \leq x \leq 5$}.

CAPÍTULO 8 – FUNÇÃO EXPONENCIAL

R 13.66 Resolva em $\mathbb{R}$, as seguintes equações exponenciais:

a) $3^{x+1} = 243$
b) $8^x = 16$
c) $9^x = \dfrac{1}{27}$

Veja, no Capítulo 8, a Seção 8.1 – Equação exponencial.

Resolução:

Para resolver uma equação exponencial da forma $a^{f(x)} = b$, devemos expressar b como uma potência de base a. Pela fatoração:

$$\left.\begin{array}{r|l} 243 & 3 \\ 81 & 3 \\ 27 & 3 \\ 9 & 3 \\ 3 & 3 \\ 1 & \end{array}\right\} 243 = 3^5$$

Logo, $3^{x+1} = 3^5$, comparando os expoentes,

$$x + 1 = 5 \Rightarrow x = 5 - 1 = 4.$$

b) Vamos escrever $8^x = 16 \Rightarrow \left(2^3\right)^x = 2^4$. Utilizando a propriedade da potência, $2^{3x} = 2^4$, comparando os expoentes, $3x = 4 \Rightarrow x = \dfrac{4}{3}$.

c) Fatorando ambos os membros:

$$9^x = \frac{1}{27} \Rightarrow \left(3^2\right)^x = \frac{1}{3^3} \Rightarrow 3^{2x} = 3^{-3} \Rightarrow 2x = -3 \Rightarrow x = \frac{-3}{2}$$

Respostas: a) S = {4}; b) S = {4/3}; c) S ={-3/2}.

P 13.67 Resolva em $\mathbb{R}$, as seguintes equações exponenciais:

a) $4^{x+1} = \dfrac{1}{8^{2x}}$

b) $2^{-5x+x^2} = \dfrac{1}{2^6}$

c) $3 \cdot 5^{x^2} + 3^{x^2} \cdot 3 = 8 \cdot 3^{x^2}$

d) $2^{1+x} + \sqrt{8} = \sqrt{72}$

R 13.68 Resolva em $\mathbb{R}$, as seguintes equações exponenciais:

a) $\left(\dfrac{1}{4}\right)^{3x} = \dfrac{25}{100}$
b) $9^{2x} = 27^{5-x}$
c) $\left(\dfrac{1}{16}\right)^{2x-x^2} = 4^{x-3}$

304 | Matemática com aplicações tecnológicas – Volume 1

Resolução:

a) Simplificando a expressão:

$$\left(\frac{1}{4}\right)^{3x} = \frac{25}{100} \Rightarrow \left(\frac{1}{4}\right)^{3x} = \frac{1}{4} \Rightarrow \left(\frac{1}{4}\right)^{3x} = \left(\frac{1}{4}\right)^{1}$$

Comparando os expoentes: $3x = 1 \Rightarrow x = \dfrac{1}{3}$.

b) Fatorando as bases:

$$9^{2x} = 27^{5-x} \Rightarrow \left(3^2\right)^{2x} = \left(3^3\right)^{5-x} \Rightarrow 3^{4x} = 3^{15-3x}$$

Comparando os expoentes:

$$4x = 15 - 3x \Rightarrow 7x = 15 \Rightarrow x = \frac{15}{7}.$$

c) Fatorando as bases:

$$\left(\frac{1}{16}\right)^{2x-x^2} = 4^{x-3} \Rightarrow \left(\frac{1}{2^4}\right)^{2x-x^2} = \left(2^2\right)^{x-3} \Rightarrow 2^{-8x+4x^2} = 2^{2x-6}$$

Comparando os expoentes:

$$4x^2 - 8x - 2x + 6 = 0 (:2) \Rightarrow 2x^2 - 5x + 3 = 0$$

Aplicando a fórmula de Bháskara:

$$x = \frac{-(-5) \pm \sqrt{(-5)^2 - 4 \cdot 2 \cdot 3}}{2 \cdot 2} = \frac{5 \pm \sqrt{25 - 24}}{4} = \frac{5 \pm 1}{4} = \begin{cases} x_1 = 1 \\ x_2 = \dfrac{3}{2} \end{cases}$$

Respostas: a) S = {1/3}; b) S = {15/7}; c) S = {1; 3/2}.

R 13.69 Resolva em $\mathbb{R}$, as seguintes equações exponenciais:

a) $\sqrt[4]{9^{x+2}} = 27^{2x+1}$

b) $3^{2x} - 28.3^x + 27 = 0$

Resolução:

Fatorando os números 9 e 27 e em seguida, utilizando as propriedades da potenciação e radiciação, temos:

$$\sqrt[4]{9^{x+2}} = 27^{2x+1} \Rightarrow \sqrt[4]{\left(3^2\right)^{x+2}} = \left(3^3\right)^{2x+1} \Rightarrow 3^{\frac{2x+4}{4}} = 3^{6x+3}$$

Roteiro de aula e estudo com exercícios resolvidos e exercícios propostos   305

Comparando os expoentes:

$$\frac{2x+4}{4} = 6x+3 \Rightarrow 2x+4 = 4\times(6x+3) \Rightarrow 2x+4 = 24x+12 \Rightarrow$$

$$\Rightarrow -22x = 8 \Rightarrow x = -\frac{8}{22} = -\frac{4}{11}$$

b) Fazendo $3^x = y$, temos $3^{2x} = y^2$ e substituindo na equação, temos:

$$3^{2x} - 28\cdot 3^x + 27 = 0 \Rightarrow y^2 - 28y + 27 = 0$$

Resolvendo pela fórmula de Bháskara, segue:

$$y = \frac{-(-28)\pm\sqrt{(-28)^2 - 4\cdot 1\cdot 27}}{2\cdot 1} = \frac{28\pm\sqrt{784-108}}{2}$$

$$= \frac{28\pm\sqrt{676}}{2} = \frac{28\pm 26}{2} = \begin{cases} y_1 = 1 \\ y_2 = 27 \end{cases}$$

Voltando para x, em $3^x = y$, vamos obter:

Para $y_1 = 1$: $3^x = 1 \Rightarrow 3^x = 3^0 \Rightarrow x = 0$

Para $y_2 = 27$: $3^x = 27 \Rightarrow 3^x = 3^3 \Rightarrow x = 3$

Respostas: a) S= {–4/11}; b) S={0; 3}.

P 13.70 Resolva as seguintes equações exponenciais em $\mathbb{R}$:

a) $9^{x+1} = \sqrt[3]{3}$ b) $4^x - 2^x = 12$

R 13.71 Resolva em $\mathbb{R}$, as seguintes inequações exponenciais:

a) $16^{2x-1} < 4^{x+4}$ b) $(0{,}3)^{\frac{x+1}{3}} > \left(\frac{3}{10}\right)^{1-5x}$ c) $\left(\frac{1}{2}\right)^{x^2} < \left(\frac{1}{4}\right)^{4x-6}$

> Veja, no Capítulo 8, a Seção 8.2 "Inequações exponenciais".

Resolução:

Para a resolução de inequações exponenciais, utilizamos as seguintes propriedades:

1ª) Se a base $a > 1$, ou seja, $y = a^x$ é crescente, então
$a^{f(x)} < a^{g(x)} \Leftrightarrow f(x) < g(x)$ (mantém a desigualdade);

2ª) Se a base $0 < a < 1$, ou seja, $y = a^x$ é decrescente, então
$a^{f(x)} < a^{g(x)} \Leftrightarrow f(x) > g(x)$ (inverte a desigualdade).

a) Então começamos fatorando as bases:

$$16^{2x-1} < 4^{x+4} \Rightarrow \left(2^4\right)^{2x-1} < \left(2^2\right)^{x+4}$$

Como a base $a = 2 > 1$, quando comparamos os expoentes, a desigualdade se mantém:

$$4(2x-1) < 2(x+4) \Rightarrow 8x - 4 < 2x + 8 \Rightarrow 6x < 12 \Rightarrow x < 2$$

b) Como $0{,}3 = \dfrac{3}{10}$, então:

$$(0{,}3)^{\frac{x+1}{3}} > \left(\dfrac{3}{10}\right)^{1-5x} \Rightarrow \left(\dfrac{3}{10}\right)^{\frac{x+1}{3}} > \left(\dfrac{3}{10}\right)^{1-5x}$$

Como a base $a = \dfrac{3}{10} < 1$, quando comparamos os expoentes, a desigualdade se inverte:

$$\dfrac{x+1}{3} < 1 - 5x \Rightarrow x + 1 < 3(1 - 5x) \Rightarrow x + 1 < 3 - 15x \Rightarrow$$

$$x + 15x < 3 - 1 \Rightarrow 16x < 2 \Rightarrow x < \dfrac{1}{8}$$

c) Fatorando a base, temos:

$$\left(\dfrac{1}{2}\right)^{x^2} < \left(\dfrac{1}{4}\right)^{4x-6} \Rightarrow \left(\dfrac{1}{2}\right)^{x^2} < \left(\dfrac{1}{2}\right)^{2(4x-6)}$$

Como a base $a = \dfrac{1}{2} < 1$, quando comparamos os expoentes, a desigualdade se inverte:

$$x^2 > 8x - 12 \Rightarrow x^2 - 8x + 12 > 0$$

Temos então uma inequação do 2º grau. Vamos determinar as raízes, usando a fórmula de Bháskara e analisar o sinal da função:

$$x = \dfrac{-(-8) \pm \sqrt{(-8)^2 - 4 \cdot 1 \cdot 12}}{2 \cdot 1} = \dfrac{8 \pm \sqrt{16}}{2} = \begin{cases} x_1 = 2 \\ x_2 = 6 \end{cases}$$

Graficamente,

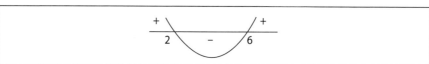

Logo, $x < 2 \vee x > 6$.

Respostas: a) $S = \{x \in \mathbb{R} \,/\, x < 2\}$; b) $S = \{x \in \mathbb{R} \,/\, x < 1/8\}$;
c) $S = \{x \in \mathbb{R} \,/\, x < 2 \vee x > 6\}$.

P 13.72 Resolva em $\mathbb{R}$, as seguintes inequações exponenciais:

a) $4^{3x} < 16^{x+1}$

b) $5^{x+1} \cdot 5^{2(x-1)} \leq \left(\dfrac{1}{5}\right)^5$

c) $7^{3x^2+4x-4} \leq 1$

RESPOSTAS DOS EXERCÍCIOS PROPOSTOS

P 13.67 a) $S = \{-1/4\}$; b) $S = \{2; 3\}$; c) $S = \{-1; 1\}$; d) $S = \{3/2\}$.

P 13.70 a) $S = \{-5/6\}$; b) $S = \{2\}$.

P 13.72 a) $S = \{x \in \mathbb{R} \,/\, x < 2\}$; b) $S = \{x \in \mathbb{R} \,/\, x \leq 4/3\}$;
c) $S = \{x \in \mathbb{R} \,/ -2 \leq x \leq 2/3\}$.

CAPÍTULO 9 – FUNÇÃO LOGARÍTMICA

R 13.73 Utilizando a definição de logaritmo, calcule o valor de x na seguinte igualdade:

$$\log_3 81 = x$$

> Veja, no Capítulo 9, a Seção 9.1 – Logaritmo.

Resolução:

Lembrando da definição de logaritmo:

$$\log_a b = x \iff a^x = b$$

Onde $a > 0$; $a \neq 1$ e $b > 0$. Aplicando a definição de logaritmo ao exercício:

$$\log_3 81 = x \iff 3^x = 81 \Rightarrow 3^x = 3^4 \Rightarrow x = 4$$

Resposta: O valor de $x = 4$.

R 13.74 Determine o valor de x das seguintes questões, utilizando a definição de logaritmo:

a) $\log_3 \dfrac{1}{27} = x$

b) $\log_{\frac{3}{2}} \dfrac{2}{3} = x$

c) $\log_{0,125} 4 = x$

d) $\log_{0,333\ldots} 9 = x$

e) $\log_{0,25} \sqrt{32} = x$

f) $\log_{0,2} x = 4$

g) $\log_{\sqrt[3]{16}} x = 4{,}5$

h) $\log_x 81 = 4$

i) $\log_x \dfrac{8}{27} = -3$

Resolução:

a) $\log_3 \dfrac{1}{27} = x \iff 3^x = \dfrac{1}{27} \Rightarrow 3^x = 3^{-3} \Rightarrow x = -3$

b) $\log_{\frac{3}{2}} \frac{2}{3} = x \Leftrightarrow \left(\frac{3}{2}\right)^x = \frac{2}{3} \Rightarrow \left(\frac{3}{2}\right)^x = \left(\frac{3}{2}\right)^{-1} \Rightarrow x = -1$

c) $\log_{0,125} 4 = x \Leftrightarrow (0,125)^x = 4 \Rightarrow \left(\frac{1}{8}\right)^x = 4 \Rightarrow$

$2^{-3x} = 2^2 \Rightarrow -3x = 2 \Rightarrow x = -\frac{2}{3}$

d) $\log_{0,333...} 9 = x \Leftrightarrow (0,333...)^x = 9 \Rightarrow \left(\frac{3}{9}\right)^x = 9 \Rightarrow \left(\frac{1}{3}\right)^x = 3^2$

$\Rightarrow \left(\frac{1}{3}\right)^x = \left(\frac{1}{3}\right)^{-2} \Rightarrow x = -2$

e) $\log_{0,25} \sqrt{32} = x \Leftrightarrow (0,25)^x = \sqrt{32} \Rightarrow \left(\frac{1}{4}\right)^x = \sqrt{2^5} \Rightarrow$

$2^{-2x} = 2^{5/2} \Rightarrow -2x = \frac{5}{2} \Rightarrow x = -\frac{5}{4}$

f) $\log_{0,2} x = 4 \Leftrightarrow (0,2)^4 = x \Rightarrow x = \left(\frac{1}{5}\right)^4 = \frac{1}{625}$

g) $\log_{\sqrt[3]{16}} x = 4,5 \Leftrightarrow \left(\sqrt[3]{16}\right)^{4,5} = x \Rightarrow x = \left(2^{\frac{4}{3}}\right)^{\frac{9}{2}} \Rightarrow x = 2^6 = 64$

h) $\log_x 81 = 4 \Leftrightarrow x^4 = 81 \Rightarrow x^4 = 3^4 \Rightarrow x = 3, x > 0$

i) $\log_x \frac{8}{27} = -3 \Leftrightarrow x^{-3} = \frac{8}{27} \Rightarrow x^{-3} = \left(\frac{2}{3}\right)^3 \Rightarrow x^{-1} = \frac{2}{3} \Rightarrow x = \frac{3}{2}$

R 13.75 Desenvolva, aplicando as propriedades operatórias dos logaritmos:

a) $\log \dfrac{48\sqrt{32}}{54}$

b) $\log_a \dfrac{r^2 \sqrt[3]{s}}{t}$

Veja, no Capítulo 9, a Seção 9.3 – Propriedades operatórias dos logaritmos.

Resolução:

a) $\log \dfrac{48\sqrt{32}}{54} = \log 48\sqrt{32} - \log 54 = \log 48 + \log \sqrt{32} - \log 54$

$= \log\left(2^3 \cdot 3\right) + \frac{1}{2}\log 2^5 - \log\left(2 \cdot 3^3\right) = \log 2^3 + \log 3 + \frac{1}{2} \cdot 5 \log 2 - \log 2 - 3\log 3$

$$3\log 2 + \log 3 + \frac{5}{2}\log 2 - \log 2 - 3\log 3 = \log 2\left(3 + \frac{5}{2} - 1\right) + \log 3(1 - 3)$$

$$= \frac{9}{2}\log 2 - 2\log 3$$

b) $\log_a \dfrac{r^2\sqrt[3]{s}}{t} = \log_a r^2\sqrt[3]{s} - \log_a t = \log_a r^2 + \log_a \sqrt[3]{s} - \log_a t$

$$= 2\log_a r + \frac{1}{3}\log_a s - \log_a t$$

P 13.76 Desenvolva as seguintes expressões, aplicando as propriedades operatórias dos logaritmos:

a) $\log\dfrac{p \cdot q \cdot r}{s}$

b) $t = \dfrac{m^2\sqrt[3]{n}}{p}$

R 13.77 Calcule $\log_a b$, sabendo-se que $a \cdot b = 1$.

Resolução:
De $a \cdot b = 1$, temos que $b = \dfrac{1}{a}$, logo:
$\log_a b = \log_a \dfrac{1}{a}$, pela propriedade do quociente:
$\log_a b = \log_a 1 - \log_a a = 0 - 1 = -1$.
Resposta: $\log_a b = -1$.

P 13.78 Em um sistema de logaritmos, o logaritmando da base adicionada de 2 é igual a 2. Determine a base desse sistema de logaritmo.

R 13.79 Determine o domínio da função definida por $y = \log_{(x-2)}(x + 2)$.

> Veja, no Capítulo 9, na Seção 9.6.1 – Condições de existência do logaritmo.

Resolução:
Lembrando que:
$\exists \log_a b \Leftrightarrow b > 0, a > 0, a \neq 1$, então:

$$\exists \log_a b \Leftrightarrow \begin{cases} (1)\, x + 2 > 0 \to x > -2 \\ (2)\, x - 2 > 0 \to x > 2 \\ (3)\, x - 2 \neq 1 \to x \neq 3 \end{cases}$$

Fazendo interseção, das condições acima:

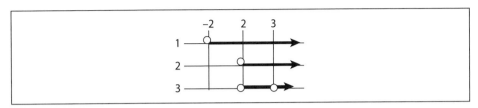

Resposta: D(f) = {x ∈ ℝ / x > 2; x ≠ 3}.

P 13.80 Determine o domínio da função $f(x) = \log_{(x-1)}(x^2 - 5x + 6)$.

P 13.81 Determine o domínio das seguintes funções:

a) $f(x) = \log(3x-1) + \log(4x-5)$

b) $f(x) = \ln(2x^2 - 5x + 3)$

R 13.82 Determine o conjunto-solução das seguintes equações:

a) $\log_4(5-x) = 2$

b) $\log_2(x^2 - 16) = \log_2 9$

c) $\log_4(3x^2 - 4x + 2) = \log_2(2x - 1)$

Resolução:

a) Pela condição de existência do logaritmo, $5 - x > 0 \Rightarrow x < 5$. E pela definição de logaritmo:
$\log_4(5-x) = 2 \Leftrightarrow 4^2 = 5 - x \Rightarrow x = 5 - 16 = -11 < 5$. Logo, $x = -11$

b) Pela condição de existência do logaritmo, $x^2 - 16 > 0 \Rightarrow x < -4 \vee x > 4$. E pela igualdade dos logaritmos:

$\log_2(x^2 - 16) = \log_2 9 \Rightarrow x^2 - 16 = 9 \Rightarrow x^2 = 25 \Rightarrow$

$x = -5 \vee x = 5$, pontos que estão no domínio da função.

c) Façamos a mudança de base 4 para a base 2, aplicando a fórmula de mudança de base:

$\log_a b = \dfrac{\log_c b}{\log_c a}$

Então:

$$\log_4\left(3x^2 - 4x + 2\right) = \log_2(2x-1) \Rightarrow \frac{\log_2\left(3x^2 - 4x + 2\right)}{\log_2 4} = \log_2(2x-1)$$

$$\log_2\left(3x^2 - 4x + 2\right) = \log_2 4 \times \log_2(2x-1) \Rightarrow$$

$$\log_2\left(3x^2 - 4x + 2\right) = 2 \times \log_2(2x-1)$$

Utilizando a propriedade da potência $\log_a b^n = n \cdot \log_a b$, temos:

$$\log_2\left(3x^2 - 4x + 2\right) = \log_2(2x-1)^2$$

Fazendo a igualdade de logaritmos:

$$3x^2 - 4x + 2 = (2x-1)^2$$

Desenvolvendo o produto notável:

$$3x^2 - 4x + 2 = 4x^2 - 4x + 1 \Leftrightarrow$$

$$4x^2 - 3x^2 + 1 - 2 = 0 \Leftrightarrow x^2 = 1 \Rightarrow \begin{cases} x_1 = -1 \\ x_2 = 1 \end{cases}$$

Precisamos analisar o domínio da função para saber se os pontos encontrados estão no domínio:

(1) $3x^2 - 4x + 2 > 0$, calculando as raízes:

$x = \dfrac{-(-4) \pm \sqrt{16 - 24}}{2 \cdot 3}$, não tem raízes reais, logo a expressão é positiva para todos os valores reais;

(2) $2x - 1 > 0 \Rightarrow x > \dfrac{1}{2}$. Então, o único valor de x válido é 1.

Respostas: a) S = {-1;1}; b) S = {-5; 5}; c) S = {1}.

P 13.83 Determine o conjuto-solução das seguintes equações logarítmicas:

a) $\log_{(x-1)} 4 = 2$ b) $\log_2 x + \log_4 x = 3$

R 13.84 Resolver em $\mathbb{R}$, as seguintes inequações logarítmicas:

a) $\log_a(3x - 1) < \log_a 4$, sendo $a > 1$.

b) $\log_a(x^2 - 1) < \log_a 3$, sendo $0 < a < 1$.

312 Matemática com aplicações tecnológicas – Volume 1

Resolução:

a) (1) Vamos analisar a condição de existência: $3x - 1 > 0 \Rightarrow$
D $= \{x \in \mathbb{R} \,/\, x > 1/3\}$.

(2) Como $a > 1$, pela propriedade de inequação logarítmica:

$$\log_a f(x) < \log_a g(x) \Rightarrow f(x) < g(x)$$

Segue: $3x - 1 < 4 \Rightarrow 3x < 4 + 1 \Rightarrow x < \dfrac{5}{3}$. Efetuando a interseção com a condição de existência:

$$\frac{1}{3} < x < \frac{5}{3}.$$

b) (1) Vamos analisar a condição de existência: $x^2 - 1 > 0 \Rightarrow$
D $= \{x \in \mathbb{R} \,/\, x < -1 \vee x > 1\}$.

(2) Como $0 < a < 1$, pela propriedade de inequação logarítmica:

$$\log_a f(x) < \log_a g(x) \Rightarrow f(x) > g(x)$$

Segue: $x^2 - 1 < 3 \Rightarrow x^2 - 4 < 0 \Rightarrow -2 < x < 2$. Efetuando a interseção com a condição de existência: $-2 < x < -1 \vee 1 < x < 2$.

Respostas: a) S $= \left]\dfrac{1}{3}; \dfrac{5}{3}\right[$; b) S $= \{x \in \mathbb{R} \,/\, -2 < x < -1 \vee 1 < x < 2\}$.

P 13.85 Resolva em $\mathbb{R}$, as inequações:

a) $\log_2(x^2 - \dfrac{1}{4}) \le 1$

b) $\log_{1/2}\left(x^2 - 5x + 8\right) + 1 < 0$

P 13.86 Para que valores de a a equação $2x^2 - 4x + \log_2 a = 0$ tem raízes reais?

RESPOSTAS DOS EXERCÍCIOS PROPOSTOS

P 13.76 a) $\log p + \log q + \log r - \log s$

b) $\log t = 2\log m + \dfrac{1}{3}\log n + \text{colog} p$.

P 13.78 A base é igual a 2.

P 13.80 D(f) $= \{x \in \mathbb{R} \,/\, 1 < x < 2 \vee x > 3\}$.

P 13.81 a) D(f) $= \{x \in \mathbb{R} \,/\, x > 5/4\}$;

b) D(f) $= \{x \in \mathbb{R} \,/\, x < 1 \vee x > 3/2\}$.

P 13.83 a) S $= \{3\}$; b) S $= \{4\}$.

P 13.85 a) $S = \left[-\dfrac{3}{2}; -\dfrac{1}{2}\right[\cup \left]\dfrac{1}{2}; \dfrac{3}{2}\right]$;

b) $S =]-\infty; 2[\cup]3; \infty[$.

P 13.86 $\forall\, a \in \mathbb{R}\,/\,0 < a < 4$.

CAPÍTULO 10 – TRIGONOMETRIA

R 13.87 Calcule os cossenos dos ângulos agudos de um triângulo retângulo cujos catetos medem 7 cm e 24 cm.

Resolução:

Pelo teorema de Pitágoras:

$x^2 = 7^2 + 24^2 \Rightarrow x^2 = 49 + 576 \Rightarrow$

$x^2 = 625 \Rightarrow x = \sqrt{625} = 25$ cm. De acordo com a definição de cosseno (10.2), temos:

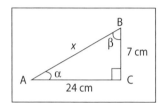

$$\cos \alpha = \dfrac{\text{cateto adjacente a}\,\alpha}{\text{hipotenusa}} = \dfrac{24}{25} = 0{,}96$$

$$\cos \beta = \dfrac{\text{cateto adjacente a}\,\beta}{\text{hipotenusa}} = \dfrac{7}{25} = 0{,}28$$

P 13.88 Calcule os senos, cossenos, tangentes, cotangentes, secantes e cossecantes dos ângulos agudos de um triângulo cujos catetos medem 30 cm e 40 cm.

R 13.89 Num triângulo retângulo, a soma dos catetos é 5 cm. Calcule o seno do menor ângulo do triângulo, sabendo-se que a hipotenusa mede $\sqrt{13}$ cm.

Resolução:

Pela figura, temos:

(1) $b + c = 5 \rightarrow b = 5 - c$

(2) $a = \sqrt{13}$

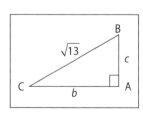

Pelo teorema de Pitágoras:

$b^2 + c^2 = a^2$, substituindo os valores de (1) e (2), segue que:

$(5-c)^2 + c^2 = \left(\sqrt{13}\right)^2$, desenvolvendo:

$25 - 10c + c^2 + c^2 = 13 \Rightarrow 2c^2 - 10c + 25 - 13 = 0 \Rightarrow 2c^2 - 10c + 12 = 0$

Dividindo a equação por 2 e aplicando a fórmula de Bháskara:

$$c^2 - 5c + 6 = 0 \Rightarrow c = \frac{-(-5) \pm \sqrt{25-24}}{2} = \frac{5 \pm 1}{2} = \begin{cases} c_1 = 2 \\ c_2 = 3 \end{cases}$$

Para o menor ângulo, devemos considerar $c = 2$, logo:

$$\operatorname{sen} \hat{C} = \frac{c}{a} = \frac{2}{\sqrt{13}} = \frac{2\sqrt{13}}{13}$$

P 13.90 Num triângulo retângulo em A, sendo os lados a, b e c, respectivamente opostos aos ângulos A, B e C, tem-se $b = 4$ cm e $a - c = 2$ cm. Calcule $\operatorname{cotg} \hat{C}$.

R 13.91 Calcule o menor ângulo entre os ponteiros de um relógio que marca 12h20min.

Resolução:

Temos a seguinte proporção:

12h — 360°

1h — $\frac{360°}{12} = 30°$

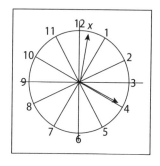

Como 1 hora = 60 min: 60 min — 30°

20 min — x

$$\frac{60}{20} = \frac{30°}{x} \Rightarrow x = \frac{30° \times 20}{60} = 10°$$

Logo, $\alpha = 120° - x = 120° - 10° = 110°$.

Resposta: O menor ângulo é $110°$.

P 13.92 Calcule o menor ângulo entre os ponteiros do relógio:

a) às 14h; b) às 10h30min.

R 13.93 Converta em graus $\frac{3\pi}{8}$ rad.

Resolução:

Pela proporção, temos:

$$\begin{array}{l} 180° - \pi \\ x - \frac{3\pi}{8} \end{array} \Rightarrow \frac{180°}{x} = \frac{\pi}{\frac{3\pi}{8}} \Rightarrow x = \frac{180° \times \frac{3\pi}{8}}{\pi} = \frac{45° \times 3}{2} = 67,5° = 67°30'$$

Resposta: 67°30'

R 13.94 Converta em radianos $22°30'$:

Resolução:

Pela proporção:

$$\begin{matrix} 180° - \pi \\ 22°30' - x \end{matrix} \Rightarrow \frac{180°}{22°30'} = \frac{\pi}{x} \Rightarrow x = \frac{22°30' \times \pi}{180°}$$

$$= \frac{22{,}5° \times \pi \times 10}{180° \times 10} = \frac{225°\pi : 25}{1800 : 25} = \frac{9\pi : 9}{72 : 9} = \frac{\pi}{8}$$

Resposta: $\frac{\pi}{8}$ rad.

P 13.95

a) Converta em graus $\frac{\pi}{5}$ rad. b) Converta em radianos $40°$.

R 13.96 O ponteiro dos minutos de um relógio mede 9 cm. Calcule a distância que sua extremidade percorre durante 20 minutos.

Resolução:

Utilizaremos as proporções:

1°) $\begin{matrix} 60\,\text{min} - 360° \\ 20\,\text{min} - x \end{matrix} \Rightarrow x = \frac{20 \times 360°}{60} = 120°$

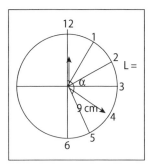

2°) $\begin{matrix} 180° - \pi \\ 120° - y \end{matrix} \Rightarrow y = \frac{120° \times \pi}{180°} = \frac{2\pi}{3}$

Agora, aplicando a fórmula do comprimento do arco em uma circunferência:

$$\alpha = \frac{L}{r} \Rightarrow L = \alpha \cdot r = \frac{2\pi}{3} \times 9 = 6\pi = 6 \times 3{,}14 = 18{,}84 \text{ cm}$$

Resposta: A extremidade do ponteiro percorre aproximadamente 18,84 cm.

P 13.97 Calcule o comprimento de um arco de $50°$ contido numa circunferência de raio 9 cm.

R 13.98 Uma escada encostada a uma parede tem o pé afastado de 3 m. Calcule a distância vertical do terreno à extremidade da escada e também o seu comprimento, sabendo que a mesma faz um ângulo de 60° com o solo. Dado: tg 60° = $\sqrt{3}$.

Resolução:

Pela figura, temos:

h = altura

a = medida da escada

O triângulo ABC é retângulo, logo: tg 60° = $\dfrac{h}{3}$, ou seja:

$h = 3 \cdot \text{tg } 60° = 3 \cdot \sqrt{3}$

Pelo teorema de Pitágoras:

$a^2 = h^2 + 3^2 = \left(3\sqrt{3}\right)^2 + 9 = 9 \cdot 3 + 9 = 27 + 9 = 36 \Rightarrow a = \sqrt{36} = 6$

Resposta: A altura é de aproximadamente $h = 3 \cdot \sqrt{3} = 3 \times 1{,}73 = 5{,}19$ m e a medida da escada é de 6 m.

P 13.99 Dados a, b, c, conforme a figura, determine a expressão para o cálculo do cos C:

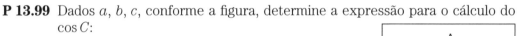

R 13.100 Dado tg $x = \sqrt{2}$, com $\pi < x < \dfrac{3\pi}{2}$, calcule as demais funções trigonométricas de x.

Veja, no Capítulo 10, a Seção 10.22 – Relações fundamentais da trigonometria.

Resolução:

Lembrando as seguintes identidades trigonométricas:

$$\csc x = \dfrac{1}{\text{sen } x} \qquad \sec x = \dfrac{1}{\cos x}$$

$$\text{tg } x = \dfrac{\text{sen } x}{\cos x} \qquad \text{cotg } x = \dfrac{\cos x}{\text{sen } x}$$

E a Relação Fundamental da Trigonometria:

$$\text{sen}^2 x + \cos^2 x = 1 \qquad (1)$$

Podemos tirar de $\mathrm{tg}\, x = \dfrac{\mathrm{sen}\, x}{\cos x} = \sqrt{2}$, que $\mathrm{sen}\, x = \sqrt{2}\cos x$ (2). Substituindo em (1):

$$\left(\sqrt{2}\cos x\right)^2 + \cos^2 x = 1 \Rightarrow 2\cos^2 x + \cos^2 x = 1 \Rightarrow$$

$$3\cos^2 x = 1 \Rightarrow \cos^2 x = \frac{1}{3}$$

$$\cos x = \pm\frac{1}{\sqrt{3}}, \text{ como } \pi < x < \frac{3\pi}{2}, \text{ segue que } \cos x = -\frac{1}{\sqrt{3}}.$$

Substituindo na igualdade (2):

$$\mathrm{sen}\, x = \sqrt{2}\cos x = -\frac{\sqrt{2}}{\sqrt{3}}. \text{ Voltando às identidades acima:}$$

$$\csc x = \frac{1}{\mathrm{sen}\, x} = -\frac{\sqrt{3}}{\sqrt{2}}; \ \sec x = \frac{1}{\cos x} = -\sqrt{3}; \ \cotg x = \frac{\cos x}{\mathrm{sen}\, x} = \frac{1}{\sqrt{2}} = \frac{\sqrt{2}}{2}$$

P 13.101 Dado $\mathrm{tg}\, x = \dfrac{4}{3}$, com $\pi < x < \dfrac{3\pi}{2}$, calcule $\csc x$.

R 13.102 Dado $\mathrm{sen}\, x = \dfrac{2}{3}$, com $\dfrac{\pi}{2} < x < \pi$, calcule o valor de:

$$y = \frac{\cos^2 x + \left(1 + \mathrm{sen}\, x\right)\mathrm{sen}\, x}{\cos^2 x} : \frac{\left(1 + \mathrm{sen}\, x\right)}{\cos x}$$

Resolução:

Inicialmente, vamos simplificar a expressão:

$$y = \frac{\cos^2 x + \left(1 + \mathrm{sen}\, x\right)\mathrm{sen}\, x}{\cos^2 x} \times \frac{\cos x}{\left(1 + \mathrm{sen}\, x\right)} = \frac{\cos^2 x + \left(1 + \mathrm{sen}\, x\right)\mathrm{sen}\, x}{\left(1 + \mathrm{sen}\, x\right)\cdot \cos x}$$

Aplicando a propriedade distributiva no numerador e a relação fundamental:

$$y = \frac{\cos^2 x + \mathrm{sen}\, x + \mathrm{sen}^2 x}{\left(1 + \mathrm{sen}\, x\right)\cdot \cos x} = \frac{1 + \mathrm{sen}\, x}{\left(1 + \mathrm{sen}\, x\right)\cdot \cos x} = \frac{1}{\cos x}$$

Logo, temos que calcular o valor de $\cos x$. Pela relação fundamental:

$$\mathrm{sen}^2 x + \cos^2 x = 1 \Rightarrow \left(\frac{2}{3}\right)^2 + \cos^2 x = 1 \Rightarrow \cos^2 x = 1 - \frac{4}{9} = \frac{5}{9}$$

Como $\dfrac{\pi}{2} < x < \pi$, $\cos x = -\sqrt{\dfrac{5}{9}} = -\dfrac{\sqrt{5}}{3}$. Substituindo em y:

$$y = \frac{1}{\cos x} = -\frac{3}{\sqrt{5}} = -\frac{3\sqrt{5}}{5}$$

Resposta: $y = -\dfrac{3\sqrt{5}}{5}$.

P 13.103 Dado $\cos x = \dfrac{4}{5}$, com $\dfrac{3\pi}{2} < x < 2\pi$, calcule o valor de:

$$y = \frac{\cos x\left(1+\cos x\right)+\operatorname{sen}^2 x}{1+2.\cos x+\cos^2 x} : \frac{\operatorname{sen} x}{\left(1+\cos x\right)}$$

R 13.104 Simplifique a expressão:

$$\frac{\operatorname{sen}(2x)\left(\cos x-\operatorname{sen} x\right)}{\cos(2x)} : 2\operatorname{sen} x$$

> Veja, no Capítulo 10, a Seção 10.23 "Transformações trigonométricas".

Resolução:

Aplicando as fórmulas do arco duplo:

$\operatorname{sen}(2x) = 2\operatorname{sen} x \cos x$

$\cos(2x) = \cos^2 x - \operatorname{sen}^2 x$

A expressão fica:

$$\frac{\left(2\operatorname{sen} x \cdot \cos x\right)\left(\cos x-\operatorname{sen} x\right)}{\left(\cos^2 x-\operatorname{sen}^2 x\right)} \times \frac{1}{2\operatorname{sen} x}$$

$$= \frac{\cos x\left(\cos x-\operatorname{sen} x\right)}{\left(\cos x+\operatorname{sen} x\right)\left(\cos x-\operatorname{sen} x\right)} = \frac{\cos x}{\left(\cos x+\operatorname{sen} x\right)}$$

P 13.105 Simplifique a expressão: $\dfrac{\operatorname{sen}(2x)-\operatorname{sen} x \cdot \cos x}{\operatorname{sen}(2x)}$

R 13.106 Calcule $\operatorname{sen}\left(\operatorname{arc} \cos\dfrac{3}{5}+\operatorname{arc} \cos\dfrac{4}{5}\right)$:

Resolução:

Fazendo $\quad \alpha = \operatorname{arc} \cos\dfrac{3}{5} \iff \cos \alpha = \dfrac{3}{5}$ e $0 \le \alpha \le \pi$

$$\beta = \text{arc cos}\, \frac{4}{5} \iff \cos \beta = \frac{4}{5} \text{ e } 0 \le \beta \le \pi$$

Vamos calcular $\text{sen}(\alpha + \beta)$:

$$\text{sen}(\alpha + \beta) = \text{sen}\,\alpha \cos \beta + \text{sen}\,\beta \cos \alpha$$

Aplicando a relação fundamental da trigonometria:

$$\text{De } \cos\alpha = \frac{3}{5} \Rightarrow \text{sen}\,\alpha = \sqrt{1 - \frac{9}{25}} = \sqrt{\frac{25 - 9}{25}} = \sqrt{\frac{16}{25}} = \frac{4}{5} \,;$$

$$\text{De } \cos\beta = \frac{4}{5} \Rightarrow \text{sen}\,\alpha = \sqrt{1 - \frac{16}{25}} = \sqrt{\frac{25 - 16}{25}} = \sqrt{\frac{9}{25}} = \frac{3}{5}\,.$$

$$\text{sen}(\alpha + \beta) = \text{sen}\,\alpha \cos \beta + \text{sen}\,\beta \cos \alpha = \frac{4}{5}\cdot\frac{4}{5} + \frac{3}{5}\cdot\frac{3}{5} = \frac{16}{25} + \frac{9}{25} = \frac{25}{25} = 1$$

Resposta: $\text{sen}\left(\text{arc cos}\,\frac{3}{5} + \text{arc cos}\,\frac{4}{5}\right) = 1$.

P 13.107 Calcule $\text{sen}\left(\text{arc cos}\,\frac{12}{13}\right)$.

R 13.108 Resolva a equação trigonométrica:

$$2\text{sen}^2 x - \text{sen}\,x = 0$$

Resolução:

Colocando em evidência:

$$2\text{sen}^2 x - \text{sen}\,x = 0 \Rightarrow \text{sen}\,x(2\text{sen}\,x - 1) = 0$$

Então, temos duas igualdades: $\text{sen}\,x = 0$ ou $(2\text{sen}\,x - 1) = 0$.

$$\begin{cases} \text{sen}\,x = 0 \Rightarrow x = 0 + k\pi \\ 2\text{sen}\,x - 1 = 0 \Rightarrow \text{sen}\,x = \frac{1}{2} \Rightarrow x = \frac{\pi}{6} + 2k\pi \end{cases}$$

Resposta: $S = \{x \in \mathbb{R} \, / \, x = k\pi \, \vee \, x = \frac{\pi}{6} + 2k\pi \, ; \, k \in \mathbb{Z}\}$.

P 13.109 Resolva a equação trigonométrica:

$$\sec^2 x + \text{tg}\,x - 1 = 0$$

R 13.110 Resolva a inequação trigonométrica: $2\text{sen } x - \sqrt{3} \geq 0$

Resolução:

$$2\text{sen } x - \sqrt{3} \geq 0 \Rightarrow \text{sen } x \geq \frac{\sqrt{3}}{2}$$

Vamos analisar a igualdade:

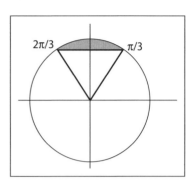

$$\text{sen } x = \frac{\sqrt{3}}{2} \text{sen}\left(\frac{\pi}{3}\right) \Rightarrow \begin{cases} x = \dfrac{\pi}{3} + 2k\pi \\ x = \dfrac{2\pi}{3} + 2k\pi \end{cases}$$

Então, pelo desenho, o valor de x está entre estes pontos.

Resposta: $S = \{x \in \mathbb{R} \;/\; \dfrac{\pi}{3} + 2k\pi \leq x \leq \dfrac{2\pi}{3} + 2k\pi \;;\; k \in \mathbb{Z}\}$.

P 13.111 Resolva a inequação trigonométrica: $\text{tg } x > \sqrt{3}$

RESPOSTAS DOS EXERCÍCIOS PROPOSTOS

P 13.88 $\text{sen } \alpha = \dfrac{3}{5}; \cos \alpha = \dfrac{4}{5}; \text{tg } \alpha = \dfrac{3}{4};$

$\text{cotg } \alpha = \dfrac{4}{3}; \sec \alpha = \dfrac{5}{4}; \csc \alpha = \dfrac{5}{3}.$

$\text{sen } \beta = \dfrac{4}{5}; \cos \beta = \dfrac{3}{5}; \text{tg } \beta = \dfrac{4}{3}; \text{cotg } \beta = \dfrac{3}{4};$

$\sec \beta = \dfrac{5}{3}; \csc \beta = \dfrac{5}{4}.$

P 13.90 $\text{cotg } \hat{C} = \dfrac{4}{3}.$

P 13.92 a) $60°$; b) $15°$.

P 13.95 a) $36°$; b) $\dfrac{2\pi}{9}$ rad.

P 13.97 O comprimento é 7,85 cm.

P 13.99 $\cos C = \dfrac{a^2 + b^2 - c^2}{2ab}.$

P 13.101 $\csc x = -\dfrac{5}{4}.$

P 13.103 $y = -\dfrac{5}{3}$.

P 13.105 R= ½.

P 13.107 $\operatorname{sen}\left(\operatorname{arc}\cos\dfrac{12}{13}\right) = \dfrac{5}{13}$.

P 13.109 $S = \{x \in \mathbb{R} \,/\, x = k\pi \;\vee\; x = \dfrac{3\pi}{4} + k\pi \,;\, k \in \mathbb{Z}\}$.

P 13.111 $S = \{x \in \mathbb{R} \,/\, \dfrac{\pi}{3} + 2k\pi < x < \dfrac{\pi}{2} + 2k\pi \;\vee$

$\vee \dfrac{4\pi}{3} + 2k\pi < x < \dfrac{3\pi}{2} + 2k\pi \,;\, k \in \mathbb{Z}\}$.

CAPÍTULO 11 – CONJUNTO DOS NÚMEROS COMPLEXOS

R 13.112 Utilizando as definições de números complexos na forma de pares ordenados, conforme segue:

$$a + b\sqrt{-1} = a + bi = (a,b)$$

E a igualdade $(a,b) = (c,d) \Leftrightarrow a = c \wedge b = d$;

a adição $(a,b) + (c,d) = (a+c, b+d)$ e

a multiplicação $(a,b) \times (c,d) = (a \cdot c - b \cdot d;\ a \cdot d + b \cdot c)$

a) Determine os valores de $x \in \mathbb{R}$ e $y \in \mathbb{R}$ para que se tenha $(2x,4) = (6,8y)$;

b) Dados $z_1 = (2,3)$ e $z_2 = (-3,7)$, calcule $z_1 + z_2$ e $z_1 \times z_2$.

> Veja, no Capítulo 11, a Seção 11.2 – Conjunto dos números complexos.

Resolução:

a) $(2x,4) = (6,8y) \Leftrightarrow \begin{cases} 2x = 6 \Rightarrow x = \dfrac{6}{2} = 3 \\[2mm] 4 = 8y \Rightarrow y = \dfrac{4}{8} = \dfrac{1}{2} \end{cases}$

b) $z_1 + z_2 = (2,3) + (-3,7) = (2-3, 3+7) = (-1,10)$

$z_1 \times z_2 = (2,3) \times (-3,7) = \left[2(-3) - 3 \cdot 7;\, 2 \cdot 7 + 3(-3)\right]$

$= (-27,5)$

Respostas: a) $x = 3$ e $y = \dfrac{1}{2}$; b) $z_1 + z_2 = (-1;10)$

e $z_1 \times z_2 = (-27,5)$.

P 13.113

    a)   Determine os valores de $x \in \mathbb{R}$ e $y \in \mathbb{R}$ para que se tenha $(8,2x) = (4y,7)$;

    b)   Determine os valores de $x \in \mathbb{R}$ e $y \in \mathbb{R}$ para que se tenha $(x+y,3) = (9,6y)$;

    c)   Dados $z_1 = (2,3)$ e $z_2 = (1,-2)$, calcular $z_1 + z_2$ e $z_1 \times z_2$.

R 13.114 Dado um número complexo qualquer $z = (x,y)$, podemos escrever:

$$z = (x,y) = (x+0) + (y+0) = x(0) + y(0,1) = x \cdot 1 + y \cdot i = x + yi$$

Assim, todo número complexo $z = (x,y)$, pode ser escrito na forma $z = x + yi$, chamada de forma algébrica, onde x é a parte real e y é a parte imaginária de z. Então:

1)   Colocar na forma algébrica:

    a) $3(1,2)$;   b) $\dfrac{1}{2}(3,-4)$

2)   Determine $x \in \mathbb{R}$ de modo que o número complexo $z = (x+i) + (2 - xi)$ seja:

    a) Número real;   b)   Imaginário puro.

Resolução:

1)   a) $3(1,2) = (3,6) = 3 + 6i$

      b) $\dfrac{1}{2}(3,-4) = \left(\dfrac{3}{2},-2\right) = \dfrac{3}{2} - 2i$

2) $z = (x+i) + (2 - xi) = (x+2) + (1-x)i$

    a) $z \in \mathbb{R} \Rightarrow 1 - x = 0 \Rightarrow x = 1$

    b) z imaginário $\Rightarrow x + 2 = 0 \wedge x \neq 1 \Rightarrow x = -2$

Respostas: 1) a) $3 + 6i$; b) $\dfrac{3}{2} - 2i$; 2) a) $x = 1$; b) $x = -2$.

P 13.115 Determine as condições para os números reais x e y para que o número complexo $z = 2x + (y-1)i$ **seja:**

    a)   imaginário puro;   b)   número real.

R 13.116 Sabendo que o conjugado do número complexo $z = x + yi$ é o número complexo $\overline{z} = x - yi$, então calcular $z \in \mathbb{C}$ tal que $\overline{z} + 4zi = 2 + 3i$.

Resolução:

Façamos $z = a + bi$, então $\bar{z} = a - bi$, substituindo na expressão acima:

$$\bar{z} + 4zi = 2 + 3i \Rightarrow a - bi + 4(a + bi) = 2 + 3i \Rightarrow a - bi + 4a + 4bi = 2 + 3i$$

$$5a + 3bi = 2 + 3i \Rightarrow \begin{cases} 5a = 2 \Rightarrow a = \dfrac{2}{5} \\ 3b = 3 \Rightarrow b = 1 \end{cases}$$

Resposta: $z = \dfrac{2}{5} + 1i$.

R 13.117 Calcule as seguintes potências da unidade imaginária i:

    a) i^{36};
    b) i^{15};
    c) i^{22}.

> Veja, no Capítulo 11, a Seção 11.5 – Potências de unidade imaginária i.

Resolução:

Consideremos um número natural n e façamos sua divisão euclidiana por 4, obtendo o quociente q e o resto r, isto é, $n = 4q + r$, então:

$i^n = i^{4q+r} = i^{4q} \cdot i^r = \left(i^4\right)^q \cdot i^r$, como $i^4 = 1$, temos que $i^n = (1)^q \cdot i^r = i^r$, onde r é o resto da divisão de n por 4.

    a) $i^{36} = \left(i^4\right)^9 = 1^0 = 1$

    b) $i^{15} = i^{4\times3+3} = i^3 = i^2 . i = (-1).i = -i$

    c) $i^{22} = i^{4\times5+2} = i^2 = -1$

P 13.118 Calcule as potências de:

    a) i^{55};
    b) i^{-9};
    c) $(-i)^{-4}$.

P 13.119 Desenvolva e coloque na forma algébrica $(1 + 2i)^3$.

R 13.120 Dados $z_1 = 4 + 6i$ e $z_2 = 1 - i$, determine o quociente $\dfrac{z_1}{z_2}$.

Resolução:

Multiplicando o numerador e o denominador pelo conjugado do denominador:

$$\frac{z_1}{z_2} = \frac{(4 + 6i) \times (1 + i)}{(1 - i) \times (1 + i)} = \frac{4 + 4i + 6i + 6i^2}{(1)^2 - (i)^2} = \frac{4 + 10i + 6 \cdot (-1)}{1 - (-1)} = \frac{-2 + 10i}{2} = -1 + 5i$$

Resposta: $\dfrac{z_1}{z_2} = -1 + 5i$.

P 13.121 Calcule $i^7 + \dfrac{5 - 4i}{2 + 3i}$.

R 13.122 Escreva na forma trigonométrica o número complexo $z = \dfrac{5 + 5i}{2 - 2i}$.

Resolução:

De acordo com a Seção 11.10, temos z na forma trigonométrica ou forma polar:

$$z = \rho \cos \theta + i\rho \, \text{sen} \, \theta$$

Façamos a transformação de z, multiplicando o numerador e o denominador pelo conjugado do denominador:

$$z = \frac{(5 + 5i) \times (2 + 2i)}{(2 - 2i) \times (2 + 2i)} = \frac{10 + 10i + 10i + 10i^2}{(2)^2 - (2i)^2} =$$

$$\frac{10 + 20i + 10 \cdot (-1)}{4 - 4i^2} = \frac{20i}{4 - 4(-1)} = \frac{20i}{8} = \frac{5}{2}i = 0 + \frac{5}{2}i$$

Calculando o módulo: $\rho = \sqrt{a^2 + b^2} = \sqrt{0^2 + \left(\dfrac{5}{2}\right)^2} = \dfrac{5}{2}$

e o argumento:

$$\left. \begin{array}{c} \cos \theta = \dfrac{a}{\rho} = \dfrac{0}{5/2} = 0 \\[3mm] \text{sen} \, \theta = \dfrac{b}{\rho} = \dfrac{5/2}{5/2} = 1 \end{array} \right\} \Rightarrow \theta = \dfrac{\pi}{2} ,$$

logo $z = \dfrac{5}{2}\left[\cos\left(\dfrac{\pi}{2}\right) + i \, \text{sen}\left(\dfrac{\pi}{2}\right) \right]$.

P 13.123 Coloque na forma trigonométrica o complexo $z = \sqrt{3} - i$.

R 13.124 Determine o módulo, o argumento e fazer a representação gráfica do número complexo $z = 2 + 2i$.

Resolução:

Calculando o módulo: $\rho = \sqrt{a^2+b^2} = \sqrt{2^2+2^2} = \sqrt{8} = 2\sqrt{2}$

e o argumento: $\left. \begin{array}{l} \cos\theta = \dfrac{a}{\rho} = \dfrac{2}{2\sqrt{2}} = \dfrac{1}{\sqrt{2}} = \dfrac{\sqrt{2}}{2} \\ \text{sen}\,\theta = \dfrac{b}{\rho} = \dfrac{2}{2\sqrt{2}} = \dfrac{1}{\sqrt{2}} = \dfrac{\sqrt{2}}{2} \end{array} \right\} \Rightarrow \theta = \dfrac{\pi}{4}$

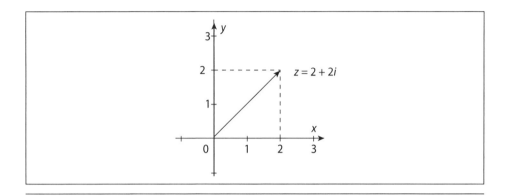

P 13.125 Determine o módulo, o argumento e fazer a representação gráfica do número complexo $z = -3i$.

R 13.126 Dados $z_1 = \sqrt{2}\left[\cos\left(\dfrac{\pi}{8}\right) + i\,\text{sen}\left(\dfrac{\pi}{8}\right)\right]$ e $z_2 = \sqrt{8}\left[\cos\left(\dfrac{3\pi}{8}\right) + i\,\text{sen}\left(\dfrac{3\pi}{8}\right)\right]$.

Calcule o produto $z_1 \times z_2$.

Resolução:

Pela multiplicação na forma trigonométrica 11.11, dados

$z_1 = \rho_1 \cos\theta_1 + i\rho_1\,\text{sen}\,\theta_1$ e $z_2 = \rho_2 \cos\theta_2 + i\rho_2\,\text{sen}\,\theta_2$ então

$z_1 \times z_2 = \rho_1\rho_2\left[\cos(\theta_1+\theta_2) + i\,\text{sen}(\theta_1+\theta_2)\right]$, onde $0 \le \theta_1+\theta_2 < 2\pi$. Então:

$z_1 \times z_2 = \sqrt{2}\sqrt{8}\left[\cos\left(\dfrac{\pi}{8}+\dfrac{3\pi}{8}\right) + i\,\text{sen}\left(\dfrac{\pi}{8}+\dfrac{3\pi}{8}\right)\right] =$

$\sqrt{16}\left[\cos\left(\dfrac{4\pi}{8}\right) + i\,\text{sen}\left(\dfrac{4\pi}{8}\right)\right] = 4\left[\cos\left(\dfrac{\pi}{2}\right) + i\,\text{sen}\left(\dfrac{\pi}{2}\right)\right] = 4(0+i\cdot 1) = 4i$

Resposta: $z_1 \times z_2 = 4i$.

P 13.127 Expresse na forma trigonométrica o produto $z_1 \times z_2$, dados:

$$z_1 = 7\left[\cos\left(\frac{3\pi}{10}\right) + i \operatorname{sen}\left(\frac{3\pi}{10}\right)\right] \text{ e } z_2 = 5\left[\cos\left(\frac{\pi}{5}\right) + i \operatorname{sen}\left(\frac{\pi}{5}\right)\right].$$

R 13.128 Dados $z_1 = 2(\cos 180° + i \operatorname{sen} 180°)$ e $z_2 = \frac{1}{3}(\cos 120° + i \operatorname{sen} 120°)$.

Calcule o quociente $\dfrac{z_1}{z_2}$.

Resolução:

Pela divisão na forma trigonométrica 11.12, dados $z_1 = \rho_1 \cos\theta_1 + i\rho_1 \operatorname{sen}\theta_1$ e $z_2 = \rho_2 \cos\theta_2 + i\rho_2 \operatorname{sen}\theta_2$

então $\dfrac{z_1}{z_2} = \dfrac{\rho_1}{\rho_2}\left[\cos(\theta_1 - \theta_2) + i \operatorname{sen}(\theta_1 - \theta_2)\right]$, então:

$$\frac{z_1}{z_2} = \frac{2}{1/3}\left[\cos(180° - 120°) + i \operatorname{sen}(180° - 120°)\right]$$

$$= 2 \times 3(\cos 60° + i \operatorname{sen} 60°) = 6(\cos 60° + i \operatorname{sen} 60°)$$

Resposta: $\dfrac{z_1}{z_2} = 6(\cos 60° + i \operatorname{sen} 60°)$.

P 13.129 Sejam os números complexos

$$z_1 = 2\left[\cos\left(\frac{3\pi}{8}\right) + i \operatorname{sen}\left(\frac{3\pi}{8}\right)\right] \text{ e } z_2 = \sqrt{2}\left[\cos\left(\frac{11\pi}{8}\right) + i \operatorname{sen}\left(\frac{11\pi}{8}\right)\right],$$

obtenha a forma trigonométrica e algébrica de $z_1 : z_2$.

R 13.130 Calcule z^4, sabendo que $z = 1 + \sqrt{3}i$.

Resolução:

Utilizando a 1ª fórmula de De Moivre (Veja 11.13):

$z = \rho(\cos\theta + i\rho \operatorname{sen}\theta) \Rightarrow z^n = \rho^n\left[\cos(n\theta) + i \operatorname{sen}(n\theta)\right]$, então:

Calculando o módulo: $\rho = \sqrt{a^2 + b^2} = \sqrt{1^2 + \left(\sqrt{3}\right)^2} = \sqrt{1+3} = 2$

e o argumento: $\left.\begin{array}{l}\cos\theta = \dfrac{a}{\rho} = \dfrac{1}{2} \\[2mm] \operatorname{sen}\theta = \dfrac{b}{\rho} = \dfrac{\sqrt{3}}{2}\end{array}\right\} \Rightarrow \theta = \dfrac{\pi}{3} \Rightarrow z = 2\left[\cos\left(\dfrac{\pi}{3}\right) + i \operatorname{sen}\left(\dfrac{\pi}{3}\right)\right]$

Logo,

$$z^4 = 2^4\left[\cos\left(4 \cdot \frac{\pi}{3}\right) + i\,\text{sen}\left(4 \cdot \frac{\pi}{3}\right)\right] = 16\left[\cos\left(\frac{4\pi}{3}\right) + i\,\text{sen}\left(\frac{4\pi}{3}\right)\right]$$

$$= 16\left[\cos(240°) + i\,\text{sen}(240°)\right] = 16\left[-\cos(60°) - i\,\text{sen}(60°)\right]$$

$$= 16\left[-\frac{1}{2} - i\frac{\sqrt{3}}{2}\right] = 8(-1 - i\sqrt{3})$$

Resposta: $z^4 = 8(-1 - i\sqrt{3})$.

P 13.131 Calcule $\left(\dfrac{\sqrt{3}}{2} - \dfrac{1}{2}i\right)^{100}$.

R 13.132 Calcule as raízes quadradas de $z = 1 + \sqrt{3}i$.

Resolução:

Utilizando a 2ª fórmula de De Moivre (Veja 11.14):

$$z = \rho\cos\theta + i\rho\,\text{sen}\,\theta \Rightarrow \sqrt[n]{z} = \sqrt[n]{\rho}\left[\cos\left(\frac{\theta + 2k\pi}{n}\right) + i\,\text{sen}\left(\frac{\theta + 2k\pi}{n}\right)\right],$$

para $k = 0, 1, 2,..., (n-1)$.

Então:

Calculando o módulo:

$$\rho = \sqrt{a^2 + b^2} = \sqrt{1^2 + \left(\sqrt{3}\right)^2} = \sqrt{1 + 3} = 2$$

e o argumento:
$$\left.\begin{array}{l} \cos\theta = \dfrac{a}{\rho} = \dfrac{1}{2} \\[2mm] \text{sen}\,\theta = \dfrac{b}{\rho} = \dfrac{\sqrt{3}}{2} \end{array}\right\} \Rightarrow \theta = \frac{\pi}{3} \Rightarrow z = 2\left[\cos\left(\frac{\pi}{3}\right) + i\,\text{sen}\left(\frac{\pi}{3}\right)\right]$$

$$u_k = \sqrt{2}\left[\cos\left(\frac{\frac{\pi}{3} + 2k\pi}{2}\right) + i\,\text{sen}\left(\frac{\frac{\pi}{3} + 2k\pi}{2}\right)\right], \text{ para } k = 0,$$

Portanto,

$$u_0 = \sqrt{2}\left[\cos\left(\frac{\frac{\pi}{3}+2\cdot 0\cdot \pi}{2}\right)+i\,\text{sen}\left(\frac{\frac{\pi}{3}+2\cdot 0\cdot \pi}{2}\right)\right]$$

$$= \sqrt{2}\left[\cos\left(\frac{\pi}{6}\right)+i\,\text{sen}\left(\frac{\pi}{6}\right)\right] = \sqrt{2}\left[\frac{\sqrt{3}}{2}+i\frac{1}{2}\right] = \frac{\sqrt{6}}{2}+i\frac{\sqrt{2}}{2}$$

$$u_1 = \sqrt{2}\left[\cos\left(\frac{\frac{\pi}{3}+2\cdot 1\cdot \pi}{2}\right)+i\,\text{sen}\left(\frac{\frac{\pi}{3}+2\cdot 1\cdot \pi}{2}\right)\right]$$

$$= \sqrt{2}\left[\cos\left(\frac{7\pi}{2}\right)+i\,\text{sen}\left(\frac{7\pi}{2}\right)\right] = \sqrt{2}\left[-\frac{\sqrt{3}}{2}-i\frac{1}{2}\right]$$

$$= -\frac{\sqrt{6}}{2}-i\frac{\sqrt{2}}{2}$$

P 13.133 Resolva em $\mathbb{C}$ a equação $x^4 - 16 = 0$.

R 13.134 Resolva a equação trinômio $x^6 + 2x^3 - 8 = 0$.

Resolução:

Fazendo $x^3 = y$, portanto, $x^6 = y^2$, então:

$y^2 + 2y - 8 = 0$, aplicando a fórmula de Bháskara:

$$y = \frac{-2\pm\sqrt{2^2-4\cdot 2\cdot(-8)}}{2\cdot 1} = \frac{-2\pm\sqrt{4+32}}{2} = \frac{-2\pm\sqrt{36}}{2} = \frac{-2\pm 6}{2} = \begin{cases} y_1 = -4 \\ y_2 = 2 \end{cases}$$

Voltando a x, para resolver a equação binômia:

$y = -4 \Rightarrow x^3 = -4$, então $x = \sqrt[3]{-4}$. Vamos escrever y na forma trigonométrica:

Calculando o módulo: $\rho = \sqrt{a^2+b^2} = \sqrt{(-4)^2+(0)^2} = 4$

e o argumento:
$$\left.\begin{array}{l} \cos\theta = \dfrac{a}{\rho} = \dfrac{-4}{4} = -1 \\[2mm] \text{sen}\,\theta = \dfrac{b}{\rho} = \dfrac{0}{4} = 0 \end{array}\right\} \Rightarrow \theta = \pi \Rightarrow z = 4\left[\cos(\pi)+i\,\text{sen}(\pi)\right]$$

Utilizando a 2ª fórmula de De Moivre:

$$u_k = \sqrt[3]{4}\left[\cos\left(\frac{\pi + 2k\pi}{3}\right) + i\,\text{sen}\left(\frac{\pi + 2k\pi}{3}\right)\right], \text{ para } k = 0, 1 \text{ e } 2.$$

Portanto,

$$u_0 = \sqrt[3]{4}\left[\cos\left(\frac{\pi + 2\cdot 0\cdot\pi}{3}\right) + i\,\text{sen}\left(\frac{\pi + 2\cdot 0\cdot\pi}{3}\right)\right]$$

$$= \sqrt[3]{4}\left[\cos\left(\frac{\pi}{3}\right) + i\,\text{sen}\left(\frac{\pi}{3}\right)\right] = \sqrt[3]{4}\left[\frac{1}{2} + i\frac{\sqrt{3}}{2}\right]$$

$$u_1 = \sqrt[3]{4}\left[\cos\left(\frac{\pi + 2\cdot 1\cdot\pi}{3}\right) + i\,\text{sen}\left(\frac{\pi + 2\cdot 1\cdot\pi}{3}\right)\right]$$

$$= \sqrt[3]{4}\left[\cos(\pi) + i\,\text{sen}(\pi)\right] = -\sqrt[3]{4}$$

$$u_2 = \sqrt[3]{4}\left[\cos\left(\frac{\pi + 2\cdot 2\cdot\pi}{3}\right) + i\,\text{sen}\left(\frac{\pi + 2\cdot 2\cdot\pi}{3}\right)\right]$$

$$= \sqrt[3]{4}\left[\cos\left(\frac{5\pi}{3}\right) + i\,\text{sen}\left(\frac{5\pi}{3}\right)\right] = \sqrt[3]{4}\left[\frac{1}{2} - i\frac{\sqrt{3}}{2}\right]$$

$y = 2 \Rightarrow x^3 = 2$, então $x = \sqrt[3]{2}$. Vamos escrever y na forma trigonométrica:

Calculando o módulo: $\rho = \sqrt{a^2 + b^2} = \sqrt{(2)^2 + (0)^2} = 2$

e o argumento:
$$\left.\begin{array}{l} \cos\theta = \dfrac{a}{\rho} = \dfrac{2}{2} = 1 \\[2mm] \text{sen}\,\theta = \dfrac{b}{\rho} = \dfrac{0}{2} = 0 \end{array}\right\} \Rightarrow \theta = 0 \Rightarrow z = 2\left[\cos(0) + i\,\text{sen}(0)\right]$$

Utilizando a 2ª fórmula de De Moivre:

$$u_k = \sqrt[3]{2}\left[\cos\left(\frac{0 + 2k\pi}{3}\right) + i\,\text{sen}\left(\frac{0 + 2k\pi}{3}\right)\right], \text{ para } k = 0, 1$$

e 2. Portanto,

$$u_0 = \sqrt[3]{2}\left[\cos\left(\frac{0 + 2\cdot 0\cdot\pi}{3}\right) + i\,\text{sen}\left(\frac{0 + 2\cdot 0\cdot\pi}{3}\right)\right] = \sqrt[3]{2}\left[\cos(0) + i\,\text{sen}(0)\right] = \sqrt[3]{2}$$

$$u_1 = \sqrt[3]{2}\left[\cos\left(\frac{0 + 2\cdot 1\cdot\pi}{3}\right) + i\,\text{sen}\left(\frac{0 + 2\cdot 1\cdot\pi}{3}\right)\right]$$

$$= \sqrt[3]{2}\left[\cos\left(\frac{2\pi}{3}\right) + i\,\text{sen}\left(\frac{2\pi}{3}\right)\right] = \sqrt[3]{2}\left(-\frac{1}{2} + i\frac{\sqrt{3}}{2}\right)$$

$$u_2 = \sqrt[3]{2}\left[\cos\left(\frac{0+2\cdot2\cdot\pi}{3}\right) + i\,\text{sen}\left(\frac{0+2\cdot2\cdot\pi}{3}\right)\right]$$

$$= \sqrt[3]{2}\left[\cos\left(\frac{4\pi}{3}\right) + i\,\text{sen}\left(\frac{4\pi}{3}\right)\right] = \sqrt[3]{2}\left(-\frac{1}{2} + i\frac{\sqrt{3}}{2}\right)$$

Resposta: S{...}

P 13.135 Resolva a equação trinômio $x^4 + 5x^2 + 4 = 0$.

RESPOSTAS DOS EXERCÍCIOS PROPOSTOS

P 13.113 a) $x = \dfrac{7}{2}$ e $y = 2$; b) $x = \dfrac{17}{2}$ e $y = \dfrac{1}{2}$;
c) $z_1 + z_2 = (3,1)$ e $z_1 \times z_2 = (8,-1)$.

P 13.115 a) $x = 0$ e $y \neq 1$; b) $y = 1$.

P 13.118 a) $-i$; b) $-i$; c) 1.

P 13.119 $-11 - 14i$.

P 13.121 $\dfrac{-2}{13} - \dfrac{36}{13}i$.

P 13.123 $z = 2\left[\cos\left(\dfrac{11\pi}{6}\right) + i\,\text{sen}\left(\dfrac{11\pi}{6}\right)\right]$.

P 13.125 $\rho = 3$; $\theta = \dfrac{3\pi}{2}$

P 13.127 $z_1 \times z_2 = 35\left[\cos\left(\dfrac{\pi}{2}\right) + i\,\text{sen}\left(\dfrac{\pi}{2}\right)\right]$.

P 13.129 $z_1 : z_2 = -\sqrt{2}i$.

P 13.131 $-\dfrac{1}{2} - \dfrac{\sqrt{3}}{2}i$.

P 13.133 S = {2, 2i, –2, –2i}.

P 13.135 S = {–i, i, –2i, 2i}.

CAPÍTULO 12 – PROGRESSÕES

R 13.136 Escreva cinco termos de uma progressão aritmética (P.A.) em que o 4º termo valha 15 e a soma dos cinco primeiros termos dessa P.A. seja igual a 55.

Roteiro de aula e estudo com exercícios resolvidos e exercícios propostos **331**

Veja, no Capítulo 12, a Seção 12.2 – Progressão Aritmética (P.A.).

Resolução:

Lembrando que a fórmula do termo geral de uma P.A. é: $a_n = a_1 + (n-1)r$

E a soma dos n primeiros termos de uma P.A. é dada por: $S_n = \dfrac{(a_1 + a_n).n}{2}$

Do problema temos: $a_4 = 15; S_5 = 55$.

Sabendo que $\begin{cases} a_4 = a_1 + 3r \\ S_5 = \dfrac{(a_1 + a_5) \cdot 5}{2} = \dfrac{(a_1 + a_1 + 4r) \cdot 5}{2} \end{cases}$

Então temos: $\begin{cases} a_1 + 3r = 15 \quad (1) \\ (2a_1 + 4r)5 = 110 \quad (2) \end{cases}$

Dividindo por 10 a equação (2), temos $a_1 + 2r = 11$ (3), fazendo (1) – (3), segue $r = 4$.

Substituindo em (1): $a_1 + 3(4) = 15 \Rightarrow a_1 = 3$

Resposta: P.A.: (3, 7, 11, 15, 19).

P 13.137 Numa P.A. infinita, tem-se $a_3 = 5$ e $a_8 = 20$, determine S_{11}.

R 13.138 Determine o número de múltiplos de 13 que há entre 100 e 1.000.

Resolução:

Múltiplos de 13 formam uma P.A. de razão 13. Vamos determinar o primeiro termo e o último termo e depois o número de termos n. Observe que $100 : 13 = 7$ resto 9. Logo, o primeiro múltiplo de 13 maior que 100 é $8 \times 13 = 104$. Da mesma forma, $1.000 : 13 = 76,9$ assim, o último múltiplo de 13 menor que 1.000 é $76 \times 13 = 988$.

Portanto,

$a_1 = 104; \; a_n = 988; \; r = 13$. Da fórmula do termo geral da P.A.:

$$a_n = a_1 + (n-1)r \Rightarrow 988 = 104 + (n-1)13 \Rightarrow 988 - 104 = (n-1) \cdot 13 \Rightarrow$$

$$884 = (n-1) \cdot 13 \Rightarrow (n-1) = 68 \Rightarrow n = 69$$

Resposta: Existem 69 múltiplos de 13 entre 100 e 1.000.

332 Matemática com aplicações tecnológicas – Volume 1

R 13.139 Determine a P.A. $\left(a_n\right)_{n\in N}$ cuja lei de formação é $a_n = 5n + 2$.

Resolução:

Fazendo $n = 1$ e $n = 2$ na expressão acima, temos: $a_1 = 5 \times 1 + 2 = 7$

$a_2 = 5 \times 2 + 2 = 12$, logo a razão dessa P.A. é $r = a_2 - a_1 = 12 - 7 = 5$, portanto a P.A. é (7, 12, 17, 22,...)

Resposta: (7, 12, 17, 22,...).

P 13.140 Calcule a razão da P.A., de modo que $a_1 = \sqrt{2}$ e $a_5 = \dfrac{11\sqrt{2}}{9}$.

P 13.141 Os números $x, (x+2)$ e $(3x-4)$, nesta ordem, formam uma P.A. Determine a razão dessa P.A.

R 13.142 Determine três números em P.A. tais que sua soma é 15 e seu produto é 45.

Resolução:

Utilizando a notação $(x-r; x; x+r)$, temos: $\begin{cases} x - r + x + x + r = 15 & (1) \\ (x-r).x.(x+r) = 45 & (2) \end{cases}$

De (1) segue que:

$3x = 15 \Rightarrow x = 5$. Substituindo na equação (2): $(5-r)\cdot 5 \cdot (5+r) = 45$, dividindo a equação por 5: $(5-r)\cdot(5+r) = 9 \Rightarrow 25 - r^2 = 9 \Rightarrow r^2 = 16$ $\Rightarrow r' = -4$ ou $r'' = 4$.

Resposta: 1ª solução: (9, 5, 1) e 2ª solução: (1, 5, 9).

R 13.143 Interpole (ou insira) 8 meios aritméticos entre 0,5 e 5,0.

Resolução:

De acordo com a fórmula para determinar a razão quando se inserem meios aritméticos:

$$r = \frac{a_n - a_1}{k+1}$$

Do problema, temos: $k = 8$; $a_1 = 0,5$; $a_n = 5,0$; $n = k + 2 = 8 + 2 = 10$. Então:

$$r = \frac{5 - 0,5}{8+1} = \frac{4,5}{9} = 0,5$$

Resposta:

A P.A. é $\left(0,5; 1,0; 1,5; 2,0; 2,5; 3,0; 3,5; 4,0; 4,5; 5,0\right)$.

Roteiro de aula e estudo com exercícios resolvidos e exercícios propostos **333**

P 13.144 Insira 6 meios aritméticos entre –2,5 e 1,0.

R 13.145 Determine x, $x \in \mathbb{R}$, tal que a sequência $(6x+2)$, $(2x+4)$ e 5 seja uma progressão geométrica (P.G.).

> Veja, no Capítulo 12, a Seção 12.3 –Progressão Geométrica (P.G.).

Resolução:

Pela definição de P.G., podemos escrever que: $\dfrac{2x+4}{6x+2} = \dfrac{5}{2x+4} = q$, que é a razão da P.G. Então,

$$(2x+4)^2 = 5 \times (6x+2) \implies 4x^2 + 16x + 16 = 30x + 10 \implies 4x^2 - 14x + 6 = 0$$

Dividindo a última equação por 2:

$2x^2 - 7x + 3 = 0$, aplicando a fórmula de Bháskara:

$$x = \frac{-(-7) \pm \sqrt{49-24}}{4} = \frac{7 \pm 5}{4} = \begin{cases} x' = \dfrac{1}{2} \\ x'' = 3 \end{cases}$$

Resposta: Para $x' = \dfrac{1}{2} \implies \text{P.G.}(5; 5; 5)$ e para $x'' = 3 \implies \text{P.G.}(20; 10; 5)$.

P 13.146 Que número deve ser adicionado a cada um dos termos da sequência $(1, 3, 8)$ a fim de que ela seja uma P.G.?

R 13.147 Seja a sequência de triângulos equiláteros em que cada triângulo, a partir do segundo, possui metade do perímetro do anterior. Se o primeiro triângulo tem lado 1 m, então calcule a soma dos perímetros dos 5 triângulos dessa sequência.

> Veja, no Capítulo 12, a Seção 12.3.5 – Soma dos termos de uma P.G. finita.

Resolução:

O perímetro do primeiro triângulo é $3 \times 1 = 3\,\text{m}$, logo a equência do exercício é da forma: $(3; \dfrac{3}{2}; \dfrac{3}{4}; \ldots)$, que é uma P.G. de razão $q = \dfrac{1}{2}$ e $a_1 = 3$, logo temos que calcular a soma dos 5 primeiros termos da P.G., dada pela fórmula:

$$S_n = \frac{a_1(q^n - 1)}{q - 1}$$

Então $S_5 = \dfrac{3\left[\left(\frac{1}{2}\right)^5 - 1\right]}{\frac{1}{2} - 1} = \dfrac{3\cdot\left(\frac{1}{32} - 1\right)}{-\frac{1}{2}} = -6\cdot\left(\dfrac{1-32}{32}\right) = 6\cdot\dfrac{31}{32} = \dfrac{93}{16} = 5\dfrac{13}{16}$

Resposta: A soma dos perímetros é aproximadamente 5,8 m.

P 13.148 Uma bola é atirada ao chão de uma altura de 50 m. Ao atingir o solo pela primeira vez, ela sobe até uma altura de 25 m, cai e atinge o solo pela segunda vez, subindo até uma altura de 12,5 m, e assim por diante, sucessivamente até parar no chão. Calcule o total de metros percorrido pela bola.

Veja, no Capítulo 12, a Seção 12.3.6 – Soma dos termos de uma P.G. infinita.

R 13.149 Determine a fração geratriz da dízima periódica composta 1,2333... :

Resolução:

Uma dízima periódica é denominada composta, quando é formada por algarismos da parte não periódica (não se repetem) seguido pelos algarismos da parte periódica (que se repetem). Consideremos a dízima 1,2333... que pode ser escrita:

$G = 1,2333... = 1 + 0,2 + \underbrace{0,03 + 0,003 + 0,0003 + ...}$; a parte periódica é a soma

infinita de uma P.G., assim:

$0,03 + 0,003 + 0,0003 + ... = \dfrac{3}{100} + \dfrac{3}{1.000} + \dfrac{3}{1.0000} + ...$

De razão $q = \dfrac{1}{10}$ e $a_1 = \dfrac{3}{100}$. Aplicando a fórmula da soma dos termos de uma P.G. infinita:

$$S = \dfrac{a_1}{1-q} = \dfrac{\frac{3}{100}}{1-\frac{1}{10}} = \dfrac{\frac{3}{100}}{\frac{9}{10}} = \dfrac{3}{100} \times \dfrac{10}{9} = \dfrac{1}{30}$$

Voltando ao número $G = 1 + 0,2 + \dfrac{1}{30} = 1 + \dfrac{2}{10} + \dfrac{1}{30} = \dfrac{30+6+1}{30} = \dfrac{37}{30}$

Resposta: A fração geratriz é $\dfrac{37}{30}$.

P 13.150 Determine a fração geratriz da dízima periódica 0,272727... :

P 13.151 Resolver em $\mathbb{R}$ a equação $x^2 + \dfrac{x^3}{2} + \dfrac{x^4}{4} + ... = \dfrac{1}{3}$.

R 13.152 Calcule o produto dos 10 termos iniciais da P.G. $\left(\dfrac{1}{32}, \dfrac{-1}{16}, \dfrac{1}{8}, \ldots\right)$.

> Veja, no Capítulo 12, a Seção 12.3.7 – Produto dos termos de uma P.G. finita.

Resolução:

A fórmula do produto dos termos de uma P.G. finita: $|P_n| = a_1^n \cdot q^{\frac{n(n-1)}{2}}$

Do problema, temos: $a_1 = \dfrac{1}{32}; q = -2$, aplicando a fórmula acima:

$$|P_{10}| = \left(\frac{1}{32}\right)^{10} \cdot (-2)^{\frac{10 \times 9}{2}} = 32^{-10} \cdot (-2)^{45} = 2^{-50} \times (-1)^{45} \times 2^{45} = -1 \times 2^5$$

Aplicando a regra do sinal para o produto dos termos de uma P.G.:

$10 : 4 = 2$, resto 2, logo o sinal de P_{10} é o mesmo do sinal de $P_2 = (+)(-) = (-)$.

Então: $P_{10} = -\dfrac{1}{32}$.

Resposta: $P_{10} = -\dfrac{1}{32}$.

P 13.153 Calcule o produto dos 10 primeiros termos da P.G. $(81, 27, \ldots)$.

RESPOSTA DOS EXERCÍCIOS PROPOSTOS

P 13.137 $S_{11} = 154$.

P 13.140 $r = \dfrac{\sqrt{2}}{18}$.

P 13.141 $r = 2$.

P 13.144 $(-2,5; -2,0; -1,5; -1,0; -0,5; 0; 0,5; 1,0)$.

P 13.146 Devemos adicionar 1/3.

P 13.148 O total percorrido é de 100 m.

P 13.150 A fração geratriz é $\dfrac{3}{11}$.

P 13.151 $S = \left\{\dfrac{-2}{3}; \dfrac{1}{2}\right\}$.

P 13.153 $P_{10} = \dfrac{1}{243}$.

EXERCÍCIOS GERAIS

R 13.154 Resolva as equações, em $\mathbb{R}$:

a) $\dfrac{1}{x} - \dfrac{2}{3} = 1 + \dfrac{3}{x}$, $x \neq 0$

b) $\dfrac{x+m}{4} = \dfrac{m}{2} - \dfrac{x-m}{5}$, $m \in \mathbb{R}$

336 Matemática com aplicações tecnológicas – Volume 1

Resolução:

a) Tirando o mínimo múltiplo comum entre os denominadores: mmc$(x,3) = 3x$, temos:

$$\frac{3-2x}{3x} = \frac{3x+9}{3x} \Rightarrow 3-2x = 3x+9 \Rightarrow 3x+2x = 3-9 \Rightarrow 5x = -6 \Rightarrow x = -\frac{6}{5}$$

Verificando:

$$\frac{1}{-6/5} - \frac{2}{3} = 1 + \frac{3}{-6/5} \Rightarrow -\frac{5}{6} - \frac{2}{3} = 1 - \frac{3.5}{6} \Rightarrow \frac{-5-4}{6} = \frac{6-15}{6} \Rightarrow \frac{-9}{6} = \frac{-9}{6}$$

b) Tirando o mínimo múltiplo comum entre os denominadores: mmc$(4,2,5) = 20$, temos:

$$\frac{5x+5m}{20} = \frac{10m-4(x-m)}{20} \Rightarrow 5x+5m = 10m-4x+4m \Rightarrow$$

$$5x+4x = 14m-5m \Rightarrow 9x = 9m \Rightarrow x = m$$

Respostas: a) S = {−6/5}; b) S = {m}.

P 13.155 Resolva as equações, em $\mathbb{R}$:

a) $\dfrac{2}{x-5} = \dfrac{3}{x-5} + \dfrac{1}{2}$, $x \neq 5$
b) $\dfrac{3}{x-1} + \dfrac{2}{x+1} = \dfrac{x}{x^2-1}$, $x \neq \pm 1$

R 13.156 Resolva as equações, em $\mathbb{R}$:

a) $15x^2 = x+2$
b) $\sqrt[3]{x^3+8} = x+2$

> Veja, no Capítulo 3, a Seção 3.3 – Produtos notáveis.

Resolução:

a) Igualando a zero e utilizando a fórmula de Bháskara, temos:

$$15x^2 - x - 2 = 0$$

$$\Rightarrow x = \frac{-(-1) \pm \sqrt{(-1)^2 - 4 \times 15 \times (-2)}}{2 \times 15} = \frac{1 \pm \sqrt{1+120}}{30}$$

$$\frac{1 \pm 11}{30} = \begin{cases} x_1 = \dfrac{1-11}{30} = -\dfrac{10}{30} = -\dfrac{1}{3} \\[2mm] x_2 = \dfrac{1+11}{30} = \dfrac{12}{30} = \dfrac{2}{5} \end{cases}$$

b) Elevando ambos os membros ao cubo, temos:

$\left(\sqrt[3]{x^3+8}\right)^3 = (x+2)^3$

$\cancel{x^3} + 8 = \cancel{x^3} + 3 \cdot x^2 \cdot 2 + 3 \cdot x \cdot 2^2 + 2^3$

$\cancel{8} = 6x^2 + 12x + \cancel{8}$

$(6x^2 + 12x = 0) : 6$

$x^2 + 2x = 0 \Rightarrow x(x+2) = 0 \Rightarrow x' = 0 \lor x'' = -2$

Respostas: a) S = $\left\{-\dfrac{1}{3}; \dfrac{2}{5}\right\}$; b) S = {-2; 0}

P 13.157 Resolva as equações, em $\mathbb{R}$:

a) $(x-1)^2 - 3x + 5 = 0$ b) $\sqrt{x^2 - 1} - x = 2$

R 13.158 Determine o conjunto solução das inequações seguintes, em $\mathbb{R}$:

a) $3x - 5 < \dfrac{3}{4}x + \dfrac{1-x}{3}$ b) $x < 2x + 3 \leq 8 - 3x$

Resolução:

a) Reduzindo ao mesmo denominador: $\dfrac{36x - 60}{12} < \dfrac{9x + 4(1-x)}{12}$ ×12

$36x - 60 < 9x + 4 - 4x \Rightarrow 36x - 5x < 4 + 60 \Rightarrow 31x < 64 \Rightarrow x < \dfrac{64}{31}$

b) Como temos dupla desigualdade, temos que resolver separadamente, calculando S_1 e S_2 e em seguida fazer a interseção das duas respostas.

1º) $x < 2x + 3 \Rightarrow x - 2x < 3 \Rightarrow (-x < 3) \times (-1) \Rightarrow x > -3$

$S_1 = \{x \in \mathbb{R} \,/\, x > -3\}$.

2º) $2x + 3 \leq 8 - 3x \Rightarrow 2x + 3x \leq 8 - 3 \Rightarrow (5x \leq 5) : 5 \Rightarrow x \leq 1$

$S_2 = \{x \in \mathbb{R} \,/\, x \leq 1\}$.

Respostas: a) S = $\{x \in \mathbb{R} \,/\, x < \dfrac{64}{31}\}$;

b) S = $\{x \in \mathbb{R} \,/\, -3 < x \leq 1\}$

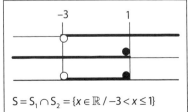

R 13.159 Resolva a seguinte inequação, em $\mathbb{R}$: $\dfrac{1}{x+1} < \dfrac{2}{3x-1}$

Resolução:

Temos que analisar a variação de sinal por meio da inequação quociente:

$$\frac{1}{x+1} - \frac{2}{3x-1} < 0 \Rightarrow \frac{(3x-1) - 2(x+1)}{(x+1)(3x-1)} < 0 \Rightarrow$$

$$\frac{3x-1-2x-2}{(x+1)(3x-1)} < 0 \Rightarrow \frac{x-3}{(x+1)(3x-1)} < 0$$

Vamos analisar separadamente cada função envolvida.

1°) $y_1 = x - 3$, função do 1° grau e como o coeficiente angular $a = 1 > 0$, a função é crescente. Como a raiz é $x = 3$, o sinal desta função é:

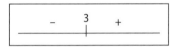

2°) $y_2 = x + 1$, função do 1° grau e como o coeficiente angular $a = 1 > 0$, a função é crescente. Como a raiz é $x = -1$, o sinal desta função é:

3°) $y_3 = 3x - 1$, função do 1° grau e como o coeficiente angular $a = 3 > 0$, a função é crescente. Como a raiz é $x = 1/3$, o sinal desta função é:

Utilizando o quadro de sinais, fazemos o produto dos sinais das funções envolvidas:

	−1	1/3	3	
$y_1 = x-3$	−	−	−	+
$y_2 = x-1$	−	+	+	+
$y_3 = 3x-1$	−	−	+	+
inequação	−	+	−	+

Resposta: $S = \{x \in \mathbb{R} \:/\: x < -1 \lor \dfrac{1}{3} < x < 3\}$.

P 13.160 Resolva, em $\mathbb{R}$: $\dfrac{4}{x} - 3 > \dfrac{2}{x} - 7$

R 13.161 Determine o conjunto solução da inequação do 2º grau: $-x^2 + 2x + 8 < 0$

Resolução:

Analisaremos a variação de sinal da função do 2º grau por meio do gráfico que é uma parábola. Como $a = -1 < 0$, a concavidade é negativa, isto é, discordante com o sinal positivo do eixo dos y. Calculando as raízes de $x^2 - 2x - 8 = 0$, pela fórmula de Bháskara,

$$x = \dfrac{-(-2) \pm \sqrt{(-2)^2 - 4 \cdot 1 \cdot (-8)}}{2 \cdot 1} = \dfrac{2 \pm \sqrt{4+32}}{2} = \dfrac{2 \pm 6}{2} = \begin{cases} x_1 = -2 \\ x_2 = 4 \end{cases}$$

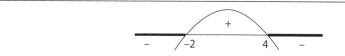

Resposta: $S = \{x \in \mathbb{R} \,/\, x < -2 \lor x > 4\}$.

P 13.162 Resolva a inequação: $x^2 - 2x - 3 < 0$.

R 13.163 Resolva a inequação: $x - \dfrac{1}{x} \le 2$

Resolução:

Inicialmente faremos as transformações algébricas para que tenhamos o estudo dos sinais da inequação quociente:

$$x - \dfrac{1}{x} - 2 \le 0 \Rightarrow \dfrac{x^2 - 1 - 2x}{x} \le 0$$

Vamos analisar separadamente cada função envolvida.

1º) $y_1 = x^2 - 2x - 1$, função do 2º grau, com concavidade positiva e cujas raízes são:

$$x = \dfrac{-(-2) \pm \sqrt{(-2)^2 - 4 \cdot 1 \cdot (-1)}}{2 \cdot 1} = \dfrac{2 \pm \sqrt{4+4}}{2} = \dfrac{2 \pm 2\sqrt{2}}{2} = 1 \pm \sqrt{2}$$

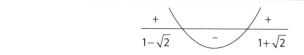

340 Matemática com aplicações tecnológicas – Volume 1

2°) $y_2 = x$, função identidade, cujo gráfico é a reta bissetriz dos quadrantes ímpares, então:

$$\underset{\text{–}}{}\overset{0}{\mid}\underset{\text{+}}{}$$

Fazendo o quadro de sinais:

	$1-\sqrt{2}$	0	$1+\sqrt{2}$	
$y_1 = x^2 - 2x - 1$	+	–	–	+
$y_2 = x$	–	–	+	+
Inequação	–	+	–	+

Resposta: $S = \{x \in \mathbb{R} \, / \, x \le 1 - \sqrt{2} \vee 0 < x \le 1 + \sqrt{2}\}$

R 13.164 Determine, em $\mathbb{R}$, o conjunto solução das seguintes equações modulares:

a) $|x| = 3$

b) $|2x - 1| = \dfrac{\sqrt{3}}{2}$

> Veja, no Capítulo 7, seção 7.1 – Módulo de um número real - propriedades.

Resolução:

a) Aplicando a propriedade de módulo de um número real:

$$|x| = 3 \iff \begin{cases} x = 3 \\ \vee \\ x = -3 \end{cases}$$

De fato, $|-3| = 3$ e $|3| = 3$.

Resposta: $S = \{-3; 3\}$

b) $$\begin{cases} 2x - 1 = \dfrac{\sqrt{3}}{2} \Rightarrow x = \dfrac{1}{2} + \dfrac{\sqrt{3}}{4} \\ 2x - 1 = -\dfrac{\sqrt{3}}{2} \Rightarrow x = \dfrac{1}{2} - \dfrac{\sqrt{3}}{4} \end{cases}$$

Resposta: $S = \left\{ \dfrac{1}{2} + \dfrac{\sqrt{3}}{4}; \dfrac{1}{2} - \dfrac{\sqrt{3}}{4} \right\}$

P 13.165 Resolva a seguinte equação modular, em $\mathbb{R}$: $\left| \dfrac{x-1}{2x-5} \right| = 2$.

Roteiro de aula e estudo com exercícios resolvidos e exercícios propostos   **341**

R 13.166 Determine o conjunto solução da equação modular, em $\mathbb{R}$: $|2x+1| = x+2$

Resolução:

Devemos impor que $x+2 \geq 0 \Rightarrow x \geq -2$. Neste caso, temos duas equações:

$$\begin{cases} 2x+1 = x+2 \Rightarrow 2x-x = 2-1 \Rightarrow x = 1 \\ 2x+1 = -x-2 \Rightarrow 2x+x = -2-1 \Rightarrow \\ \Rightarrow 3x = -3 \Rightarrow x = -1 \end{cases}$$

Como as duas soluções satisfazem à imposição de ser ≥ -2, as duas valem.

Resposta: S = {-1; 1}.

P 13.167 Resolva, em $\mathbb{R}$, as seguintes equações modulares:

a) $\dfrac{|x-1|}{2} = x+7$ b) $|x+1| = 3x+2$.

R 13.168 Resolva as seguintes equações modulares, em $\mathbb{R}$:

a) $|x|^2 - 3|x| + 2 = 0$ b) $||x+3| - 2| = 4$

Resolução:

a) Façamos a mudança de variável, substituindo $|x| = y$, $y \geq 0$, então:

$y^2 - 3y + 2 = 0$, equação completa do $2°$ grau em y, logo ela fórmula de Bháskara:

$$y = \frac{-(-3) \pm \sqrt{(-3)^2 - 4 \cdot 1 \cdot 2}}{2 \cdot 1} = \frac{3 \pm \sqrt{9-8}}{2} = \frac{3 \pm 1}{2} = \begin{cases} y_1 = 1 \\ y_2 = 2 \end{cases}$$

Voltando para x, temos:

$1°)$ $|x| = 1 \Rightarrow x_1 = 1 \quad \vee \quad x_2 = -1$;

$2°)$ $|x| = 2 \Rightarrow x_3 = 2 \quad \vee \quad x_4 = -2$.

b) Façamos a mudança de variável, substituindo $|x+3| = y$, $y \geq 0$, então:

$|y-2| = 4$, pela propriedade de módulo de um número real:

$1°)$ $y - 2 = 4 \Rightarrow y = 6$

$2°)$ $y - 2 = -4 \Rightarrow y = -2$, esta resposta não convém.

Voltando à substituição:

$|x+3| = 6$, gerando, assim, às seguintes equações:

342 — Matemática com aplicações tecnológicas – Volume 1

$3°)$ $x + 3 = 6 \Rightarrow x = 6 - 3 = 3$

$4°)$ $x + 3 = -6 \Rightarrow x = -6 - 3 = -9$

Respostas: a) S = { -2; -1; 1; 2}; b) S = {-9; 3}.

R 13.169 Resolva, em $\mathbb{R}$, as seguintes inequações modulares:

a) $|2x - 1| < 3$ 　　　　　　　　　　 b) $|5x + 2| > 7$

> Veja, no Capítulo 7, a Seção 7.5 – Inequações modulares.

Resolução:

a) Pela propriedade das desigualdades dos módulos:

$-3 < 2x - 1 < 3$, como a variável está entre duas constantes, podemos resolver essa dupla desigualdade simultaneamente:

$$-3 < 2x - 1 < 3 \Rightarrow -3 + 1 < 2x < 3 + 1$$

$$\Rightarrow (-2 < 2x < 4) : 2 \Rightarrow -1 < x < 2$$

$$S = \{x \in \mathbb{R} / -1 < x < 2\}.$$

b) Pela propriedade das desigualdades dos módulos:

$$5x + 2 < -7 \vee 5x + 2 > 7 \Leftrightarrow 5x < -7 - 2 \vee 5x > 7 - 2$$

$$5x < -9 \vee 5x > 5 \Leftrightarrow x < -\frac{9}{5} \vee x > 1$$

Respostas: a) $S = \{x \in \mathbb{R} / -1 < x < 2\}$;

　　　　　　 b) $S = \{x \in \mathbb{R} / x < -\frac{9}{5} \vee x > 1\}.$

P 13.170 Resolva as seguintes inequações modulares, em $\mathbb{R}$:

a) $|3x + 8| \leq 2$ 　　　　　　　　　 b) $\left|\dfrac{1-x}{2}\right| \geq \dfrac{2}{3}$

R 13.171 Resolva, em $\mathbb{R}$, a seguinte inequação modular: $|x + 2| + |2x - 3| < 10$

Resolução:

Como há mais de um módulo envolvido, nessa inequação, a resolução será feita, utilizando a definição em cada módulo:

$$|x + 2| = \begin{cases} x + 2, \text{ se } x + 2 \geq 0 \Rightarrow x \geq -2 \\ -x - 2, \text{ se } x + 2 < 0 \Rightarrow x < -2 \end{cases}$$

$$|2x-3| = \begin{cases} 2x-3, \text{ se } 2x-3 \geq 0 \Rightarrow 2x \geq 3 \Rightarrow x \geq \dfrac{3}{2} \\ -2x-3, \text{ se } 2x-3 < 0 \Rightarrow 2x < 3 \Rightarrow x < \dfrac{3}{2} \end{cases}$$

Façamos um quadro com os intervalos e as respectivas igualdades:

		−2		3/2	
$|x+2|$		$-x-2$		$x+2$	$x+2$
$|2x-3|$		$-2x+3$		$-2x+3$	$2x-3$
$|x+2|+|2x-3|$		$-3x+1$		$-x+5$	$3x-1$
		I_1		I_2	I_3

Em I_1: ($x < -2$)
$$-3x + 1 < 10 \Rightarrow (-3x < 9) \cdot (-1) \Rightarrow 3x > -9 \Rightarrow x > -3$$

Em I_2: ($-2 \leq x < \dfrac{3}{2}$)
$$-x + 5 < 10 \Rightarrow (-x < 5) \cdot (-1) \Rightarrow x > -5$$

$S_2 = \{x \in \mathbb{R} \ / \ -2 \leq x < \dfrac{3}{2}\}$.

Em I_3: ($x \geq \dfrac{3}{2}$)
$$3x - 1 < 10 \Rightarrow 3x < 11 \Rightarrow x < \dfrac{11}{3}$$

$S_3 = \{x \in \mathbb{R} \ / \ \dfrac{3}{2} \leq x < \dfrac{11}{3}\}$.

Fazendo a união das soluções:

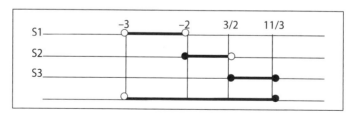

Resposta: $S = S_1 \cup S_2 \cup S_3 = \{x \in \mathbb{R} \ / -3 < x < \dfrac{11}{3}\}$.

R 13.172 Dados os conjuntos:
$A = \{x \in \mathbb{R} \ / |x-2| \geq 2\}$
$B = \{x \in \mathbb{R} \ / |x| < 4\}$

$C = \{x \in \mathbb{R} / x^2 - 1 \leq 0\}$, determinar:

a) $(A \cap B) - C$

b) $(B \cup C) - A$

Resolução:

Vamos resolver as inequações modulares para descrever os conjuntos:

$A \to |x - 2| \geq 2 \Leftrightarrow x - 2 \leq -2 \vee x - 2 \geq 2 \Leftrightarrow x \leq 0 \vee x \geq 4$

$B \to |x| < 4 \Leftrightarrow -4 < x < 4$

$C \to x^2 - 1 \leq 0 \Leftrightarrow -1 \leq x \leq 1$

Vamos resolver o que se pede usando o quadro de intervalos:

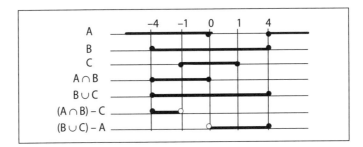

Respostas: a)]-4; -1[; b)]0; 4[.

P 13.173 Dados os conjuntos:

$A = \{x \in \mathbb{R} / 3x - \dfrac{1+x}{2} \leq 4\}$

$B = \{x \in \mathbb{R} / 5x^2 - 7x > 0\}$, determine:

a) $A \cup B$

b) $A \cap B$

c) $A - B$

R 13.174 Seja $f: D \to \mathbb{R}$, determine $D \subset \mathbb{R}$, onde D é o mais amplo domínio de f.

a) $f(x) = \sqrt{x^2 - 3x + 2}$

b) $f(x) = \dfrac{1}{x^2 - 4} + \dfrac{1}{\sqrt{x + 4}}$

c) $f(x) = \sqrt{3^{x+2} - 3^x}$

d) $f(x) = \log_{(x+4)}(x^2 - 1)$

e) $f(x) = \log\left(\dfrac{x - 2}{3x^2 - 27}\right)$

f) $f(x) = \dfrac{\ln(1 + 3x)}{\sqrt{9x^2 - 1}}$

Resolução:

a) De acordo com a existência da raiz quadrada em $\mathbb{R}$, temos:

$x^2 - 3x + 2 \geq 0$, que é uma inequação do 2º grau. Vamos utilizar o esquema gráfico, mas antes, devemos determinar as raízes:

$$x = \frac{-(-3) \pm \sqrt{(-3)^2 - 4 \cdot 1 \cdot 2}}{2 \cdot 1} = \frac{3 \pm \sqrt{9-8}}{2} = \frac{3 \pm 1}{2} = \begin{cases} x_1 = 1 \\ x_2 = 2 \end{cases}$$

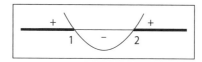

Resposta: $D(f) = \{x \in \mathbb{R} \mid x \leq 1 \lor x \geq 2\} = \,]-\infty;1] \cup [2;\infty[$.

b) Pelas condições de existência de $f(x)$, temos:

1º) $x^2 - 4 \neq 0 \Rightarrow x^2 \neq 4 \Rightarrow x \neq \pm 2$; 2º) $x + 4 > 0 \Rightarrow x > -4$

Fazendo a interseção destas condições, segue a resposta.

Resposta: $D(f) = \{x \in \mathbb{R} \mid x > -4 \land x \neq -2 \land x \neq 2\}$.

c) A condição de existência de $f(x)$ é:

$3^{x+2} - 3^x \geq 0 \Rightarrow 3^{x+2} \geq 3^x$, como a base $3 > 1 \Rightarrow x + 2 \geq x \Rightarrow 2 \geq 0$

Logo vale para todo $x \in \mathbb{R}$.

Resposta: $D(f) = \mathbb{R}$.

d) Pelas condições de existência de $f(x)$, temos:

> Veja, no Capítulo 9, a Seção 9.6 – Função logarítmica – condição de existência.

1º) $x + 4 > 0 \Rightarrow x > -4$

2º) $x + 4 \neq 1 \Rightarrow x \neq -3$

3º) $x^2 - 1 > 0 \Rightarrow x < -1 \lor x > 1$

Fazendo a interseção destas condições, temos:

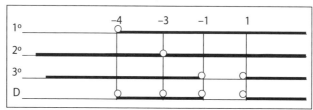

Resposta: $D(f) = \{x \in \mathbb{R} \mid -4 < x < -1 \land x \neq -3 \lor x > 1\}$.

e) Pelas condições de existência de $f(x)$, temos que resolver a inequação quociente:

$$\frac{x-2}{3x^2-27} > 0$$

Vamos analisar separadamente cada função envolvida.

1º) $y_1 = x - 2$, função do 1º grau e como o coeficiente angular $a = 1 > 0$, a função é crescente. Como a raiz é $x = 2$, o sinal desta função é:

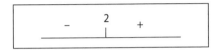

2º) $y_2 = 3x^2 - 27$, função do 2º grau, com concavidade positiva e cujas raízes são:

$$3x^2 - 27 = 0 \Rightarrow (3x^2 = 27) : 3 \Rightarrow x^2 = 9 \Rightarrow x_1 = -3 \wedge x_2 = 3$$

O sinal é:

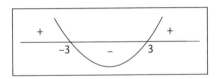

Fazendo o quadro de sinais:

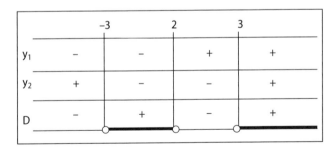

Resposta: $D(f) = \{x \in \mathbb{R} \,/\, -3 < x < 2 \,\vee\, x > 3\}$.

f) Pelas condições de existência de $f(x)$, temos:

1º) $1 + 3x > 0 \Rightarrow 3x > -1 \Rightarrow x > -\dfrac{1}{3}$

2º) $9x^2 - 1 > 0 \Rightarrow x < -\dfrac{1}{3} \,\vee\, x > \dfrac{1}{3}$

Fazendo o quadro de sinais:

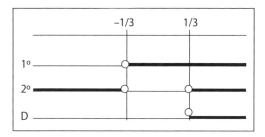

Resposta: $D(f) = \{x \in \mathbb{R} / \ x > \frac{1}{3}\}$.

P 13.175 Seja $f: D \to \mathbb{R}$, determine $D \subset \mathbb{R}$, onde D é o mais amplo domínio de f.

a) $f(x) = \sqrt{x^2 - 4}$

b) $f(x) = \dfrac{1}{\sqrt{2^{-x} - 32}}$

c) $f(x) = \log_x (x^2 - 4x + 3)$

d) $f(x) = \log_{(x^2 - 1)} (x^2 - 5x + 6)$

e) $f(x) = \dfrac{\ln(4 - x^2)}{1 - x}$

R 13.176 Esboce o gráfico da função $f(x) = |2x| - x^2$ e conclua o domínio e a imagem dessa função.

> Veja, no Capítulo 7, a Seção 7.2 – Função modular.

Resolução:

Pela definição de módulo, segue:

$$|2x| = \begin{cases} 2x, \text{ se } 2x \geq 0 \Rightarrow x \geq 0 \\ -2x, \text{ se } 2x < 0 \Rightarrow x < 0 \end{cases}$$

Logo, a função a se analisar é uma união das funções:

$$y_1 = 2x - x^2 \text{ ou } y_1 = -x^2 + 2x \text{ para } x \geq 0 \text{ e}$$

$$y_2 = -2x - x^2 \text{ ou } y_2 = -x^2 - 2x \text{ para } x < 0.$$

Vamos esboçar o gráfico de cada uma das funções:

1º) $y_1 = -x^2 + 2x$ para $x \geq 0$. Vamos determinar as raízes da função:

$x(-x+2) = 0 \Rightarrow x' = 0 \lor x'' = 2$. Calculando o vértice dessa parábola:

$x_v = -\dfrac{b}{2a} = -\dfrac{2}{2(-1)} = 1$ e $y_v = -(1)^2 + 2 \cdot (1) = 1$.

Logo, V(1, 1) é o ponto de máximo da parábola.

2º) $y_2 = -x^2 - 2x$ para $x < 0$. Vamos determinar as raízes da função:

$x(-x-2) = 0 \Rightarrow x' = 0 \lor x'' = -2$. Calculando o vértice dessa parábola:

$x_v = -\dfrac{b}{2a} = -\dfrac{(-2)}{2(-1)} = -1$ e $y_v = -(-1)^2 - 2 \cdot (-1) = 1$

Logo, V(-1, 1) é o ponto de máximo da parábola.

Esboçando os gráficos:

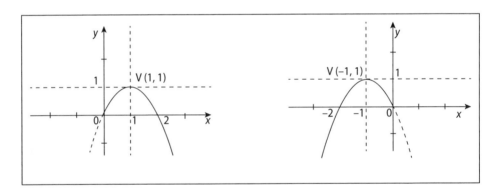

Unindo os dois gráficos:

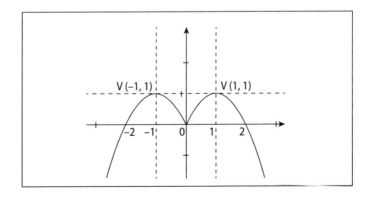

D(f) = ℝ; Im(f) = {$y \in \mathbb{R} / y \leq 1$}

P 13.177 Esboce o gráfico da função $f(x)=|x|+x^2$ e conclua o domínio e a imagem dessa função.

RESPOSTAS DOS EXERCÍCIOS PROPOSTOS

P 13.155 a) S = {3} ; b) S = {–1/4}.

P 13.157 a) S = {2; 3}; b) S = $\left\{\dfrac{-5}{4}\right\}$.

P 13.160 S = {$x \in \mathbb{R} / x < -\dfrac{1}{2} \vee x > 0$}.

P 13.162 S = {$x \in \mathbb{R} / -1 < x < 3$}.

P 13.165 S = {11/5; 3}.

P 13.167 a) S = {-13/3}; b) S = {-1/2}.

P 13.170 a) S = {$x \in \mathbb{R} / -\dfrac{10}{3} \leq x \leq -2$};

b) S = {$x \in \mathbb{R} / x \geq \dfrac{7}{3} \vee x \leq -\dfrac{1}{3}$}.

P 13.173 a) $\mathbb{R}$; b) $\left[-\dfrac{7}{5};0\right[\cup \left]\dfrac{7}{5};\dfrac{9}{5}\right]$; c) $\left[0;\dfrac{7}{5}\right]$.

P 13.175 a) D(f) = {$x \in \mathbb{R} / x \leq -2 \vee x \geq 2$};
b) D(f) = {$x \in \mathbb{R} / x < -5$};
c) D(f) = {$x \in \mathbb{R} / 0 < x < 1 \vee x > 3$};
d) D(f) = {$x \in \mathbb{R} / x < -\sqrt{2} \vee -\sqrt{2} < x < -1$
$\vee 1 < x < \sqrt{2} \vee \sqrt{2} < x < 2 \vee x > 3$};
e) D(f) = {$x \in \mathbb{R} / -2 < x < 2 \wedge x \neq 1$}.

P 13.177 D(f) = $\mathbb{R}$; Im(f) = $\mathbb{R}_+$.

Gráfico:

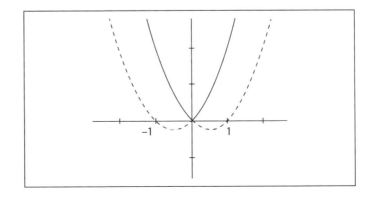

FÓRMULAS E TABELAS E ASSUNTOS COMPLEMENTARES

1. NÚMERO PRIMO

Um número primo (RPM – 73/2010, p.13) é um natural maior ou igual a 2 que tem exatamente dois divisores diferentes, a saber 1 e ele mesmo.

Exemplo:
$$2, 3, 5, 7, 11, 13 \text{ etc.}$$

2. NÚMERO COMPOSTO

Um número natural maior que 2 que não é primo é denominado **número composto**.

Exemplo:
$$4, 6, 8, 9, 10, 12, 14, 15 \text{ etc.}$$

O número 1 não é considerado número primo e nem número composto.

3. PROPRIEDADE DOS NÚMEROS PRIMOS

Todo número par maior que 2 é a soma de **dois primos**

Exemplo:

1º) 4 = 2 + 2   6º) 14 = 3 + 11= 7 + 7

2º) 6 = 3 + 3   7º) 16 = 3 + 13 = 5 + 11

3º) 8 = 3 + 5   8º) 18 = 5 + 13 = 7 + 11

4º) 10 = 5 + 5   9º) 20 = 3 + 17 = 7 + 13

5º) 12 = 5 + 7   10º) 22 = 3 + 19 = 5 + 17 = 11 + 11

Existem infinitos **números primos gêmeos**, isto é, números primos cuja diferença é 2.

Exemplos:

1º) 3 e 5   2º) 5 e 7   3º) 11 e 13

4º) 17 e 19   5º) 41 e 43   6º) 59 e 61 etc.

4. SISTEMA MÉTRICO DECIMAL

4.1 MEDIDAS DE COMPRIMENTO

Para haver uniformidade na medição estabeleceu-se um sistema universal de medida chamado Sistema Métrico Decimal que se baseia no **metro linear.**

O metro linear é o comprimento equivalente à fração $\dfrac{1}{10.000.000}$ da distância que vai de um polo até a linha do equador, medida sobre um meridiano.

Esse comprimento encontra-se assinalado sobre uma barra de metal nobre depositada no Museu Internacional de Pesos e Medidas, na França. No Brasil, o Museu Nacional tem uma cópia do metro-padrão.

A unidade fundamental das medidas de comprimento é o **metro.**

		Unidades	Símbolos	Valores
Múltiplos	⎰	Quilômetro	km	1.000 metros
		Hectômetro	hm	100 metros
	⎱	Decâmetro	dam	10 metros
Unidade principal	⎰⎱	Metro	m	1 m
Submúltiplos	⎰	Decímetro	dm	$\dfrac{1}{10}$ m
		Centímetro	cm	$\dfrac{1}{100}$ m
	⎱	Milímetro	mm	$\dfrac{1}{1.000}$ m

4.2 MILHA MARÍTIMA

Milha Marítima (M) = 1.852 m, para as medidas de comprimentos marítimos

4.3 SEGUNDO-LUZ

Para as distâncias astronômicas utilizamos segundo-luz $\cong 300.000$ km que é a distância percorrida pela luz em um segundo.

4.4 MEDIDAS DE PRECISÃO

Para medidas de precisão, utilizamos:

a) o mícron(μ) = 0,001 mm = $\dfrac{1}{1.000.000}$ m = $\dfrac{1}{10^6}$ m = 10^{-6} m

b) O milimícron (mμ) = 0,001 do mícron

c) O angstrom (Å) = 0,1 de mícron

4.5 POLÍGONOS

Os principais polígonos recebem nomes, conforme o número de lados:

triângulo	– 3 lados
quadrilátero	– 4 lados
pentágono	– 5 lados
hexágono	– 6 lados
heptágono	– 7 lados
octógono	– 8 lados
eneágono	– 9 lados
decágono	– 10 lados
undecágono	– 11 lados
dodecágono	– 12 lados
tridecágono	– 13 lados
tetradecágono	– 14 lados
pentadecágono	– 15 lados
hexadecágono	– 16 lados
heptadecágóno	– 17 lados
octodecágono	– 18 lados
eneadecágono	– 19 lados
icoságono	– 20 lados

A soma dos lados de um polígono chama-se perímetro.

4.6 COMPRIMENTO OU PERÍMETRO DA CIRCUNFERÊNCIA

Comprimento da circunferência é igual a $2 \times$ comprimento do raio $\times 3,14159 \dots$

Designando-se o comprimento da circunferência por C, o raio por R e $3,14159 \dots$ por π, temos a fórmula:

$$C = 2 \times \pi \times R \quad \text{ou} \quad C = 2\pi R$$

5. UNIDADES DE ÁREA

A unidade de área é a área de um quadrado cujo lado tem o comprimento de um metro e se chama metro quadrado.

O seu símbolo é m^2.

A unidade, múltiplos e submúltiplos usuais são:

	Unidades	Símbolos	Valores
Múltiplos	quilômetro quadrado	km^2	$1.000.000 \ m^2$
	hectômetro quadrado	hm^2	$10.000 \ m^2$
	decâmetro quadrado	dam^2	$100 \ m^2$
Unidade Principal	metro quadrado	m^2	$1 \ m^2$
Submúltiplos	Decímetro quadrado	dm^2	$\dfrac{1}{100} \ m^2$
	Centímetro quadrado	cm^2	$\dfrac{1}{10.000} \ m^2$
	Milílimetro quadrado	mm^2	$\dfrac{1}{1.000.000} \ m^2$

6. MEDIDAS AGRÁRIAS

a) Para as medidas de superfícies nos campos, usam-se algumas das unidades, anteriores (Seção 5) com nomes diferentes que são:

	Unidades	Símbolos	Valores
$dam^2 =$	are	a	$(10 \ m)^2 = 100 \ m^2$
$hm^2 =$	hectare	ha	$(100 \ m)^2 = 10.000 \ m^2$
$m^2 =$	centiare	ca	$(1 \ m)^2 = 1 \ m^2$

b) O alqueire

Antes da adoção do sistema métrico no Brasil, havia uma série de medidas brasileiras, como o pé, a vara, o côvado[5] (cúbito) etc.

- pé $\cong$ 12 pol, ou $12 \times 2,75$ cm $= 33$ cm

- vara $\cong$ 5 palmos $= 1,10$ m

- polegada $\cong$ 2,75cm, antiga unidade de medida de comprimento

- polegada $\cong$ 2,54 do sistema métrico decimal, neste caso, é a medida inglesa de comprimento.

Entre essas medidas antigas está o alqueire que ainda é usado na avaliação de grandes áreas.

Há duas espécies de alqueire:

a) Paulista cuja medida é 24.200 m² ou 242 ares.

b) Mineiro ou geométrico cuja medida é 48.400 m² ou 484 ares.

7. UNIDADE LEGAL DE VOLUME

A unidade legal de volume é o volume de um cubo, cujo lado ou aresta tem o comprimento de **um metro:** metro cúbico (m^3)

A unidade, múltiplos e submúltiplos usuais são:

		Unidades	Símbolos	Valores
Múltiplos		Decâmetro cúbico	dam^3	$1.000 \; m^3$
		Hectômetro cúbico	hm^3	$1.000.000 \; m^3$
		Quilômetro cúbico	km^3	$1.000.000.000 \; m^3$
Unidade Principal		Metro cúbico	m^3	$1 \; m^3$
Submúltiplos		Decímetro cúbico	dam^3	$0,001 \; m^3$
		Centímetro cúbico	cm^3	$0,000\ 001 \; m^3$
		Milílimetro cúbico	mm^3	$0,000\ 000\ 001 \; m^3$

---

[5] Côvado ou cúbito: antiga unidade de medida de comprimento equivalente a três palmos ou seja 0,66 m; palmo $\cong$ 22 cm, antiga unidade de medida de comprimento.

8. MEDIDAS DE CAPACIDADE

É usual também, como medida de volume o **litro** para medir líquidos e gases. Antigamente servia, também, para medir cereais como feijão, arroz etc.

A unidade legal do **litro** é o volume de um quilograma de água destilada e isenta de ar, à temperatura de 4 graus centígrados, sob a pressão atmosférica normal.

Na prática, o litro tem o volume de $1\ dm^3$, indica-se o **litro** pelo símbolo l.

$$1\ l = 1\ dm^3$$

A unidade, múltiplos e submúltiplos são:

		Unidades	Símbolos	Valores
Múltiplos	{	Hectolitro	*hl*	100 *l*
		Decalitro	*dal*	10 *l*
Unidade Principal	{	Metro cúbico	*l*	1 *l*
Submúltiplos	{	Decilitro	*dl*	0, 1 *l*
		Centilitro	*cl*	0,01 *l*
		Mililitro	*ml*	0,001 *l*

9. UNIDADE LEGAL DE MASSA

A unidade legal de massa é a massa do protótipo internacional do quilograma de platina iridiada sancionada pela 1° conferência Geral de Pesos e Medidas e que se acha depositada na Repartição Internacional de Pesos e Medidas.

O seu símbolo é kg.

O quilograma é a massa aproximada, no vácuo, de um decímetro cúbico de água destilada, à temperatura de 4 graus centígrados acima de zero.

Massa de um corpo é a quantidade de matéria que esse corpo contém. Como a quantidade de matéria de certo corpo é sempre a mesma para qualquer lugar da Terra, a massa de um corpo não varia qualquer que seja a posição que esteja ocupando.

A unidade, múltiplos e submúltiplos são:

		Unidades	Símbolos	Valores
		Tonelada	*t*	1.000.000 *g*
		Quintal	*q*	100.000 *g*
Múltiplos	{	Quilograma	*kg*	1.000 *g*
		Hectograma	*hg*	100 *g*
		Decagrama	*dag*	10 *g*
Unidade Principal	{	Grama	*g*	1 *g*

		Unidades	Símbolos	Valores
Submúltiplos	{	Decigrama	dg	$\frac{1}{10} g$
		Centigrama	cg	$\frac{1}{100} g$
		Miligrama	mg	$\frac{1}{1000} g$
		Quilate		0,2 g

O quilate é usado para metais preciosos e pedras preciosas.

A relação entre as unidades de volume, capacidade e massa para água destilada a 4 graus centígrados é a seguinte:

Volume	Capacidade	Massa
1 cm³	1 ml	1 g
1 dm³	1 l	1 kg
1 m³	1 kl	1 t

Observação

Peso bruto é o peso de uma mercadoria com a sua embalagem;
Peso líquido é o peso de mercadoria somente e tara é o peso da embalagem somente.

10. DENSIDADE OU MASSA ESPECÍFICA

Densidade absoluta ou massa específica de um corpo é a massa, em gramas, da unidade de volume desse corpo.

Unidade legal de massa específica

A unidade legal é o **grama por centímetro cúbico** que é a densidade de um corpo homogêneo no qual cada centímetro cúbico tem a massa de um grama.

O seu símbolo é $\dfrac{g}{cm^3}$

Outras unidades e seus símbolos são:

a) $\dfrac{kg}{dm^3}$
b) $\dfrac{t}{m^3}$
c) $\dfrac{g}{cm^3}$

Chamando-se a massa específica ou densidade por **d**, a massa em **gramas**, por **m** e o volume em cm^3 por V, temos as fórmulas:

a) $d = \dfrac{m}{v}$
b) $m = d \times v$
c) $v = \dfrac{m}{d}$

Para resolução de exercícios seguem as densidades de alguns corpos:

1º) Platina	21,6
2º) Ouro	19,26
3º) Prata	10,47
4º) Chumbo	11,35
5º) Cobre	8,79
6º) Ferro fundido	7,21
7º) Zinco	6,86
8º) Vidro	2,48
9º) Gelo	0,92
10º) Mercúrio	13,596 ou 13,60
11º) Álcool absoluto	0,794
12º) Água do mar	1,026
13º) Leite	1,03
14º) Óleo	0,915

EXERCÍCIOS DE APLICAÇÃO RESOLVIDOS

R.1   Calcular a massa de 76 cm^3 de mercúrio.

Resolução:

$$d = \frac{m}{v} \Rightarrow m = d \cdot v = \ ?$$

$$d = 13{,}596 \ \text{ e } v = 76 \text{ cm}^3$$

$$m = 13{,}596 \times 76 = 1.033{,}296 \, g$$

> **Observação**
> Grama é equivalente a cm³.

R.2   Calcular o volume de um bloco de gelo de 16 kg.

$$v = \ ?$$

$$d_g = 0{,}92$$

$$Obs: kg \leftrightarrow dm^3$$

$$d = \frac{m}{v} \Rightarrow v = \frac{m}{d}$$

$$v = \frac{16\,kg}{0{,}92} = \frac{16{,}00}{0{,}92}$$

$$v = 17{,}391304 \, dm^3$$

R.3 Calcular a densidade de um corpo de 4 cm³ e cuja massa é de 12 kg.

$$d = ?$$
$$m = 12g$$
$$v = 4 \text{ cm}^3$$

$$d = \frac{m}{v}$$

$$d = \frac{12}{4} \qquad Obs.: 0,001 = \frac{1}{1.000}$$

$$d = 3\,{}^{g}\!/_{cm^3}$$

R.4 Reduzir $\dfrac{5t}{mm^3}$ a $\dfrac{g}{cm^3}$

$$d = ? \qquad 5t$$

$$\frac{5t}{mm^3} \Rightarrow \frac{\overbrace{5.000.000\,(g)}}{\underbrace{0,001}_{cm^3}} = 5.000.000.000\,{}^{g}\!/_{cm^3}$$

$Obs: 5t = 5.000.000g$

$mm^3 \to 0,001 \text{ cm}^3$

R.5 Passar $8\,{}^{g}\!/_{cm^3} \to {}^{kg}\!/_{mm^3}$

Resolução:

$$8g = 0,008 \text{ kg}$$

$$1 \, cm^3 = 1.000 \text{ mm}^3$$

$$\frac{8g}{cm^3} = \frac{0,008 \text{ kg}}{1.000 \text{ cm}^3} = \frac{8}{1.000.000}\,{}^{kg}\!/_{mm^3}$$

$$= 0,000.008\,{}^{kg}\!/_{mm^3}$$

---

11. SISTEMAS DE MEDIDAS NÃO DECIMAIS

a) Medida do tempo

Unidade principal é o segundo, cujo símbolo é **s ou seg**.

Segundo é o intervalo de tempo igual à fração $\frac{1}{86.400}$ do dia solar médio, definido de acordo com as convenções de Astronomia.

Os seus múltiplos são:

Unidades	Símbolo	Valores
Segundo	s ou seg	1s (unidade)
Minuto	m ou min	60s
Hora	h	3.600s = 1h × 60 min × 60 seg
Dia	d ou da	86.400s = 24h × 60 min × 60 seg

Logo 1d = 24h → 24h × 60min = 1.440 × 60s = 86.400s

Exemplo:

Lê-se : 3d 13h 35min → 3 dias 13 horas e trinta e cinco minutos.

Observação: para aplicação comercial, lembremos que:

1º)	O ano comercial	⇒ 360 dias
2º)	O trimestre	⇒ 3 meses
3º)	O semestre	⇒ 6 meses
4º)	O biênio	⇒ 2 anos
5º)	O triênio	⇒ 3 anos
6º)	O quadriênio	⇒ 4 anos
7º)	O quinquênio	⇒ 5 anos
8º)	O decênio ou década	⇒ 10 anos
9º)	O século	⇒ 100 anos
10º)	O milênio	⇒ 1.000 anos

b) Medida de ângulos planos

Ângulo é a menor abertura obtida pela figura formada por duas semirretas que têm a mesma origem e não são colineares;

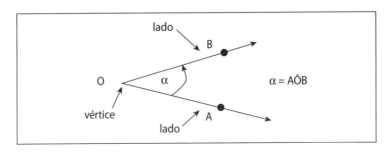

Duas retas que se interceptam determinam quatro ângulos; se esses ângulos forem todos iguais, as retas dizem-se perpendiculares e os ângulos retos.

A unidade fundamental legal do ângulo plano é o ângulo reto cujo símbolo é **r**?

a) Entre as unidades secundárias do ângulo reto constam **as sexagecimais** (dos antigos babilônios), conforme o quadro a seguir:

Nomes	Símbolos	Valores
Grau	1°	$\dfrac{1}{90}r$
Minuto (de ângulo)	1′	$\dfrac{1°}{60}$
Segundo (de ângulo)	1″	$\dfrac{1′}{60}$

Logo

1 grau tem 60′ e um minuto 60″.

Exemplo

42° 17′ 51″ → lê-se: quarenta e dois graus, dezessete minutos e cinquenta e um segundos.

b) Outra unidade legal para a medida de ângulos planos que adota um sistema decimal é o **grado**.

O grado está relacionado decimalmente com o seu múltiplo ângulo reto.

O grado é o ângulo equivalente a $\dfrac{1}{100}$ do ângulo reto. Símbolo: **gr**.

Observação

gr → grado; g → grama   S.M.D. → Sistema Métrico Decimal   S.I.M. → Sistema Inglês de Medidas

Seus submúltiplos, cujos nomes têm os prefixos do S.M.D., são:

Nomes	Símbolos	Valores
decígrado	dgr	$\dfrac{1}{10}gr$
centígrado	cgr	$\dfrac{1}{100}gr$
milígrado	mgr	$\dfrac{1}{1.000}gr$

Exemplo:

15,38 gr, lê-se: quinze grados e trinta e oito centígrados.

12. SISTEMA INGLÊS DE MEDIDAS (S.I.M.)

É o sistema de medidas usado nos Estados Unidos e na Inglaterra.

a) Unidade de comprimento

Algumas dessas unidades foram construídas tomando-se como modelos as dimensões de certas partes corporais do homem: braço, pé, polegar etc.

A jarda (*yard*, em inglês), símbolo: yd – corresponde ao comprimento da distância entre o nariz e o polegar da mão direita, quando uma pessoa estica o braço direito (91,94 cm).

O pé (*foot*, em inglês), símbolo: ft – tem sua origem, segundo se conta, em um decreto do rei Eduardo III da Inglaterra (1324) o qual determinava que a unidade do comprimento a ser adotada em todo o império seria exatamente expressa pela medida do seu pé (30,48 cm).

A polegada (*inch*, em inglês), símbolo: in – corresponde à medida do polegar da mão direita (2,54 cm).

Temos a seguir, parte das tabelas fornecidas pela legislação metrológica:

Nomes		Símbolo	Valores em Jardas	Valores aproximados em metros
Inglês	Português			
1 *yard*	uma jarda	yd	1 yd	0,9144018 m
1 *foot*	um pé	ft	$\frac{1}{3}$ yd	0,3048006 m
1 *inch*	uma polegada	in	$\frac{1}{36}$ yd	0,0254005 m
1 *mile*	uma milha	mi	1.760 yd	1.609,3472000 m

Observações:

1º) Conversões do S.M.D. ao S.I.M.

$1m = \dfrac{1}{0,9144018} yd = 1,0936111 yd$, da mesma forma

$1m \cong 3,28 ft$

$1m \cong 39,37 in$

$1m \cong 0,0006215 mi$ ou $1 km = 0,6215 mi$

2º)

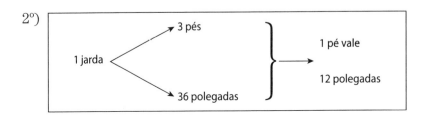

b) Unidade de superfície (inglesa)

Nomes		Símbolo em inglês	Valores em unidades brasileiras
Inglês	**Português**		
square inch	polegada quadrada	sq. in.	6,4516 cm²
square foot	pé quadrado	sq.ft.	9,2103 dm²
square yard	jarda quadrada	sq.yd.	0,836126 m²
square mile	milha quadrada	sq. mi.	259,00 ha

Obs.: $(1.609,3 \text{ m})^2 = 2.589.846,4 \text{ m}^2$

$10.000 \text{ m}^2 = 1 \text{ ha}$

$\dfrac{2.589.846,4 \text{ m}^2}{10.000} \rightarrow 258,984 \text{ ha} \cong 259 \text{ ha}$

c) Unidades de volume (inglesa)

Nomes		Símbolo em inglês	Valores em unidades brasileiras
Inglês	**Português**		
cubic inch	polegada cúbica	cu. in.	16,387 cm³
cubic foot	pé cúbico	cu.ft.	0,028317 m³
cubic yard	jarda cúbica	cu.yd.	0,764553 m³

d) Unidades de capacidade (norte-americana)

Nomes		Símbolo em inglês	Valores aproximados em litros
Inglês	**Português**		
1 liquid quart	uma quarta	liq. qt.	0,946 l
1 gallon	um galão	gal.	3,785 l

e) Unidade de massa (inglesa e norte-america)

Nomes		Símbolo em inglês	Valores aproximados em gramas ou *Kg*
Inglês	**Português**		
1 ounce	uma onça	oz.	28,350 *g*
1 pound	uma libra	lb.	453,592 *g*
1 ton	uma tonelada	tn.	1.016 *Kg*

f) Moeda Inglesa

A unidade é a libra esterlina cujo símbolo é £.

A libra esterlina equivale a 20 shillings (sh) e o *shilling*, a 12 *pence* (d), *pence* também é chamado **dinheiro**, razão porque é abreviado por d; *pence* é o plural de *penny*.

Logo, a libra esterlina tem 240 pence.

Temos, então o seguinte quadro:

Unidade	Símbolos	Valores
Libra esterlina	£	1
Shilling	sh	$\dfrac{1}{20}£$
Penny	d	$\dfrac{1}{12}sh$

Exemplo:

A representação de 8 libras, 15 *shillings* e 6 *pence* é feita do seguinte modo: £ 8 – 15 – 6

13. GRAU FAHRENHEIT

O **grau Fahrenheit** (símbolo: °F) é uma escala de temperatura proposta por Daniel Gabriel Fahrenheit, em 1724. Nesta escala o ponto de fusão da água é de 32 °F e o ponto de ebulição de 212 °F. Uma diferença de 1,8 grau Fahrenheit equivale à de 1 °C.

Essa escala foi utilizada principalmente pelos países que foram colonizados pelos britânicos, mas seu uso atualmente se restringe a poucos países de língua inglesa, como os Estados Unidos e Belize.

Para uso científico, há uma escala de temperatura, chamada de **Rankine**, que leva o marco zero de sua escala ao zero absoluto e possui a mesma variação da escala Fahrenheit, existindo portanto, correlação entre a escala de Rankine e grau Fahrenheit do mesmo modo que existe correlação das escalas **Kelvin** e **grau Celsius**.

Fórmulas de conversão de graus Fahrenheit:		
Conversão de	**para:**	**Fórmula**
grau Fahrenheit	Celsius	°C = (°F – 32)/1,8
grau Celsius	grau Fahrenheit	°F = °C × 1,8 + 32
grau Fahrenheit	Kelvin	K = (°F + 459,67) / 1,8
Kelvin	grau Fahrenheit	°F = K × 1,8 – 459,67
grau Fahrenheit	Rankine	°Ra = °F + 459,67
Rankine	grau Fahrenheit	°F = °Ra – 459,67
grau Fahrenheit	Réaumur	°Ré = (°F – 32) / 2,25
Réaumur	grau Fahrenheit	°F = °Ré × 2,25 + 32

ATENÇÃO[6]

- Não diga "a grama", mas "o grama".
- Não escreva 3 m, 25 mas 3,25 m.
- Não coloque o símbolo no alto, como se fosse expoente, mas na mesma linha do número: 3 km. Esta regra só admite exceção no caso de unidades de temperatura e tempo e das unidades sexagesimais de ângulo.
- Não separe por ponto, mas por vírgula, a parte inteira da decimal: 3,35 m e não 3.35 m.
- Não coloque ponto após o símbolo das unidades: escreva 3 g, 4 m, e não 3 g e 4 m.
- Não pluralize os símbolos de medidas, isto é, não escreva 3 gs, 4 ts, mas 3 g e 4 m.
- Não escreva cc, mas cm^3, para centímetro cúbico.
- Não fale mais em "mirâmetro" para designar 10 quilômetros.
- Os minutos e os segundos relativos a tempo devem ser representados por m (ou min) e s, e não por ′ e ″. Assim, escreva 5 h 10 m 7 s ou 5 h 10 min 7 s e não 5 h 10 ′ 7″.
- Não fale em "milhas", "polegadas", "libras", "pés", "graus Fahrenheit". Quando tiver de traduzir escritos em que apareçam essas medidas, converta-os ao sistema métrico decimal.

  A inobservância da legislação metrológica é mais do que infração. É prova de ignorância e falta de brasilidade.

Prefixos dos múltiplos e submúltiplos decimais das unidades internacionais de medida[7]

Fator pelo qual a unidade é multiplicada		Prefixo a antepor ao nome da unidade	Símbolo a antepor ao da unidade
1.000.000.000.000	$= 10^{12}$	tera	T
1.000.000.000	$= 10^{9}$	giga	G
1.000.000	$= 10^{6}$	mega	M
1.000	$= 10^{3}$	quilo	k
100	$= 10^{2}$	hecto	h
10	$= 10^{1}$	deca	da
0,1	$= 10^{-1}$	deci	d
0,01	$= 10^{-2}$	centi	c
0,001	$= 10^{-3}$	mili	m
0, 000 001	$= 10^{-6}$	micro	μ
0,000 000 001	$= 10^{-9}$	nano	n
0,000 000 000 001	$= 10^{-12}$	pico	p

continua

---

[6] Transcrito de Reis J. Trabalho publicado – por ocasião das comemorações do *centenário* do uso do Sistema Métrico Decimal no Brasil (26 de junho de 1962). *Folha de São Paulo.*, 17 jun. 1962.

[7] Reunião da Comissão Internacional de Pesos e Medidas, Paris, outubro de 1962.

continuação

Fator pelo qual a unidade é multiplicada		Prefixo a antepor ao nome da unidade	Símbolo a antepor ao da unidade
0, 000 000 000 000 001	= 10^{-15}	femto	f
0,000 000 000 000 000 001	= 10^{-18}	atto	a

Ex: 5 Gm (lê-se: cinco *gigâmetros*) = 5 × 1.000.000.000 m = 5.000.000.000 m 26 pl (lê=se: vinte e seis *picolitros*) = 26 × 0,000 000 000 001 l = 0,000 000 000 026 l.

14. NOVE FORA

CÁLCULO ARITMÉTICO

A aritmética é a parte da matemática que estuda as operações numéricas. O termo aritmética provém do grego *arithmós* que se refere aos números.

Ouve-se muito em rádios e televisões a expressão "Prova dos nove" embora, provavelmente muitos não saibam o seu significado.

Trata-se de uma técnica de verificação simples dos resultados das operações elementares de adição, subtração, multiplicação, divisão, extração da raiz quadrada exata ou não de números inteiros.

Baseia-se no seguinte conceito matemático:

"Se x e x', respectivamente, y e y' têm o mesmo resto módulo 9, então $x + y$ e x'+ y', $x - y$ e x' – y', xy e x'y' também o têm"

Se o resultado fosse discrepante, concluiríamos que um erro fora cometido. Todavia, alguns erros, como por exemplo, a falta de um ou mais dígitos cuja **soma** de seus valores seja múltiplo de 9 ou erro de permutação dos dígitos, não alteram o resultado final do módulo. Isto faz com que um resultado da prova dos nove não garanta que o cálculo esteja correto.

Essa técnica é útil para apontar a maioria dos erros aleatórios, mas não todos.

14.1 TÉCNICA

Adicionam-se os valores dos 2 dígitos (algarismos) do número dado,

a)   se a soma resultar no número < 9 → adiciona-se valor do dígito seguinte,

b)   se a soma resultar no número = 9 → associa-se zero, isto é "9 fora",

c)   se a soma resultar número > 9 → adicionam-se os valores desses 2 dígitos

e assim sucessivamente até o último dígito do número dado. O resultado final de um dígito será o "9 fora" ou o resto do módulo 9.

Exemplos: Determinar o "9 fora" (ou o resto da divisão do número por 9) dos seguintes números.

1°) $45 \to 4+5 = 9 \to 0$

$$45 \underline{\big|9}$$
$$0 \ 5$$

2°) $1284281 \to 1 + 2 = 3$

$$3 + 8 = 11$$
$$1 + 1 = 2$$
$$2 + 4 = 6$$
$$6 + 2 = 8$$
$$8 + 8 = 16$$
$$1 + 6 = 7$$
$$\to 7 + 1 = 8$$

$$12.84.281 \underline{\big|9}$$
$$38 \qquad 142.697$$
$$24$$
$$62$$
$$88$$
$$71$$
$$8 \longleftarrow \text{resto}$$

14.2 PROVA DOS NOVE

Aplicar a prova dos nove nas seguintes operações:

1°)
$$\left.\begin{array}{r} 38 \\ 72 \\ + 51 \\ \hline 161 \end{array}\right\} \to \begin{array}{r} 8 \\ \hline 8 \end{array} \quad \text{certo}$$

2°)
$$\begin{array}{c} 7 + 8 \\ \hline 78 \\ \left.\begin{array}{r} -29 \\ \hline 49 \end{array}\right\} \quad \begin{array}{c} 6 \\ \hline 6 \end{array} \end{array} \Leftrightarrow \begin{array}{c} \left.\begin{array}{r} 49 \\ + 29 \end{array}\right\} \quad \begin{array}{c} 6 \\ \hline 6 \end{array} \quad \text{certo} \\ 78 \longrightarrow 6 \end{array}$$

3°)
$$\begin{array}{r} 105 \\ \times 28 \\ \hline 840 \\ 210 \\ \hline 2.940 \end{array} \to \begin{array}{c} 6 \big| 6 \quad \text{certo} \\ \times 1 \big| 6 \end{array}$$

4°) 341 →   56
   × 232 →   (8 | 2   certo
     682   ×7 | 2
    1.023
     682
   79.112

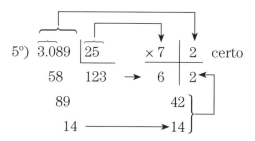

5°) 3.089 | 25   ×7 | 2   certo
  58   123 →   6 | 2
    89   42
     14 ————→ 14

15. RAIZ QUADRADA

15.1 CONCEITO

Sabemos que $5^2 = 5 \times 5 = 25$. Podemos agora inverter o problema, ou seja, dado o número 25, determinar o número cuja potência seja 25, isto é procurar uma técnica de cálculo que permita calcular 5. Neste caso, 5 é denominada raiz quadrada de 25 e se indica $5 = \sqrt{25}$ ou $\sqrt{25} = 5$ e a operação é denominada extração da raiz quadrada. Diremos que 25 é um quadrado perfeito e 5 é a raiz exata. Logo:

    Extrair a raiz quadrada de um número que é quadrado perfeito é determinar o número cujo quadrado é o número dado.

$$\text{Ex: } \sqrt{25} = 5 \Leftrightarrow 5^2 = 25$$

No caso de um número não quadrado perfeito, temos:

    A raiz quadrada por **falta** é o MAIOR número cujo quadrado é MENOR que o número dado; a raiz quadrada por **excesso** é o MENOR número cujo quadrado é MAIOR que o número dado.

Exemplo:

1) $\sqrt{28} \cong 5$ = resposta com erro por falta

   $5^2 = 25$, $28 - 25 = 3$ = resto

   logo $\sqrt{28} \cong 5 \Leftrightarrow 5^2 + 3 = 28$

Apêndice 1

2) $\sqrt{28} \cong 6 = $ resposta com erro por excesso

$6^2 = 36, 36 - 28 = 8 = $ excesso

logo $\sqrt{28} \cong 6 \Leftrightarrow 6^2 - 8 = 28$

Observação

Quando não se diz nada a respeito do erro, entende-se que é por falta.

15.2 TÉCNICA PARA EXTRAIR A RAIZ QUADRADA DE UM NÚMERO INTEIRO

Apresentaremos a técnica de extração de raiz quadrada através de exemplos numéricos.

1º) $\sqrt{5246}$

a) a raiz quadrada de 5246 possui dois algarismos, pois é a metade do número de algarismos, isto é, 4 algarismos divididos por 2; separa-se o número 5246 em classes de dois algarismos, da direita para a esquerda.

b) Cálculo de 1º algarismo, mentalmente, por falta $\sqrt{52} \cong 7$

$$\sqrt{52 \cdot 46} = (10x + y) \Leftrightarrow (10x + y)^2 = 52 \cdot 46$$

$$\downarrow \qquad\qquad (10x)^2 + 2(10x)y + y^2 = 5246$$

$$\sqrt{52} \cong 7 \qquad (10x)^2 + [2(10x) + y]y = 4900 + 346$$

$$\Rightarrow \begin{cases} (10x)^2 = 4900 \Rightarrow 10x = 70 \to x = 7 \\ [2(10x) + y]y = 346 \xrightarrow{x\,=\,7} 20 \cdot 7 \cdot y + y^2 \\ = 346 \to \end{cases}$$

$$\to 140y \le 346$$

$$y \le \frac{346}{140}$$

$$y \le 2,47$$

$$\therefore \qquad\qquad y = 2$$

$$\sqrt{52.46} = (10x + y)$$

$$= 10.7 + 2$$

$$= 72 \Leftrightarrow 72^2 = 5184, \; 5246 - 5184 = 62 = \text{resto}$$

$$\therefore \sqrt{5246} \cong 72 \Leftrightarrow 72^2 + 62 = 5246 = \text{radicando}$$

Dispositivo prático:

a)
$$
\begin{array}{r|l}
\sqrt{52.46} & (10x + y) \\
\hline
-49\,00 & (10x)^2 = 4900 \to x = 7 \\
\hline
346 & [2(10x) + y]\,y = \\
 & [2.(10.7) + 2]\,2 = 284 \\
\hline
-284 & \\
\hline
62 & \\
\end{array}
$$

b) $\sqrt{5246} \to$ separa-se o número em classes de dois algarismos da direita para a esquerda: 52 . 46. A primeira classe da esquerda é o único que pode ter apenas um algarismo.

c) Acha-se a raiz quadrada da primeira classe à esquerda, isto é: $\sqrt{52} \cong 7$. Este resultado vai ser o primeiro algarismo à esquerda da raiz procurada, o qual se chama a primeira raiz achada.

d) Subtrai-se de 52 o quadrado de 7, isto é $52 - 7^2 = 3$ que é o primeiro resto.

e) Coloca-se ao lado do resto 3 a segunda classe, 46, e separa-se o último algarismo da direita do número formado 34.6.

f) Divide-se 34 pelo dobro da primeira raiz achada $34 \div (2 \times 7) \cong 2$, que é o segundo algarismo da raiz, então 72 é a raiz calculada.

g) Coloca-se 2 à direita do dobro da primeira raiz achada, o que dá 142 e multiplica-se 142 por 2; a seguir, subtrai-se o resultado de 346, ou seja $346 - 284 = 62$. Se acontecer de o subtraendo da última operação ser maior que o minuendo, diminui-se o valor do segundo algarismo de uma unidade, e repete-se a operação.

Repetem-se as operações anteriores com a terceira classe e com as seguintes, quando houver.

O dispositivo prático é o que segue:

(prova dos nove)

$$5 + 2 = 7 \to 7 + 4 = 11 \to 1 + 1 = 2 \to 2 + 6 = 8$$

$$7 + 2 = 9 \to 0$$

$$
\begin{array}{r|l}
\sqrt{52.46} & 72 \\
\hline
-49 & 7^2 = 49 \\
\hline
34.6 & 7 \times 2 = 14 \\
 & 34 : 14 \cong \underline{2} \\
\hline
-284 & 142 \times 2 = 284 \\
\hline
62 \to 620 & \\
\end{array}
$$

$\times$ 0 | 8 certo

repete-se $\to$ 0 | 8

$0 = 0 \times 0$

Prova real $\therefore$ $\sqrt{52.46} \cong 72$ $\Longleftrightarrow$ $72^2 + 62 = 5184 + 62 = 5246$

Resto $= 62$

radicando

raiz aproximada por falta

2°) $\sqrt{675} = 10x + y \leftrightarrow (10x + y)^2 + \text{resto} = 675$

$\sqrt{6} \cong 2$ $\qquad (10x)2 + 2(10x)\,y + y2 = 675$

$\qquad (10x)^2 + [2(10x) + y]\,y = 400 + 275$

$$\Rightarrow \begin{cases} (10x)^2 = 400 \Rightarrow 10x = 20 \Rightarrow x = 2 \\ [2(10x) + y]y = 227 \xrightarrow{\;x\,=\,2\;} [2(10.2) + y]y = 275 \rightarrow \\ \rightarrow 40y + y^2 = 275 \rightarrow y \leq \dfrac{275}{40} \cong 6 \end{cases}$$

$\therefore x = 2$ e $y \cong 6$, temos

$[2(10x) + y]\,y = [2 \cdot 10 \cdot 2 + 6]\,6 = 46 \times 6 = 276 > 275$

$\sqrt{675} = 10x + y = 10 \times 2 + 6 \leftrightarrow 26^2 = 676\ > 675$

$\downarrow$

Baixamos y de 1 unidade, $y = 5$

$\therefore \sqrt{675} = 10\,x + y = 10 \cdot 2 + 5 = 25$

$6 + 7 = 13 \rightarrow 1 + 3 = 4 \rightarrow 4 + 5 = 9 \rightarrow 0$

$\sqrt{675}$	25			
-4	$2^2 = 4$	$\times$	$7\;\vert\;0$	certo
$27 \cdot 5$	$2 \times 2 = 4$		$7\;\vert\;0$	
	$27 \cdot 4 \cong 6 \rightarrow 5$			
-225	$45 \times 5 = 225$			
50	$4 \leftarrow 49$			
	$504 \rightarrow 9 \rightarrow 0$			

Prova Real

$$\sqrt{675}\ =\ 25\ \Longleftrightarrow\ 25^2 + 50 = 625 + 50 = 675 = \text{radicando}$$

15.3 PROPRIEDADE DO RESTO

O resto é sempre menor ou igual ao dobro da raiz. Assim:

$$1°) \left.\begin{array}{l} \sqrt{5246} \cong 72 \\ \text{resto} = 62 \end{array}\right\} 62 < 2 \times 72 \qquad 2°) \left.\begin{array}{l} \sqrt{675} \cong 25 \\ \text{resto} = 50 \end{array}\right\} 50 \leq 2 \times 25$$

16. RAIZ CÚBICA

16.1 CONCEITO

Sabemos o que significa 5^3, isto é: $5^3 = 5 \times 5 \times 5 = 125$. Vamos inverter o problema, determinar o número cuja potência é 125, isto é, 5.

O número 5 se chama raiz cúbica de 125, e se indica $5 = \sqrt[3]{125}$, e se lê 5 é raiz cúbica de 125. A operação que se executa para obter a raiz cúbica é denominada extração da raiz cúbica. Quando existe a raiz cúbica, como em 8, 27, 64, 125, 216 etc. Diz-se que o número é cubo perfeito e o resultado é raiz exata.

Quando o número não é cubo perfeito, temos raiz cúbica aproximada com erro por falta ou por excesso.

Quando nada se diz, entende-se se sempre que a raiz é obtida por falta.

Resumindo, temos:

16.1.1 Número cubo perfeito

Extrair a raiz cúbica de um número **cubo perfeito** é determinar o número cujo cubo é o número dado.

$$Ex: \sqrt[3]{8} = 2 \Leftrightarrow 2^3 = 8$$
$$\uparrow$$
$$\text{cubo perfeito}$$

16.1.2 Número não cubo perfeito

Extrair a raiz cúbica de um número **não cubo perfeito**, por falta, é determinar o **maior** número cujo cubo é **menor** que o número dado; por excesso, é determinar o **menor** número cujo cubo é **maior** que o número dado.

16.1.3 Propriedade do resto

O **resto** é sempre **menor** ou **igual** a 3 vezes o quadrado da raiz mais 3 vezes a raiz.

16.2 TÉCNICAS PARA EXTRAIR A RAIZ CÚBICA DE UM NÚMERO INTEIRO

Apresentaremos a técnica de extração da raiz cúbica por meio de exemplos numéricos.

1°) $\quad\sqrt[3]{512} = 8 \Leftrightarrow 8^3 = 8 \times 8 \times 8 = 512$

cubo perfeito   raiz exata

2°) $\sqrt[3]{26498}$

a) Separamos o número, a partir da direita, em classes de três algarismos, isto é, 26.498. A primeira classe à esquerda é a única que pode ter menos de 3 algarismos.

b) Determina-se maior cubo contido em 26, isto é, 8, $\sqrt[3]{8} = 2$, 2 é o primeiro algarismo da raiz procurada, ou **primeira raiz**. Subtrai-se 8 de 26, e coloca-se à direita do resto 18 a classe seguinte, isto é, obtém se 18.498.

c) Separam-se os dois últimos algarismos da direita deste número e tem-se: 184.98.

d) Divide-se o número à esquerda 184 pelo triplo do quadrado da primeira raiz, isto é, por $3 \times 2^2 = 12$, o que dá 9, pois não se usa número maior que 9, $184 \div 12 \cong 15{,}33 \to 9$

e) Coloca-se 9 à direita de 2, obtém-se 29 (segunda raiz). Como não há mais classes, a raiz é 29 e o resto é $26498 - 29^3 = 26.498 - 24.389 = 2.109$

f) Justifiquemos a técnica de Cálculo da raiz cúbica:

$\sqrt[3]{26498} = (10x + y) \Leftrightarrow (10x + y)^3 = 26498$, desenvolvendo o cubo temos:

$$(10x)^3 + 3(10x)^2y + 3(10x)y^2 + y^3 = 26498$$

Vamos decompor 26.498 em duas parcelas de modo que a primeira parcela seja potência da primeira raiz

$$\sqrt[3]{8} = 2 \to (2 \times 10)^3 = (20)^3 = 8000$$

$$26498 - 8000 = 18498$$

$$(10x)^3 + 3(10x)^2y + 3(10x)y^2 + y^3 = \overbrace{8000 + 18498}$$

$$\Rightarrow (10x)^3 = 8000 \to (10x)^3 = (20)^3 \to x = 2 \text{ e}$$

$$\Rightarrow 3(10x)^3y + 3(10x)y^3 + y^3 = 18948$$

$$para \; x = 2 \to 3(10 \cdot 2)^2 y \leq 18498$$

$$y \leq \frac{18.498}{1200} \cong 15{,}42$$

$$\therefore \qquad\qquad \therefore y = 9$$

$$\sqrt[3]{26498} = (10x + y) = (10 \cdot 2 + 9) = 29 + resto$$

Temos, então o seguinte dispositivo prático primeira $\therefore \sqrt[3]{8} = 2 = $ raiz

$\sqrt[3]{26498}$	29
-8	$2^3 = 8$
18498	$3(10x)^2 y = 3 \times 20^2 \times 9 \quad = 10.800$
$-\ 16389$	$3(10x)y^2 = 3 \times 10 \times 2 \times 9^2 = \ 4860$
02109	$y^3 = 9^3 \qquad\qquad = +\ 729$

$\underline{1.6389}$

$\uparrow$
resto

Prova real:

$\sqrt[3]{26498} = 29 \Leftrightarrow 29^3 + 2109 =$

$2109 \qquad = 24389 + 2109 =$

$\qquad\qquad = 26498 \ = \ $ radicando; certo

Prova dos nove

(raiz) 29

$\times$

$2 \mid 2 \longleftarrow 26.498$ (radicando);

$2^2 \mid 2 \longleftarrow$

certo

$2 \times 2^2 = 8 \rightarrow 8 \ \underbrace{2.109 \rightarrow 2}_{\text{resto}}$

ÁLGEBRA

EXPOENTES E RADICAIS

$$a^m a^n = a^{m+n} \qquad \frac{a^m}{a^n} = a^{m-n} \qquad \sqrt[n]{\frac{a}{b}} = \frac{\sqrt[n]{a}}{\sqrt[n]{b}}$$

$$\left(a^m\right)^n = a^{mn} \qquad a^{m/n} = \sqrt[n]{a^m} = \left(\sqrt[n]{a}\right)^m \qquad \sqrt[m]{\sqrt[n]{a}} = \sqrt[mn]{a}$$

$$(ab)^n = a^n b^n \qquad \sqrt[n]{ab} = \sqrt[n]{a}\sqrt[n]{b} \qquad a^{-n} = \frac{1}{a^n}$$

$$\left(\frac{a}{b}\right)^n = \frac{a^n}{b^n}$$

VALOR ABSOLUTO (d > 0)

$|x| < d$ se e só se $-d < x < d$ $\qquad$ $|x| > d$ se e só se $x > d$ ou $x < -d$

$|a+b| \leq |a|+|b|$ (desigualdade do triâgulo) $\qquad$ $-|a| \leq a \leq |a|$

DESIGUALDADES

Se $a > b$ e $b > c$, então $a > c$ $\qquad$ Se $a > b$ e $c > 0$, então $ac > bc$

Se $a > b$, então $a+c > b+c$ $\qquad$ Se $a > b$ e $c < 0$, então $ac < bc$

FÓRMULA QUADRÁTICA

Se $a \neq 0$, as raízes de $ax^2 + bx + c = 0$ são $x = \dfrac{-b \pm \sqrt{b^2 - 4ac}}{2a}$

LOGARITMOS

$y = \log_a x$ significa $a^y = x$ $\log_a x^r = r \log_a x$ $\log x = \log_{10} x$

$\log_a xy = \log_a x + \log_a y$ $\log_a 1 = 0$ $\ln x = \log_e x$

$\log_a \dfrac{x}{y} = \log_a x - \log_a y$ $\log_a a = 1$

TEOREMA BINOMINAL

$$(x+y)^n = x^n + \binom{n}{1} x^{n-1} y + \binom{n}{2} x^{n-2} y^2 + \cdots + \binom{n}{k} x^{n-k} + \ldots + y^n$$

onde $\binom{n}{k} = \dfrac{n!}{k!(n-k)!}$

FÓRMULAS DA GEOMETRIA

Área A; circunferência C; volume V; área de uma superfície curva S; altura h; raio r.

Triângulo retângulo

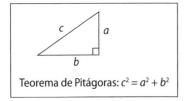

Retângulo

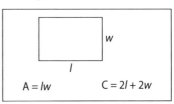

Triângulo

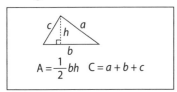

Paralelogramo

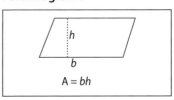

Triângulo equilátero

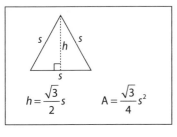

Trapezóide

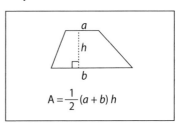

Círculo

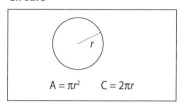

Setor circular

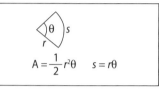

Coroa circular

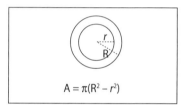

Caixa retangular

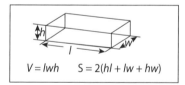

Esfera

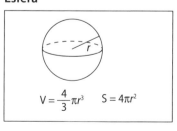

Cilindro circular reto

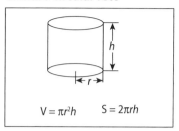

Cone circular reto

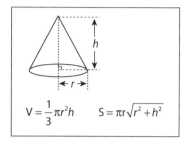

Tronco de cone

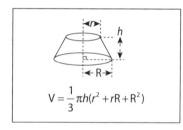

Prisma

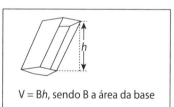

TRIGONOMETRIA

Funções trigonométricas de ângulos agudos

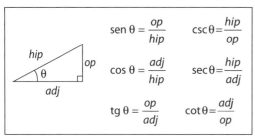

De ângulos arbitrários

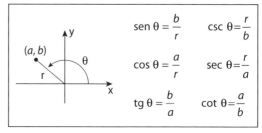

De números reais

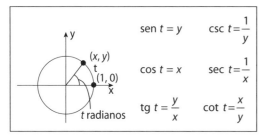

Triângulos especiais

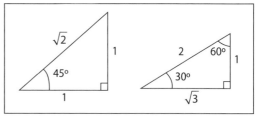

IDENTIDADES TRIGONOMÉTRICAS

$$\csc t = \frac{1}{\operatorname{sen} t}$$

$$\sec t = \frac{1}{\cos t}$$

$$\cot t = \frac{1}{\operatorname{tg} t}$$

$$\operatorname{tg} t = \frac{\operatorname{sen} t}{\cos t}$$

$$\cot t = \frac{\cos t}{\operatorname{sen} t}$$

$$\operatorname{sen}^2 t + \cos^2 t = 1$$

$$1 + \operatorname{tg}^2 t = \sec^2 t$$

$$1 + \cot^2 t = \csc^2 t$$

$$\operatorname{sen}(-t) = -\operatorname{sen} t$$

$$\cos(-t) = \cos t$$

$$\operatorname{tg}(-t) = -\operatorname{tg} t$$

$$\operatorname{sen}(u+v) = \operatorname{sen} u \cos v + \cos u \operatorname{sen} v$$

$$\cos(u+v) = \cos u \cos v - \operatorname{sen} u \operatorname{sen} v$$

$$\operatorname{tg}(u+v) = \frac{\operatorname{tg} u + \operatorname{tg} v}{1 - \operatorname{tg} u \operatorname{tg} v}$$

$$\operatorname{sen}(u-v) = \operatorname{sen} u \cos v - \cos u \operatorname{sen} v$$

$$\cos(u-v) = \cos u \cos v + \operatorname{sen} u \operatorname{sen} v$$

$$\operatorname{tg}(u-v) = \frac{\operatorname{tg} u - \operatorname{tg} v}{1 + \operatorname{tg} u \operatorname{tg} v}$$

$$\operatorname{sen} 2u = 2\operatorname{sen} u \cos u$$

$$\cos 2u = \cos^2 u - \operatorname{sen}^2 u = 1 - 2\operatorname{sen}^2 u = 2\cos^2 u - 1$$

$$\operatorname{tg} 2u = \frac{2\operatorname{tg} u}{1-\operatorname{tg}^2 u} \qquad \cos^2 u = \frac{1+\cos 2u}{2}$$

$$\left|\operatorname{sen}\frac{u}{2}\right| = \sqrt{\frac{1-\cos u}{2}} \qquad \operatorname{sen} u \cos v = \frac{1}{2}\big[\operatorname{sen}(u+v)+\operatorname{sen}(u-v)\big]$$

$$\left|\cos\frac{u}{2}\right| = \sqrt{\frac{1+\cos u}{2}} \qquad \cos u \cos v = \frac{1}{2}\big[\operatorname{sen}(u+v)-\operatorname{sen}(u-v)\big]$$

$$\operatorname{tg}\frac{u}{2} = \frac{1-\cos u}{\operatorname{sen} u} = \frac{\operatorname{sen} u}{1+\cos u} \qquad \cos u \cos v = \frac{1}{2}\big[\cos(u+v)+\cos(u-v)\big]$$

$$\operatorname{sen}^2 u = \frac{1-\cos 2u}{2} \qquad \operatorname{sen} u \operatorname{sen} v = \frac{1}{2}\big[\operatorname{sen}(u-v)-\cos(u+v)\big]$$

GEOMETRIA ANALÍTICA

Fórmula da distância

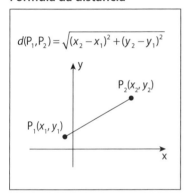

Equação de uma circunferência

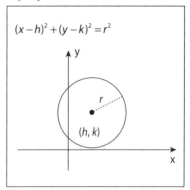

Forma ponto-coeficiente angular

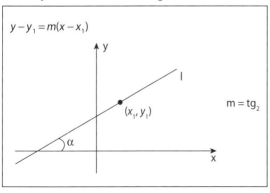

Coeficiente angular de uma reta

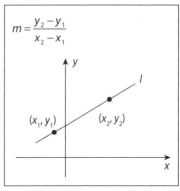

Forma coeficiente angular-intercepto

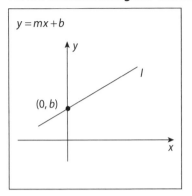

Gráfico de uma função quadrática

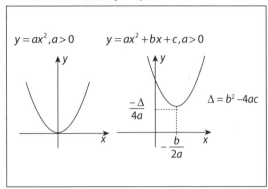

Se $\Delta \geq 0$, então $x = \dfrac{-b \pm \sqrt{b^2 - 4ac}}{2a}$ tem raízes reais

Se $\Delta < 0$, não existem raízes reais.

ALFABETO GREGO

Maiúsculas	Minúsculas	Seu significado	Nome
A	α	a	Alfa
B	β	b	Beta
Γ	γ	g	Gama
Δ	δ	d	Delta
E	ε	e	Épsilon
Z	ζ	z	Zeta
H	η	ê	Eta
Θ	θ	t	Téta
I	ι	j	Iota
K	κ	ka	Capa
Λ	λ	l	Lambda
M	μ	m	Miu
N	ν	n	Niu
Ξ	ξ	x	Csi
O	ο	0	Omicron
Π	π	p	Pi
P	ρ	r	Ró
Σ	σ	s	Sigma
T	τ	t	Tau
Y	υ	u	Upsilon
Φ	φ	f	Fi
X	χ	qu	Chi
Ψ	ψ	os	Psi
Ω	ω	ô	Omega

ALFABETO JAPONÊS

SISTEMA HEPBURN

H = Hiragana   **K** = Katakana   **L** = Alfabeto Latino

H/K/L							H/K/L			
あ ア **a**	い イ **i**	う ウ **u**	え エ **e**	お オ **o**		きゃ キャ **kya**	きゅ キュ **kyu**	きょ キョ **kyo**
か カ **ka**	き キ **ki**	く ク **ku**	け ケ **ke**	こ コ **ko**		しゃ シャ **sha**	しゅ シュ **shu**	しょ ショ **sho**
さ サ **sa**	し シ **shi**	す ス **su**	せ セ **se**	そ ソ **so**		ちゃ チャ **cha**	ちゅ チュ **chu**	ちょ チョ **cho**
た タ **ta**	ち チ **chi**	つ ツ **tsu**	て テ **te**	と ト **to**		にゃ ニャ **nya**	にゅ ニュ **nyu**	にょ ニョ **nyo**
な ナ **na**	に ニ **ni**	ぬ ヌ **nu**	ね ネ **ne**	の ノ **no**		ひゃ ヒャ **hya**	ひゅ ヒュ **hyu**	ひょ ヒョ **hyo**
は ハ **ha**	ひ ヒ **hi**	ふ フ **fu**	へ ヘ **he**	ほ ホ **ho**		みゃ ミャ **mya**	みゅ ミュ **myu**	みょ ミョ **myo**
ま マ **ma**	み ミ **mi**	む ム **mu**	め メ **me**	も モ **mo**		りゃ リャ **rya**	りゅ リュ **ryu**	りょ リョ **ryo**
や ヤ **ya**		ゆ ユ **yu**		よ ヨ **yo**		ぎゃ ギャ **gya**	ぎゅ ギュ **gyu**	ぎょ ギョ **gyo**
ら ラ **ra**	り リ **ri**	る ル **ru**	れ レ **re**	ろ ロ **ro**		じゃ ジャ **ja**	じゅ ジュ **ju**	じょ ジョ **jo**
わ ワ **wa**		を ヲ **o**		ん ン **n**		びゃ ビャ **bya**	びゅ ビュ **byu**	びょ ビョ **byo**
が ガ **ga**	ぎ ギ **gi**	ぐ グ **gu**	げ ゲ **ge**	ご ゴ **go**		ぴゃ ピャ **pya**	ぴゅ ピュ **pyu**	ぴょ ピョ **pyo**
ざ ザ **za**	じ ジ **ji**	ず ズ **zu**	ぜ ゼ **ze**	ぞ ゾ **zo**				
だ ダ **da**	ぢ ヂ **ji**	づ ヅ **zu**	で デ **de**	ど ド **do**				
ば バ **ba**	び ビ **bi**	ぶ ブ **bu**	べ ベ **be**	ぼ ボ **bo**				
ぱ パ **pa**	ぴ ピ **pi**	ぷ プ **pu**	ぺ ペ **pe**	ぽ ポ **po**				

Os sons longos foram indicados com mácron (–) sobre as vogais:

ā ī ū ē ō

Fonte: Adaptado do dicionário Michaelis – Dicionário prático Japonês – português.

一	二	三	四	五	六	七	八	九	十
↓	↓	↓	↓	↓	↓	↓	↓	↓	↓
ichi	ni	san	shi	go	roku	shichi	hachi	kyuu	jyuu

A ESCRITA JAPONESA

Para expressar graficamente a língua japonesa, são utilizados três tipos de grafia: kanji, hiragana e katakana.

Kanji é o ideograma, ou seja, o símbolo que expressa uma ideia. É de origem chinesa, e foi introduzido no Japão antes do século V.

Hiragana e katakana são fonogramas criados no Japão depois do século IX, tendo por origem o KANJI. Servem para expressar as sílabas e são destituídos de significado.

O katakana originou-se de uma parte componente do kanji.
Ex:

$$\begin{array}{ccc} 加 & \rightarrow & カ \\ (KA) & & (KA) \\ 久 & \rightarrow & ク \\ (KU) & & (KU) \end{array}$$

O hiragana originou-se da forma cursiva do kanji.
Ex:

$$\begin{array}{l} 加 \rightarrow \; かゝ \rightarrow \; か \\ (KA) \quad\quad\quad\quad\quad (KA) \\ 太 \rightarrow \; た \rightarrow \; た \\ (TA) \quad\quad\quad\quad\quad (TA) \end{array}$$

Ao lado desses três sistemas de escrita utiliza-se o sistema romaji, ou seja, a transliteração dos sons da língua japonesa, para o nosso alfabeto.
Ex:

にほん → nihon   わたし → watashi

Hiragana

Katakana

Ex:

口 = kuti　目 = me　耳 = mimi　手 = te　足 = ashi
　↓　　　　↓　　　　↓　　　　↓　　　　↓
　boca　　olho　　orelha　　mão　　　pé

árvore　cachorro　em cima　em baixo　dentro　rio

REFERÊNCIAS BIBLIOGRÁFICAS

1. BARBONI, Ayrton; PAULETTE, Walter. *Cálculo e análise.* Rio de Janeiro: LTC, 2007, 290 p.

2. BOULOS, Paulo. *Pré-Cálculo.* São Paulo: Makron Broks, 1999, 101 p.

3. BOYER, Carl Benjamin. *História da Matemática.* tradução: Elza F. Gomide. São Paulo: Edgard Blücher, Editora da Universidade de São Paulo, 1974, 488 p.

4. CASTRUCCI, Benedito. *Elementos de Teoria dos Conjuntos.* Grupo de Estudos do Ensino da Matemática G. E. E. M., São Paulo: Livraria Nobel S/A Editora Distribuidora, 1973, 130 p.

_____; LIMA FILHO, Geraldo dos Santos. *Curso de Matemática.* São Paulo: Livraria Francisco Alves, 1961, 224 p.

Coordenadoria de Estudos e Normas Pedagógicas. São Paulo: Secretaria de Educação, 1978, 158 p.

5. D' AMBROSIO, U. *Da Realidade à Ação: Reflexões sobre Educação e Matemática.* Campinas: Editora da Unicamp, 1986.

6. EVES, Howard. *Introdução à História da Matemática*; tradução: Higino H. Domingues. Campinas, SP: Editora da Unicamp, 1995, 843 p.

7. FLEMMING, Diva Maria; GONÇALVES, Miriam Buss. *Cálculo A.* 6. ed. São Paulo: Pearson Education do Brasil, 2007, 448 p.

8. GARBI, Gilberto Geraldo. *O Romance das Equações Algébricas.* São Paulo: Makron Books, 1997, 255 p.

9. IEZZI, Gelson; et al. *Fundamentos de Matemática Elementar.* São Paulo: Atual Editora, 1977-78

10. IEZZI, Gelson; et al. *Matemática* – volume único. São Paulo: Saraiva S/A Livreiros Editores, 2001, 651 p.

11. IFRAH, Georges. *Os Números: A História de uma Grande Invenção.* São Paulo: Globo, 2005, 367 p.

12. JACY MONTEIRO, L. H. *Elementos de Álgebra.* Rio de Janeiro: Ao Livro Técnico S. A., 1971, 552 p.

13. LIPSCHUTZ, Seymour. *Teoria dos Conjuntos.* São Paulo: Editora McGraw-Hill do Brasil, Ltda, 1974, 337 p.

14. MACHADO, Antonio dos Santos. *Coleção Matemática: Temas e Metas.* São Paulo: Atual Editora, 1988.

15. MICHAELIS. *Dicionário prático Japonês-Português.* 2.ed. São Paulo: Melhoramentos, 2012.

16. PAIVA, Manoel. *Coleção Base: Matemática* – volume único. São Paulo: Editora Moderna Ltda, 1999, 461 p.

17. TROTTA, Fernando. *Matemática Aplicada.* São Paulo: Editora Moderna, 1979, 286 p.

18. SANGIORGI, Osvaldo. *Matemática: Curso Moderno.* São Paulo: Companhia Editora Nacional, 1966, 327 p.

19. SIMMONS, George F. *Cálculo com Geometria Analítica* – volume 1. São Paulo: Mc Graw-Hill,1987, 827 p.

GRÁFICA PAYM
Tel. [11] 4392-3344
paym@graficapaym.com.br